高职高专机械设计与制造专业规划教材

数控铣床编程与操作
(第 2 版)

宋凤敏	时培刚	宋祥玲	主　编
高晓萍	董　科	殷镜波 刘加利	副主编

清华大学出版社

北　京

内 容 简 介

本书是根据教育部关于数控技能型紧缺人才的培养指导思想，即基于工作过程、突出技能培养的精神而编写的。本书以 FANUC 0i 系统为主，全面系统地介绍了数控铣床编程与操作知识，共设立了六个项目，包括数控铣床概述、面类零件数控铣削、腔和槽类零件数控铣削、孔类零件数控铣削、用宏程序加工复杂零件及典型零件的数控铣削软件编程与加工。书中的每个项目都有知识目标、能力目标、学习情景和相应的工作任务，大部分任务来自生产实例，并且难易程度适合教学，其后组织相关理论、任务实施、常见问题和思考题帮助读者理解和掌握其重点和难点，通过后续集中实训来训练和检验学生的数控铣削编程能力和加工水平。通过学习本书，读者能学会制定零件数控铣削加工工艺路线，学会编制数控铣削加工程序，并能熟练操作数控铣床加工相应零件。

本书结构严谨，内容丰富，以项目为导向，从任务分析入手，由浅入深地讲授相关基础知识、任务实施及常见问题，便于读者理解和学习，可作为高等职业技术院校和高等专科院校数控类专业及其他机电类专业的数控铣床课程的教材，可作为成人高等教育相关专业的教学用书，还可供从事相关专业的工程技术人员学习与参考。

图书在版编目(CIP)数据

数控铣床编程与操作/宋凤敏，时培刚，宋祥玲主编. —2 版. —北京：清华大学出版社，2017
（2022.7重印）
（高职高专机械设计与制造专业规划教材）
ISBN 978-7-302-46915-5

Ⅰ. ①数… Ⅱ. ①宋… ②时… ③宋… Ⅲ. ①数控机床—铣床—程序设计—高等职业教育—教材
②数控机床—铣床—操作—高等职业教育—教材 Ⅳ. ①TG547

中国版本图书馆 CIP 数据核字(2017)第 067661 号

责任编辑：陈冬梅　李玉萍
装帧设计：王红强
责任校对：周剑云
责任印制：杨　艳

出版发行：清华大学出版社
　　　　　网　　　址：http://www.tup.com.cn, http://www.wqbook.com
　　　　　地　　　址：北京清华大学学研大厦 A 座　　　邮　　编：100084
　　　　　社 总 机：010-83470000　　　　　　　　　邮　　购：010-62786544
　　　　　投稿与读者服务：010-62776969, c-service@tup.tsinghua.edu.cn
　　　　　质量反馈：010-62772015, zhiliang@tup.tsinghua.edu.cn
　　　　　课件下载：http://www.tup.com.cn, 010-62791865
印 刷 者：北京富博印刷有限公司
装 订 者：北京市密云县京文制本装订厂
经　　销：全国新华书店
开　　本：185mm×260mm　　　　印　张：17.75　　　字　数：427 千字
版　　次：2011 年 5 月第 1 版　2017 年 7 月第 2 版　　印　次：2022 年 7 月第 5 次印刷
定　　价：49.00元

产品编号：069533-02

前　言

　　本书是《数控铣床编程与操作》的第 2 版，融理论教学、实践操作、企业项目为一体，是职业技术院校数控、机电、模具等机电系列同类专业的实用型教材。内容从面向企业开展数控加工方向技术服务和职工培训，为"中国制造 2025"工程培养高级技能人才的职业需要出发，根据数控铣床编程与操作生产应用型人才今后的发展方向，结合中、高级数控铣削操作考试大纲要求进行修订。本次修订着重体现对学生运用工艺制定、手工编程及软件编程加工，分析和解决典型零件的数控铣削的基本能力培养，突出课程的基本要求和人才培养的实用性；在内容上做了部分取舍，对于一些不适用或错误的图表进行了更换，部分任务有较大改动，如项目六的软件编程部分更新成 UG NX 8.0 支持的内容。

　　本书具有以下特点：

　　(1) 采用项目导向任务驱动式编写模式。通过本书的学习，学生能学会制定零件的数控铣削加工工艺路线，学会编制数控铣削加工程序，并能熟练操作数控铣床加工相应零件。

　　(2) 理论与实践紧密结合。本书倡导先进的教学理念，以技能训练为主线、相关知识为支撑，较好地处理了理论教学与技能训练的关系，编程理论阐述简洁明了，机床操作结合典型数控系统，突出实践教学特色。

　　(3) 书中案例来自生产实例。大量引用生产实例进行工艺分析与编程，将企业加工技术融入专业教学。

　　(4) 书中内容广泛全面。本书除了讲述常见的基础知识外，还对用户宏程序编程和应用 UG CAM 加工模块自动编程方面进行了详细阐述。书中内容全面详细，拓宽了学生的视野，提高了学生的学习兴趣，更好地满足了数控专业对该门课程的要求。

　　本书由山东水利职业学院宋凤敏、时培刚、宋祥玲任主编，高晓萍、董科、殷镜波、刘加利任副主编，张志光任主审。具体分工为：山东水利职业学院李学营编写项目一中的任务一；于田霞编写项目一中的任务二；山东日照职业技术学院刘加利编写项目一中的任务三和附录 A；山东水利职业学院高晓萍编写项目二；董科编写项目三；宋凤敏编写项目四；宋祥玲编写项目五；殷镜波编写项目六中的任务一和任务二；张立文编写项目六中的任务三和任务四；时培刚编写项目六中的任务五至任务十；郭勋德编写附录 B 和附录 C；五征集团工程师田晓文也参与了本书的编写工作。全书由宋凤敏和时培刚负责统稿。在本书的编写过程中，参考了数控技术方面的诸多论文、教材和机床使用说明书，特在此对本书出版给予支持帮助的单位和个人表示诚挚的感谢！

　　限于编者水平和经验有限，书中难免出现不妥之处，恳切希望广大读者批评指正。

编　者

第 1 版前言

本书的编写以高等职业教育人才培养目标为依据，结合教育部明确的数控技术应用专业技能型紧缺人才培养需求，注重教材的先进性、通用性、实践性。本书融理论教学、实践操作、企业项目为一体，是职业技术院校数控、机电、模具等机电系列同类专业的实用型教材。教材具有以下特点。

(1) 采用项目导向任务驱动式编写模式。本书的编写以项目为导向，从任务分析入手，由浅入深地讲授相关基础知识、任务实施、常见问题及思考题，最后通过课内实训及后续的集中实习来训练和检验学生的数控铣削的编程能力和加工水平。每个项目采用多个生产性案例作为分析任务。通过本教材的学习，学生能制定零件的数控铣削加工工艺路线，会编制数控铣削加工程序，并会操作数控铣床加工相应零件。

(2) 理论与实践紧密结合。本书倡导先进的教学理念，以技能训练为主线，相关知识为支撑，较好地处理了理论教学与技能训练的关系，编程理论阐述简洁明了，机床操作结合典型数控系统，突出实践教学特色。

(3) 书中案例来自生产实例。大量引用生产实例进行工艺分析与编程，将企业加工技术渗透于专业教学。本书的编写目的之一是缩短学校教育与企业需要的距离，更好地满足企业用人的需要。

(4) 书中内容广泛全面。本书除了讲述常见的基础知识外，对用户宏程序编程和应用UG CAM 加工模块自动编程方面进行了详细阐述，书中内容全面详细，拓宽了学生的视野，提高了学生的学习兴趣，更好地满足了数控专业对该门课程的要求。

本书系山东水利职业学院教育科学规划课题"高职院校生产性实训研究"(课题编号：090503)、山东省教育厅职业教育与成人教育科学研究规划课题"高职院校机电一体化技术专业生产性实训研究"(课题编号：2009zcj092)的研究成果之一。

本书由山东水利职业学院宋凤敏、宋祥玲任主编，张立文、殷镜波、董科任副主编，张志光任主审。具体分工为：山东水利职业学院李学营编写项目一中的任务一；山东水利职业学院于田霞编写项目一中的任务二、任务三和附录 A；山东水利职业学院高晓萍编写项目二；董科编写项目三；宋凤敏编写项目四；宋祥玲编写项目五；殷镜波编写项目六中的任务一和任务二；张立文编写项目六中的任务三和任务四；山东理工大学时培刚编写项目六中的任务五至任务十；山东水利职业学院郭勋德编写附录 B 和附录 C；北汽福田汽车股份有限公司高级工程师徐召聊也参与了本书的编写工作。全书由宋凤敏和宋祥玲负责统稿。在本书的编写过程中，参考了数控技术方面的诸多论文、教材和机床使用说明书。特在此对本书出版给予支持帮助的单位和个人表示诚挚的感谢！

限于编者水平和经验有限，时间仓促，书中难免出现不妥之处，恳切希望广大读者批评指正。

编　者

目　　录

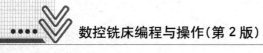

项目一　数控铣床概述

知识目标

(1) 掌握数控铣床的基本结构、功能特点及分类。
(2) 了解 FANUC 数控系统常用指令和数控程序结构。
(3) 了解数控铣床的日常维护和常见故障。
(4) 掌握数控铣床的基本操作。

能力目标

(1) 具有正确选择和使用设备的能力。
(2) 能够识读简单的数控铣削程序。
(3) 能够正确启动、停止数控铣床。
(4) 能够正确维护数控铣床。

学习情景

数控铣床是生产中使用非常广泛的一种数控机床，能够加工面类、轮廓类和孔类等零件。我们要利用数控铣床加工复杂零件，首先要掌握它的结构、功能特点、编程基础知识以及基本操作，如图 1-1 所示为数控铣床外观。

图 1-1　数控铣床外观

任务一　数控铣床的结构和功能概述

一、数控铣床的功能特点

1. 数控铣床的组成

数控铣床是生产中使用非常广泛的一种数控机床，由铣床本体和数控系统组成。再细分，一般说来由输入/输出装置、数控装置(CNC)、伺服单元、驱动装置、测量装置、电气控制装置、辅助装置和机床本体等组成。主要部分介绍如下。

1) 输入/输出装置

输入/输出装置是机床数控系统和操作人员进行信息交流、实现人机对话的交互设备。

2) 数控装置(CNC 装置)

数控装置是计算机数控系统的核心，由硬件和软件两部分组成。它接收输入装置送来的脉冲信号，并经过系统软件或逻辑电路进行编译、运算和逻辑处理，然后由输出装置输出信号和指令。

数控装置主要包括微处理器、存储器、局部总线、外围逻辑电路以及与 CNC 系统其他组成部分联系的接口等。

3) 伺服单元

伺服单元接收来自数控装置的速度和位移指令。这些指令经伺服单元变换和放大后，通过驱动装置转变成机床进给运动的速度、方向和位移。因此，伺服单元是数控装置与机床本体的联系环节。

4) 驱动装置

驱动装置把经过伺服单元放大的指令信号变为机械运动，通过机械连接部件驱动机床工作台，使工作台精确定位或按规定的轨迹做严格的相对运动，加工出形状、尺寸与精度符合要求的零件。

5) 机床本体

数控铣床本体形式多样，不同类型的数控铣床在机械组成上虽有所差别，但大部分相同。下面以 XK714B 型数控立式铣床为例介绍其组成，包括床身部分，主轴和主轴箱部分，立柱和电气柜部分，工作台部分，控制面板部分，冷却和润滑部分等，如图 1-2 所示。

与普通机床相比，数控机床的传动装置更简单，但对精度、刚度、抗震性等方面要求更高，而且其传动和变速系统要便于实现自动化。

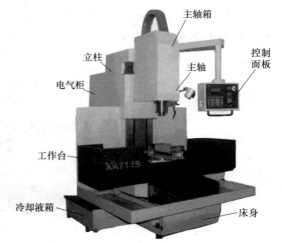

图 1-2　数控铣床的结构

2．数控铣床的分类

数控铣床可根据主轴的位置、构造和坐标轴数量进行分类，具体分类如下。

1) 按主轴的位置分类

(1) 立式数控铣床。立式数控铣床在数量上一直占据数控铣床的榜首，其应用范围也最广。立式数控铣床的主轴与机床工作台面垂直，工件装夹方便，加工时便于观察，但不便于排屑,如图 1-3 所示。

(2) 卧式数控铣床。卧式数控铣床主轴轴线平行于水平面。为了扩大加工范围和扩充功能,卧式数控铣床通常采用增加数控转盘或万能数控转盘来实现 4、5 坐标加工。这样,不但工件侧面上的连续回转轮廓可以加工出来,而且可以实现在一次安装中,通过转盘改变工位,进行"四面加工",如图 1-4 所示。

(3) 立卧两用数控铣床。目前,这类数控铣床已不多见,由于这类铣床的主轴方向可以更换,所以在一台机床上既可以进行立式加工,又可以进行卧式加工,如图 1-5 所示。其使用范围更广,功能更全,选择加工对象的余地更大,但价格较贵。

图 1-3　立式数控铣床　　　图 1-4　卧式数控铣床　　　图 1-5　立卧两用数控铣床

2) 按构造分类

(1) 工作台升降式数控铣床。这类数控铣床采用工作台移动、升降,而主轴不动的方式。小型数控铣床一般采用此种方式。

(2) 主轴头升降式数控铣床。这类数控铣床采用工作台纵向和横向移动,且主轴沿垂直方向溜板上下运动的方式。主轴头升降式数控铣床在精度保持、承载重量、系统构成等方面具有很多优点,已成为数控铣床的主流。

(3) 龙门式数控铣床。对于大尺寸的数控铣床,一般采用对称的双立柱结构,以保证机床的整体刚性和强度,这就是数控龙门铣床。数控龙门铣床有工作台移动和龙门架移动两种方式,适用于加工飞机整体结构零件、大型箱体零件和大型模具等。

3) 按联动坐标轴数量分类

按数控系统控制的坐标轴联动数量可分为 2.5 轴、3 轴、4 轴和 5 轴数控铣床。目前 3 坐标数控立铣仍占大多数,一般可进行 3 轴联动加工。但也有部分机床只能进行 3 个坐标中的任意两个坐标联动加工(常称为 2.5 坐标加工)。此外,还有的机床主轴可以绕 X、Y、Z 坐标轴中的一个或两个轴作数控摆角运动的 4 坐标和 5 坐标数控立铣。

3. 数控铣床的主要功能及加工对象

数控铣床具有丰富的加工功能和较宽的加工工艺范围,面对的工艺性问题也较多。不仅可以进行平面铣削、平面型腔铣削、外形轮廓铣削、三维及三维以上复杂型面铣削,还可进行钻削、镗削、螺纹切削等孔加工。加工中心、柔性制造单元都是在数控铣床的基础上产生和发展起来的。

在开始编制铣削加工程序前，一定要仔细分析数控铣削加工的工艺性，掌握铣削加工工艺装备的特点，以保证充分发挥数控铣床的加工功能。

1) 数控铣床的主要功能

不同类型的数控铣床所配置的数控系统的主要功能基本相同，包括以下基本内容。

(1) 点位控制功能：实现对相互位置精度要求很高的孔系加工。

(2) 连续轮廓控制功能：实现直线、圆弧的插补功能及非圆曲线的加工。

(3) 刀具半径补偿功能：根据零件图样的标注尺寸来编程，而不必考虑所用刀具的实际半径尺寸，从而减少编程时的复杂数值计算。

(4) 刀具长度补偿功能：自动补偿刀具的长短，以适应加工中刀具长度尺寸调整的要求。

(5) 比例及镜像加工功能：将编好的加工程序按指定比例改变坐标值来执行。镜像加工又称轴对称加工，如果一个零件的形状关于坐标轴对称，那么只要编写出一个或两个象限的程序，其余象限的轮廓就可以通过镜像加工来实现。

(6) 旋转功能：在加工平面内旋转任意角度来执行编好的加工程序。

(7) 子程序调用功能：有些零件需要在不同的位置重复加工同样的轮廓形状，将这一轮廓形状的加工程序作为子程序，在需要的位置重复调用，就可以完成对该零件的加工。

(8) 宏程序功能：用一个总指令代表实现某一功能的一系列指令，并能对变量进行运算，使程序更具灵活性和方便性。

2) 数控铣床的主要加工对象

铣削加工是机械加工中最常用的加工方法之一，主要包括平面铣削和轮廓铣削，也可以对零件进行钻、扩、铰、镗、锪及螺纹加工等。数控铣削主要适合平面类零件、变斜角类零件、立体曲面类零件等的加工。

(1) 平面类零件。平面类零件是指加工面平行或垂直于水平面，以及加工面与水平面的夹角为一定值的零件，这类加工面可展开为平面，如图1-6所示。

(a) 轮廓面A　　　　　　(b) 轮廓面B　　　　　　(c) 轮廓面C

图1-6　平面类零件

(2) 变斜角类零件。变斜角类零件是指加工面与水平面的夹角呈连续变化的零件，如图1-7所示。其加工面不能展开为平面，但在加工中，铣刀圆周与加工面接触的瞬间为一直线。从截面①至截面②变化时，其与水平面间的夹角从 3° 10′均匀变化为 2° 32′，从截面②到截面③均匀变化为1° 20′，最后到截面④，斜角均匀变化为0° 。变斜角类零件的加工面不能展开为平面。这类零件也可在三坐标数控铣床上采用行切加工法实现近似加工。

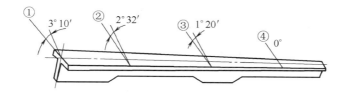

图 1-7　变斜角类零件

(3)　立体曲面类零件。加工面为空间曲面的零件称为立体曲面类零件，如图 1-8 所示。这类零件的加工面不能展成平面，一般使用球头铣刀切削，加工面与铣刀始终为点接触，若采用其他刀具加工，易产生干涉而铣伤邻近表面。加工立体曲面类零件一般使用三坐标数控铣床。

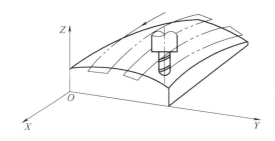

图 1-8　立体曲面类零件

二、数控铣削编程基础

1．程序的基本结构

一个完整的加工程序是由若干程序段组成的，而每个程序段又是由一个或若干个指令字组成的。指令字代表某一信息单元，每个指令字又由字母、数字、符号组成。下面以图 1-9 所示零件的加工程序为例简介程序的组成，程序如表 1-1 所示。需要说明的是：不同的数控系统(例如 FANUC、SIEMENS 等)有不同的程序段格式，格式不符合数控系统的规定要求，数控装置就会报警，程序不能运行。

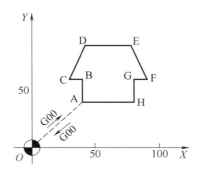

图 1-9　加工零件

表 1-1 程序组成

程 序	注 释	组成部分名称
O1234;	程序编号，以 O 开头，范围为 0001～9999，其余被厂家占用	程序开始部分
N01 G90G54G00X0Y0;	准备工作，告知程序编制方式、刀具初始位置、选用坐标系等	程序内容(由程序段组成)
N02 S800M03;	主轴以一定速度和方向旋转起来	
N03 Z100.0; N04 Z5.0; N05 G01Z-10.0F100; N06 G41X40.0Y40.0D1 F200; N07 Y60.0; N08 X30.0; N09 X40.0Y90.0; N10 X80.0; N11 X90.0Y60.0; N12 X80.0; N13 Y40.0; N14 X40.0; N15 G40X0Y0; N16 G00Z100.0;	N03～N16 为刀具运动轨迹。 F 代表刀具的进给速度分别为 100mm/min 和 200mm/min。 X、Y、Z 代表刀具运动位置，单位一般为 mm 或脉冲。 D 为刀具半径偏置寄存器，数字表示刀具半径补偿号，在执行程序之前，需提前在相应刀具半径偏置寄存器中输入刀具半径补偿值。 段号以 N 开头，一般为四位数字，范围为 0001～9999	
N13 M05;	主轴停转	
N14 M30;	程序结束	程序结束部分

2．常用编程指令代码

在数控编程中，有的编程指令是不常用的，有的只适用于某些特殊的数控机床。这里只介绍一些数控铣床常用的编程指令，对于不常用的编程指令，请参考相应数控机床编程手册。

1) 准备功能指令(G 代码)

准备功能指令由字符 G 和其后的 1～3 位数字组成，其主要功能是指定机床的运动方式，为数控系统的插补运算作准备。G 代码的有关规定和含义如表 1-2 所示。

2) 辅助功能指令(M 代码)

辅助功能指令由字母 M 和其后的两位数字组成，主要用于完成加工操作时的辅助动作。常用的 M 代码如表 1-3 所示。

表 1-2　G 代码及其相应功能

G 代码	功　　能	G 代码	功　　能
G00	快速定位	G52	局部坐标系设定
G01	直线插补(切削进给)	G53	选择机床坐标系
G02	圆弧插补(顺时针)	G54～59	选择工件坐标系
G03	圆弧插补(逆时针)	G68	坐标系旋转有效
G15	极坐标指令消除	G69	坐标系旋转取消
G16	极坐标指令	G73	高速深孔啄钻固定循环
G17	XY 平面选择	G74	左旋攻丝循环
G18	ZX 平面选择	G76	精镗循环
G19	YZ 平面选择	G80	固定循环取消
G20	英寸输入	G81	钻孔固定循环
G21	毫米输入	G82	锪孔循环
G22	脉冲当量输入	G83	深孔啄钻固定循环
G28	返回参考点(第一参考点)	G84	右旋攻丝循环
G29	从参考点返回	G85	镗孔循环
G30	返回第二、三、四参考点	G86	镗孔循环
G40	取消刀具半径补偿	G87	背镗循环
G41	刀具半径左补偿	G88	镗孔循环
G42	刀具半径右补偿	G89	镗孔循环
G43	正向刀具长度补偿	G90	绝对坐标编程方式
G44	负向刀具长度补偿	G91	相对坐标编程方式
G49	刀具长度补偿取消	G92	设定工件坐标系
G50	比例缩放取消	G94	每分进给
G51	比例缩放有效	G95	每转进给
G50.1	可编程镜像取消	G98	固定循环回到初始点
G51.1	可编程镜像有效	G99	固定循环回到 R 点

注：表中 G 代码均为模态指令(或续效指令)。

表 1-3　M 代码的说明

M 代码	功　　能	M 代码	功　　能
M00	程序停止	M08	冷却液开
M01	选择程序停止	M09	冷却液关
M02	程序结束	M30	程序结束并返回
M03	主轴顺时针旋转	M98	调用子程序
M04	主轴逆时针旋转	M99	子程序取消
M05	主轴停止		

3．坐标系及其原点

1) 坐标系

在加工过程中，数控机床是通过什么来识别工件的加工位置呢？为了确定数控机床的运动方向、移动距离，就要在数控机床上建立一个坐标系，称为机械坐标系或机床坐标系，机床坐标系是机床制造商在出厂时就设置好的。

编程时一般选择工件上的某一点作为程序原点，并以这个原点作为坐标系的原点，建立一个新的坐标系，称为工件坐标系。

在编程中，不论机床的具体结构是工件静止、刀具运动，还是工件运动、刀具静止，为使编程方便，一律假定工件固定不动，刀具相对工件运动来进行编程。数控机床坐标系的全称为右手直角笛卡儿坐标系，如图 1-10 所示。

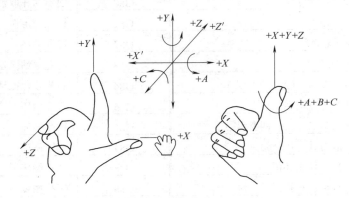

图 1-10　坐标系

Z 坐标轴定义为平行机床主轴的坐标轴，其正方向规定为从工件台到刀具夹持的方向，即刀具远离工件的运动方向。

X 坐标轴为水平的、垂直于工件装夹平面的坐标轴，一般规定操作人员面向机床时右侧为正 X 方向。

Y 坐标轴垂直于 X、Z 坐标轴，其正方向则根据 X 轴和 Z 轴按右手直角笛卡儿坐标系来确定。

2) 坐标原点

(1) 机械原点。机械原点又称机床原点，是指机械坐标系的原点，它的位置是在各坐标轴的正向最大极限处，是机床制造商设置在机床上的一个物理位置，其作用是使数控机床与控制系统同步，建立测量机床运动坐标的起始点。每次启动数控机床时，首先必须进行机械原点回归操作，使数控机床与控制系统建立起坐标关系，并使控制系统对各轴软限位功能起作用。

(2) 工件坐标系原点。工件坐标系原点亦称编程原点或程序原点，对于数控铣床，一般用 G54～G59 来设置编程原点。

三、数控铣削编程方法及步骤

1．编程方法

数控铣床编程方法主要有手工编程和软件(自动)编程两种。

1)　手工编程

手工编程是指编制零件数控加工程序的各个步骤，即从分析零件图纸、确定工艺、确定加工路线和工艺参数、数值计算、编写零件的数控加工程序单直至程序的检验，均由人工来完成。对于点位加工或几何形状不太复杂的轮廓加工，几何计算较简单，程序段不多，手工编程即可实现。但对轮廓形状不是由简单的直线、圆弧组成的复杂零件，数值计算则相当烦琐，工作量大，容易出错，且很难校对，采用手工编程是难以完成的。

2)　软件(自动)编程

软件(自动)编程又称交互式 CAD/CAM 编程。利用 CAD/CAM 软件，可以实现造型及图像自动编程。在编程时，编程人员首先利用计算机辅助设计(CAD)或软件(自动)编程软件本身的零件造型功能，构建出零件几何形状，然后对零件图样进行工艺分析，确定加工方案，其后还需利用软件的计算机辅助制造(CAM)功能，完成工艺方案的制定、切削用量的选择、刀具及其参数的设定，自动计算并生成刀位轨迹文件，最后利用后置处理功能生成指定数控系统使用的加工程序。因此我们把这种编程方式称为图形交互式自动编程。这种软件(自动)编程系统是一种 CAD 与 CAM 高度结合的编程系统，具有形象、直观和高效等优点。

2．数控编程的主要步骤

数控编程的主要步骤包括分析零件图样和确定工艺过程、数值计算、编写加工程序、将程序输入数控机床、校对程序及首件试切，具体说明如下。

1)　分析零件图样和确定工艺过程

在数控机床上加工零件，工艺人员拿到的原始资料是零件图。根据零件图，可以对零件的形状、尺寸精度、表面粗糙度、工件材料、毛坯种类和热处理状况等进行分析，然后选择机床、刀具，确定定位夹紧装置、加工方法、加工顺序及切削用量的大小。在确定工艺过程中，应充分考虑所用数控机床的指令功能，充分发挥机床的效能，满足加工路线合理、走刀次数少和加工工时短等要求。此外，还应填写有关的工艺技术文件，如数控加工工序卡片、数控刀具卡片、走刀路线图等。

2)　数值计算

根据零件图的几何尺寸及设定的编程坐标系，计算出刀具中心的运动轨迹，得到全部刀位数据。数值计算的最终目的是为了获得编程所需要的所有相关位置坐标数据。一般数控系统具有直线插补和圆弧插补的功能，对于形状比较简单的平面类零件(如直线和圆弧组成的零件)的轮廓加工，只需要计算出几何元素的起点、终点、圆弧的圆心(或圆弧的半径)、两几何元素的交点或切点的坐标值。如果数控系统无刀具补偿功能，则要计算刀具中心的运动轨迹坐标值。对于形状复杂的零件(如由非圆曲线、曲面组成的零件)，需要用直线段(或圆弧段)逼近实际的曲线或曲面，根据所要求的加工精度计算出其节点的坐标值。

3) 编写零件加工程序

根据加工路线计算出刀具运动轨迹数据和已确定的工艺参数及辅助动作，编程人员可以按照所用数控系统规定的功能指令及程序段格式，逐段编写出零件的加工程序。编写时应注意：第一，程序书写的规范性，应便于表达和交流；第二，在对所用数控机床的性能与指令充分熟悉的基础上，注意各指令使用的技巧、程序段编写的技巧。

4) 将程序输入数控机床

将加工程序输入数控机床的方式有：光电阅读机、键盘、磁盘、磁带、存储卡、连接上级计算机的 DNC 接口及网络等。目前常用的方法是通过键盘直接将加工程序输入(MDI方式)到数控机床程序存储器中或通过计算机与数控系统的通信接口将加工程序传送到数控机床的程序存储器中，由机床操作者根据零件加工需要进行调用。现在一些新型数控机床已经配置大容量存储卡，数控程序可以事先存入存储卡中。

5) 程序校验与首件试切

数控程序必须经过校验和试切才能正式用于加工。在具有图形模拟功能的数控机床上，可以进行图形模拟加工，检查刀具轨迹的正确性，对无此功能的数控机床可进行空运行检验。但这些方法只能检验出刀具运动轨迹是否正确，不能查出对刀误差，对于刀具调整不当或因某些计算误差引起的加工误差及零件的加工精度不准等问题，有必要经过首件试切这一重要环节。当发现有加工误差或不符合图纸要求时，应分析误差产生的原因，以便修改加工程序或采取刀具尺寸补偿等措施，直到加工出合乎图样要求的零件为止。随着数控加工技术的发展，可采用先进的数控加工仿真方法对数控加工程序进行校核。

任务二　数控铣床的日常维护

一、数控铣床的操作规程

数控铣床属贵重的加工设备，为保证设备的使用性能及设备精度，要求使用者必须经过专门培训。操作者除了要掌握好数控铣床的性能和精心操作外，还要管好、用好和维护好数控铣床，严格遵守操作规程，所以应当做到以下几点。

(1) 启动数控铣床系统前，必须仔细检查以下各项。

① 所有开关应处于非工作的安全位置。

② 机床的润滑系统及冷却系统应处于良好的工作状态。

③ 检查工作台区域有无搁放其他杂物，确保运转畅通。

(2) 打开数控铣床电器柜上的电器总开关，按下数控铣床控制面板上的 ON 按钮，启动数控系统，等自检完毕后进行数控铣床的强电复位。

(3) 启动数控铣床后，应手动操作使数控铣床回到参考点，首先返回+Z 方向，然后返回+X 和+Y 方向。

(4) 程序输入前必须严格检查程序的格式、代码及参数选择是否正确，确认无误方可进行输入操作。

(5) 程序输入后必须首先进行加工轨迹的模拟显示，确定程序正确后，方可进行加工操作；在操作过程中必须集中注意力，谨慎操作。运行过程中，一旦发生问题，应及时按下复位按钮或紧急停止按钮。

(6) 主轴启动前应注意检查以下各项。

① 必须检查变速手柄的位置是否正确，以保证传动齿轮的正常啮合。

② 按照程序给定的坐标要求，调整好刀具的工作位置，检查刀具是否拉紧、刀具旋转是否撞击工件等。

③ 禁止工件未压紧就启动数控铣床。

④ 调整好工作台的运行限位。

(7) 操作数控铣床进行加工时应注意以下各项。

① 加工过程不得拨动变速手柄，以免打坏齿轮。

② 必须保持精力集中，发现异常要立即停车及时处理，以免损坏设备。

③ 装卸工件、刀具时，禁止用重物敲打机床部件。

④ 务必在机床停稳后，再进行测量工件、检查刀具、安装工件等各项工作。

⑤ 严禁戴手套操作机床。

⑥ 操作者离开机床时，必须停止机床的运转。

⑦ 手动操作时，在 X、Y 轴移动前，必须使 Z 轴处于较高位置，以免撞刀。

⑧ 更换刀具时，应注意操作安全。在装入刀具时，应将刀柄和刀具擦拭干净。

(8) 严禁任意修改、删除机床参数。

(9) 关机前，应使刀具处于较高位置，把工作台上的切屑清理干净、把机床擦拭干净。

(10) 操作完毕，先关闭系统电源，再关闭电器总开关；清理工具，把刀架停放在远离工件的换刀位置，保养数控铣床和打扫工作场地。

二、数控铣床的日常维护

数控铣床是集机、电、液于一身的自动化程度较高的机床，为充分发挥数控铣床的效益，必须做好安全检查和日常维护保养。

1. 安全规定

(1) 操作者必须认真阅读和掌握数控铣床上的危险、警告、注意等标识说明。

(2) 严格遵守操作规程和日常保养制度，尽量避免因操作不当引起的故障。

(3) 操作者操作数控铣床前，必须确认主轴润滑与导轨润滑是否符合要求，油量不足应按说明书加入合适的润滑油，并确认气压是否正常。

(4) 定期检查、清扫数控柜空气过滤器和电气柜内的电路板和电气元件，避免积累灰尘。

(5) 数控铣床防护罩、内锁或其他安全装置失效时，必须停止使用。

(6) 操作者严谨修改数控铣床的参数。

(7) 在数控铣床维护或其他操作过程中，严禁将身体伸入工作台下。

(8) 检查、保养、修理之前，必须切断电源。

(9) 严禁超负荷、超行程、违规操作数控铣床。

(10) 操作数控铣床时，思想要高度集中，严禁戴手套、扎领带和人走机不停的现象发生。

(11) 爱护数控铣床的工作台面和导轨面。毛坯件、手锤、扳手、锉刀等不准直接放在工作台面和导轨面上。

(12) 工作台上有工件、附件或障碍物时，数控铣床各轴的快速移动倍率应小于 50%。

(13) 下班前执行电脑关闭程序关闭电脑，切断电源，并将键盘、显示器上的油污擦拭干净。

2．数控铣床的日常保养

(1) 检查数控铣床设备整体外观是否有异常情况，保证设备清洁、无锈蚀。

(2) 检查导轨润滑油箱的油量是否满足要求。

(3) 检查主轴润滑恒温油箱的油温和油量。

(4) 检查数控铣床液压系统的油泵有无异常噪声，油面高度、压力表是否正常，管路及各接头有无泄漏等。

(5) 检查压缩空气气源压力是否正常。

(6) 检查 X、Z 轴导轨面的润滑情况及清除切屑和脏物，检查导轨面有无刮伤或损坏现象。

(7) 开机后低转速运行主轴 5 分钟，检查各系统是否正常。

(8) 每天开机前对各运动副加油润滑，并使机床空运转 3 分钟后，按说明书要求调整数控铣床；并检查数控铣床各部件及手柄是否处于正常位置。

(9) 检查电气柜各散热通风装置是否正常工作，有无堵塞现象。

3．数控铣床周末维护保养

(1) 全面检查数控铣床，对电缆、管路等进行外观检查。

(2) 清洁主轴锥孔、主轴外表面、工作台、刀库表面等。

(3) 检查液压、冷却装置是否正常，及时清洁排屑装置，严格遵守"三检"规定。

为了使数控铣床的日常保养更加具体，检查周期、检查部位和检查要求更加明确，数控铣床日常保养的具体细节如表 1-4 所示。

表 1-4　数控铣床的日常保养

序 号	检查周期	检查部位	检查要求
1	每天	导轨润滑	检查润滑油的油面、油量，及时添加润滑油，检查润滑油泵能否定时启动、打油及停止，导轨各润滑点在打油时是否有润滑油流出
2	每天	X、Y、Z 及回旋轴导轨	清除导轨面上的切屑、脏物、冷却水剂，检查导轨润滑油是否充分，导轨面上有无划伤及锈斑，导轨防尘刮板上有无夹带铁屑；如果是安装有滚动滑块的导轨，当导轨上出现划伤时应检查滚动滑块
3	每天	压缩空气气源	检查气源供气压力是否正常，含水量是否过大

续表

序 号	检查周期	检查部位	检查要求
4	每天	机床进气口的油水自动分离器和自动空气干燥器	及时清理分离器中滤出的水分,加入足够润滑油;检查空气干燥器是否能自动切换工作,干燥剂是否饱和
5	每天	气液转换器和增压器	检查存油面高度并及时补油
6	每天	主轴箱润滑恒温油箱	恒温油箱正常工作,由主轴箱上的油标确定是否有润滑油,调节油箱的制冷温度使能正常启动,制冷温度不要低于室温太多(相差2~5℃,否则主轴容易产生空气水分凝聚)
7	每天	机床液压系统	油箱、油泵无异常噪声,压力表指示压力正常,油箱工作油面在允许的范围内,回油路上的背压不得过高,各管接头无泄漏和明显振动
8	每天	主轴箱液压平衡系统	平衡油路无泄漏,平衡压力指示正常,主轴箱上下快速移动时压力波动不大,油路补油机构动作正常
9	每天	数控系统及输入/输出	如光电阅读机的清洁,机械结构润滑良好,外接快速穿孔机或程序服务器连接正常
10	每天	各种电气装置及散热通风装置	数控柜、机床电气柜进气排气扇工作正常;风道过滤网无堵塞,主轴电机、伺服电机、冷却风道正常;恒温油箱、液压油箱的冷却散热片通风正常
11	每天	各种防护装置	导轨、机床防护罩应动作灵敏而无漏水,刀库防护栏杆、机床工作区防护栏检查门开关应动作正常,恒温油箱、液压油箱的冷却散热片通风正常
12	每周	各电柜进气过滤网	清洗各电柜进气过滤网
13	半年	滚珠丝杠螺母副	清洗丝杠上的旧润滑油脂,涂上新油脂,清洗螺母两端的防尘网
14	半年	液压油路	清洗溢流阀、减压阀、滤油器、油箱底,更换或过滤液压油,注意加入油箱的新油必须经过过滤和去水分
15	半年	主轴润滑恒温油箱	清洗过滤器,更换润滑油,检查主轴箱各润滑点是否正常供油
16	每年	检查并更换直流伺服电机碳刷	从碳刷窝内取出碳刷,用酒精清除碳刷窝内和整流子上的碳粉,当发现整流子表面有被电弧烧伤时,抛光表面、去毛刺,检查碳刷表面和弹簧有无失去弹性,更换长度过短的碳刷,并抱合后才能正常使用
17	每年	润滑油泵、过滤器等	清理润滑油箱池底,清洗更换滤油器
18	不定期	各轴导轨上的镶条,压紧滚轮,丝杠	按机床说明书上的规定调整
19	不定期	冷却水箱	检查水箱液面高度,冷却液装置是否工作正常,冷却液是否变质,经常清洗过滤器,疏通防护罩和床身上各回水通道,必要时更换并清理水箱底部

续表

序　号	检查周期	检查部位	检查要求
20	不定期	排屑器	检查有无卡位现象
21	不定期	清理废油池	及时取走废油池以免外溢，当发现油池中突然油量增多时，应检查液压管路中的漏油点

三、数控铣床常见故障诊断

1．常见故障分类

一台数控铣床由于自身原因不能正常工作，就是产生了故障。机器故障可分为以下几种类型。

1) 系统性故障和随机性故障

根据故障出现的必然性和偶然性，可分为系统性故障和随机性故障。系统性故障是指机床和系统在某一特定条件必然出现的故障。随机性故障是指偶然出现的故障。因此，随机性故障的分析与排除比系统性故障困难得多。通常，随机性故障往往是由于机械结构局部松动、错位，控制系统中元器件出现工作特性漂移，电气元件工作可靠性下降等原因造成的，须经反复试验和综合判断才能排除。

2) 有诊断显示故障和无诊断显示故障

根据故障出现时有无自诊断显示，可分为有诊断显示故障和无诊断显示故障两种。现今的数控系统都有较丰富的自诊断功能，出现故障时会停机、报警并自动显示出相应的报警参数号，使维修人员较容易找到故障原因。而无诊断显示故障，往往是机床停在某一位置不能动，甚至手动操作失灵，维修人员只能根据出现故障前后的现象来分析判断，排除故障难度较大。另外，有诊断显示故障也可能不是由该原因引起，而可能是其他原因引起的。

3) 破坏性故障和非破坏性故障

根据故障有无破坏性，可分为破坏性故障和非破坏性故障。对于破坏性故障，如伺服系统失控造成撞车、短路烧坏保险等，维修难度大，有一定的危险，维修后不允许重演这些现象。而非破坏性故障可经多次反复试验直至排除，不会对机床造成损害。

4) 机床运动特性诊断故障

这类故障发生后，机床照常运行，也没有任何报警显示，但加工出的工件不合格。针对这些故障，必须在检测仪器配合下，对机械、控制系统、伺服系统等采取综合措施。

5) 硬件故障和软件故障

根据发生故障的部位，可分为软件故障和硬件故障。硬件故障只要通过更换某些元器件，如电器开关等即可排除。而软件故障是因程序编制错误造成的，通过修改程序内容或修订机床参数即可排除。

2．故障原因分析

数控铣床出现故障，除少数自诊断显示故障原因外，如存储器报警、动力电源电压过高报警等，大部分故障是因综合故障引起的，不能确定原因，必须做充分调查。

1)　充分调查故障现场

机床发生故障后，维修人员应仔细观察工作存储器和缓冲工作存储器尚存的内容，了解已经执行的程序内容，向操作者了解现场情况和现象。当有诊断显示报警时，打开电器柜观察印制电路板上有无相应报警红灯显示。做完这些调查后就可以按动数控系统的复位键，观察系统复位后报警是否消除。如消除，则属于软件故障，否则即为硬件故障。对非破坏性故障，可让机床重演故障时的运行状况，仔细观察故障是否再现。

2)　将可能造成故障的原因全部列出

造成数控铣床故障的原因多种多样，有机械的、电器的、控制系统的等。可是如何判定故障到底出现在哪一个环节？举例如下。

(1)　手摇轮无法转动，可按下述步骤逐一查找故障原因：

①　确认系统是否处于手摇操作状态。

②　是否未选择移动坐标轴。

③　手摇脉冲发射器电缆连接是否有误。

④　系统参数中的脉冲当量值是否正确。

⑤　系统中的报警未解除。

⑥　伺服系统工作异常。

⑦　系统处于急停状态。

⑧　系统电源单元工作异常。

⑨　手摇脉冲发射器损坏。

(2)　若某行程开关工作不正常，其影响因素有：

①　机械运动不到位，开关未压下。

②　机械设计结构不合理，开关松动或挡块太短，压合时速度太快等。

③　开关自身质量有问题。

④　开关选型不当。

⑤　防护措施不好，开关内进了油或切削液，使动作失常。

3)　逐步确定故障产生的原因

根据故障现象参考机床维修使用手册列出诸多因素，经优化选择综合判断，找出确切因素才能排除故障。

4)　故障的排除

找出造成故障的确切原因后，就可以"对症下药"，修理、调整和更换有关元器件。

3．CNC 系统故障的处理

1)　维修前的准备工作

(1)　维修用器具。为了便于维修数控装置，必须准备下列维修用器具。

①　交流电压表。用来测量交流电源电压，表的测量误差应在±2%以内。

②　直流电压表。电压表用来测量直流电压，量程为 100V 和 30V，误差应该在±2%以内，采用数字电压表更好。

③　万用表。分为机械式和数字式两种，其中机械式是必备的，用来测量晶体管性能。

④　相序表。用来测量三相电源的相序，用于维修晶闸管可控硅伺服驱动系统。

⑤ 示波器。应为频带宽度为 5MHz 以上的双通道示波器，用于光电放大器和速度控制单元的波形测量和调整。

⑥ 逻辑分析仪。查找故障时能把问题范围缩小到某个具体元器件，从而加快维修速度。

⑦ 大、中、小号各种规格的"十"字型螺钉旋具和"一"字型螺钉旋具各一套。

⑧ 清洁液和润滑油。

(2) 必要备件的准备。应配备各种熔丝、电刷、易出故障的晶体管模块和印制电路板，对不易损坏的印制电路板，如 CPU 模块、寄存器模块及显示系统等，因其故障率低，价格昂贵，可不必配置备件，以免挤压资金。对已购置的电路板，应定期装到 CNC 系统上通电运行，以免长期不用出现故障。

2) CNC 故障诊断方法

CNC 系统发生故障(失效)，是指 CNC 系统丧失了规定的功能。用户发现故障时，可从下述几个方面的判断方法进行综合判断。

(1) 直观法。就是利用人的感官感受发生故障时的现象来判断故障可能发生的部位。如有故障时，何方伴有响声、火花亮光产生，何处出现焦煳味等，然后仔细观察可能发生故障的每块电路板的表面状况，是否有烧焦、熏黑或断裂，以进一步缩小检查范围。这一简单方法需要维修人员有丰富的经验。

(2) 报警指示灯显示故障。现在的数控系统有众多的硬件报警指示灯，它们分布在电源单元、控制单元、伺服单元等构件上，可以根据报警指示灯判断故障所在部位。自诊断程序作为主程序的一部分对系统本身以及与 CNC 连接的各种外围设备、伺服系统等进行监控，一旦发生异常立即以报警方式显示在 CRT 上或点亮各种报警指示灯，甚至可以对报警故障进行分类，并决定是否停机。一般的 CNC 系统有几十种报警符号，有的甚至达几百项，用户可以根据报警内容提示来寻找故障根源。

(3) 利用状态显示诊断功能。CNC 系统不仅能将故障诊断信息显示在 CRT 上，而且能以"诊断地址"和"诊断数据"的形式提供诊断的各种状态。可将故障区分出是在机床的一侧还是另一侧，缩小检查范围。

(4) 核对数控系统参数。系统参数的变化会直接影响到机床的性能，甚至使机床发生故障。CNC 系统的某些故障就是由于外界的干扰等因素造成个别参数发生变化所引起的。因此可通过核对、修正参数，将故障排除。

(5) 置换备件法。当通过分析认为故障可能出现在印制电路板时，如有备用板进行替换，可迅速找出有故障的电路板，减少停机时间。但在换板时，一定要注意印制电路板应与原板的状态一致，包括电位器的位置、短路棒的设定位置等。更换寄存器板时不需要进行初始化，重新设定各种 NC 数控等操作一定要按说明书的要求进行。

(6) 测量比较法。CNC 系统生产厂在设计制造印制电路板时，为了调整维修的方便，在印制电路板上设计了多个检测用端子，用户可以利用这些端子将正常的印制电路板和出故障的印制电路板进行测量比较，分析故障的原因和所在位置。

以上各种方法各有特点，对于较难判断的故障，需要综合运用多种方法才能产生较好的效果，正确判断出故障的原因及故障所在位置。

任务三 数控铣床的基本操作

一、数控铣床的操作面板

由于数控铣床的生产厂家不同，种类也是多种多样的，其所使用的数控系统种类繁多，操作面板的形状、操作键的位置也不一样，操作方法也各不相同，但是其功能大都相差无几。因此在学习数控机床操作时，应认真阅读生产厂家提供的操作手册，了解有关操作规定，以便熟练掌握数控铣床操作方法。

1．FANUC 0i 系统操作面板的组成

FANUC 0i 系统的操作面板由 CRT 显示器、MDI 键盘和 MDI 操作面板组成，如图 1-11 所示。

2．MDI 键盘介绍

MDI 键盘用于程序编辑、参数输入等功能，如图 1-12 所示。MDI 键盘上各个键的功能如表 1-5 所示。

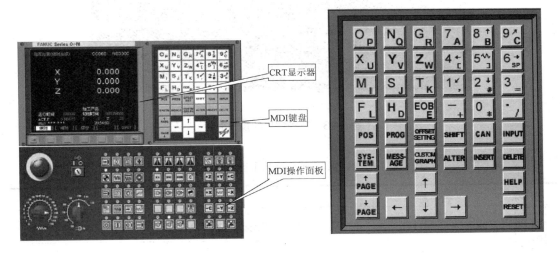

图 1-11　FANUC 0i 系统的操作面板　　　　图 1-12　MDI 键盘

表 1-5　MDI 键盘的功能键

序　号	功　能　键	功　用
1	POS	在 CRT 中显示坐标值
2	PROG	CRT 将进入程序编辑和显示界面
3	OFFSET SETTING	CRT 将进入参数补偿显示界面
4	SYSTEM	系统参数页面
5	MESSAGE	信息页面

续表

序　号	功　能　键	功　用
6	CUSTOM GRAPH	在自动运行状态下将数控显示切换至轨迹模式
7	SHIFT	输入字符切换键
8	CAN	删除输入域中的单个字符
9	INPUT	将数据域中的数据输入到指定的区域
10	ALTER	字符替换
11	INSERT	将输入域中的内容输入到指定区域
12	DELETE	删除一段字符
13	RESET	机床复位

3. 数控铣床的操作面板

数控铣床的操作面板如图1-13所示,操作面板上的各键和按钮的功能如表1-6所示。

图 1-13　数控铣床的操作面板

表 1-6　数控铣床操作面板上键和按钮的功能

图　标	名　称	功　能
	自动运行 AUTO	此按钮被按下后，系统进入自动加工模式
	编辑 EDIT	此按钮被按下后，系统进入程序编辑状态
	MDI 手动数据输入	此按钮被按下后，系统进入 MDI 模式，手动输入并执行指令
	远程执行 DNC	此按钮被按下后，系统进入远程执行模式(即 DNC 模式)，输入输出资料
	单节	此按钮被按下后，运行程序时每次执行一条数控指令
	单节忽略	此按钮被按下后，数控程序中的注释符号"/"有效

图标	名　称	功　能
	选择性停止	此按钮被按下后，M01 代码有效
	机械锁定	锁定机床
	试运行 RUN	空运行
	进给保持	程序运行暂停，按"循环启动"按钮恢复运行
	循环启动	系统处于"自动运行"或 MDI 位置时按下有效程序运行开始
	回原点 REF	机床处于回零模式；机床必须首先执行回零操作，然后才可以运行
	手动 JOG	机床处于手动模式，连续移动工作台或者刀具
	手动脉冲	手动脉冲，增量进给，可用于步进或者微调
	手动脉冲	手轮方式移动工作台或刀具
	循环停止	在程序运行中，按下此按钮将停止程序运行
	急停	按下此按钮，机床移动立即停止，所有的输出都会关闭
	主轴控制	主轴正转、主轴停止、主轴反转
	进给倍率	调节运行时的进给速度倍率

二、数控铣床的启动和停止

1．电源的接通

(1) 检查机床的初始状态，以及控制柜的前、后门是否关好。

(2) 接通数控铣床外部电源开关。

(3) 启动数控铣床的电源开关，此时面板上的"电源"指示灯亮。

(4) 确定电源接通后，将操作面板上的"急停"按钮右旋弹起，按下操作面板上的 RESET(机床复位)按钮，系统自检后 CRT 上出现位置显示画面，"准备好"指示灯亮。注意：在出现位置显示画面和报警画面之前，请不要接触 CRT/MDI 操作面板上的键，以防引起意外。

(5) 确认风扇电动机转动正常后开机结束。

2．电源关断

(1) 确认操作面板上的"循环启动"指示灯已经关闭。

(2) 确认机床的运动全部停止，按下操作面板上的"停止"按钮数秒，"准备好"指示灯灭，CNC 系统电源被切断。

(3) 切断机床的电源开关。

三、机床回参考点

控制机床运动的前提是建立机床坐标系，系统接通电源、超过行程报警解除后、急停、复位后首先应进行机床各轴回参考点操作。方法如下：按操作面板上的"回原点 REF"按钮，确保系统处于"回零"模式；根据 Z 轴机床参数"回参考点方向"，按一下"+Z"或"−Z"按键，Z 轴回到参考点后，"回参考点"指示灯亮；用同样的方法使用"+Y""−Y""+X""−X"按键，可以使 X 轴、Y 轴、Z 轴回参考点。所有轴回参考点后，即建立了机床坐标系。

> **注意：** (1) 回参考点时应确保安全，在机床运行方向上不会发生碰撞，一般应选择 Z 轴先回参考点，将刀具抬起。
>
> (2) 在每次电源接通后，必须先完成各轴的返回参考点操作，然后再进入其他运行方式，以确保各轴坐标的正确性。
>
> (3) 在回参考点过程中，请按住操作面板上的"超程解除"键 🔲(大部分机床上没有)，有的机床上有超程解除钥匙开关(STROKE END RELEASE)，如果机床没有"超程解除"键或按钮，则按一下 Reset(复位键)，然后向相反方向手动移动该轴使其退出超程状态。

四、手动操作

1．手动点动/连续进给操作

选择"手动"模式，按下"手动轴选择"中的 Z、X 或 Y 中的一个按钮，然后按下"+"或"−"键，注意工作台 Z 轴的升降。注意正、负方向，调节"进给倍率"按钮，以免碰撞。按下"快速"键，观察 Z 轴的升降速度。

2．手动快速进给操作

选择"手动"模式，按下"手动轴选择"中的 Z、X 或 Y 中的一个按钮，然后按下"+"或"−"按钮，注意工作台 Z 轴的升降，以免碰撞。按下"快速"按钮，Z、X 或 Y 轴作快速移动。

3．手轮方式

选择手轮模式，选择手动进给轴 X、Y 或 Z，用手轮轴倍率旋钮调节脉冲当量，旋转手轮，可实现手轮连续进给移动。注意旋转方向，以免碰撞。

4. 机床锁住与 Z 轴锁住

机床锁住与 Z 轴锁住由机床控制面板上的"机床锁住"与"Z 轴锁住"按钮完成。

1) 机床锁住

在手动运行方式下，按"机床锁住"按钮，系统继续执行，显示屏上的坐标轴位置信息变化，但不输出伺服轴的移动指令，所以机床停止不动。

2) Z 轴锁住

在手动运行开始前，按"Z 轴锁住"按钮，再手动移动 Z 轴，Z 轴坐标位置信息变化，但 Z 轴不运动，禁止进刀。

五、MDI 操作

在 MDI 方式中，通过 MDI 面板，可以编制程序并执行，程序的格式和普通程序一样。MDI 运行适用于简单的测试操作，比如检验工件坐标位置、主轴旋转等。在 MDI 方式中编制的程序不能被保存，运行完 MDI 上的程序后，该程序会消失。

使用 MDI 键盘输入程序并执行的操作步骤如下。

(1) 将机床的工作方式设置为 MDI 方式。

(2) 按下 MDI 键盘上的 PROG 键，进入编辑页面，在此方式下，可进行 MDI 方式单程序段运行操作。输写数据指令：在输入键盘上按数字/字母键，可以做取消、插入、删除等修改操作。按数字/字母键键入字母 O，再输入程序编号，但不可以与已有程序编号重复。

(3) 输入程序后，按下 ^{EOB}E 键可以结束一行的输入并换行，按 PAGE 、 PAGE 键翻页，按方位键 ↑ ↓ ← → 移动光标。按 DELETE 键，删除一段字符；按 CAN 键，删除输入区的单个字符。按 INSERT 键，将输入域中的内容输入指定区域。输入完整数据指令后，可以按循环启动按钮 ⊡ 运行程序。用复位键 RESET 可以进行机床复位。

六、程序编程与管理

1. 显示数控程序目录

导入数控程序之后，按下操作面板上的编辑按钮 ◈，编辑状态指示灯变亮 ◈，此时已进入编辑状态。按下 MDI 键盘上的 PROG(程序)键，CRT 界面转入编辑页面。按软键 LIB，经过 DNC 传送的数控程序名显示在 CRT 界面上，如图 1-14 所示。

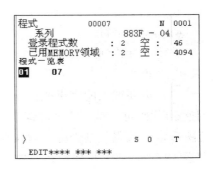

图 1-14 显示程序名

1) 选择一个数控程序

导入数控程序之后，按下 MDI 键盘上的 PROG(程序)键，CRT 界面转入编辑页面。利用 MDI 键盘输入 "O××××"(×为数控程序目录中显示的程序号)，按 ↓ 键开始搜索，搜索到"O×××× ×"后显示在屏幕首行程序编号位置，NC 程序显示在屏幕上。

2) 删除一个数控程序

按下操作面板上的编辑按钮，编辑状态指示灯变亮，此时已进入编辑状态。利用 MDI 键盘输入"O××××"(×为要删除的数控程序在目录中显示的程序号)，按下 DELETE 键，程序即被删除。

3) 新建一个 NC 程序

按下操作面板上的编辑按钮，编辑状态指示灯变亮，此时已进入编辑状态。按下 MDI 键盘上的 PROG(程序)键，CRT 界面转入编辑页面。利用 MDI 键盘输入"O××××"(×为程序编号，但不可以与已有程序编号重复)，按插入键 INSERT，CRT 界面上显示一个空程序，可以通过 MDI 键盘开始程序输入。输入一段代码后，按插入键 INSERT，输入域中的内容显示在 CRT 界面上，用回车换行键结束一行的输入后换行。

4) 删除全部数控程序

按下操作面板上的编辑按钮，编辑状态指示灯变亮，此时已进入编辑状态。按下 MDI 键盘上的程序键 PROG，CRT 界面转入编辑页面。利用 MDI 键盘输入"O-9999"，按删除键 DELETE，全部数控程序即被删除。

2. 数控程序的编辑

按下操作面板上的编辑按钮，编辑状态指示灯变亮，此时已进入编辑状态。按下 MDI 键盘上的程序键 PROG，CRT 界面转入编辑页面。选定一个数控程序后，此程序显示在 CRT 界面上，可对数控程序进行编辑操作。

1) 移动光标

按翻页键和可以翻页，按方位键"↑""↓""←"和"→"可以移动光标。

2) 插入字符

先将光标移到所需位置，按 MDI 键盘上的数字/字母键，将代码输入到输入域中，按插入键 INSERT，把输入域的内容插入到光标所在代码的右侧。

3) 删除输入域中的数据

按删除键 CAN 可以删除输入域中的数据。

4) 删除字符

先将光标移到所需删除字符的位置，按删除键 DELETE，可以删除光标右侧的代码。

5) 查找

输入需要搜索的字母或代码，按方位键"→"开始在当前数控程序中光标所在位置右侧搜索(代码可以是一个字母或一个完整的代码。例如，N0010、M03 等)。如果数控程序中有所搜索的代码，则光标停留在找到的代码处；如果数控程序中光标所在位置右侧没有所搜索的代码，则光标停留在原处。

6) 替换

先将光标移到所需替换字符的位置，将替换成的字符通过 MDI 键盘输入到输入域中，按替换键 ALTER，用输入域的内容替代光标所在的代码。

3. 保存程序

编辑好的程序需要进行保存操作，操作方式如下。

按下操作面板上的编辑按钮，编辑状态指示灯变亮，此时已进入编辑状态。按软键"操作"，在弹出的对话框中输入文件名，选择文件类型和保存路径，单击"保存"按钮，如图1-15所示。

图1-15　保存程序

七、FANUC 0i 标准铣床面板仿真操作

1．数控铣床操作面板

目前国内外的数控仿真软件有很多，国内的有宇龙和斯沃等数控仿真软件。本书选用上海宇龙软件工程有限公司开发的数控加工仿真系统进行仿真操作。FANUC 0i 标准铣床操作面板如图1-16所示。

图1-16　FANUC 0i 仿真系统操作面板

操作面板上的按钮说明如表1-7所示。

表 1-7　仿真操作面板上的按钮说明

按　钮	名　称	功能说明
	自动运行	此按钮被按下后，系统进入自动加工模式
	编辑	此按钮被按下后，系统进入程序编辑状态
	MDI	此按钮被按下后，系统进入 MDI 模式，手动输入并执行指令
	远程执行	此按钮被按下后，系统进入远程执行模式，即 DNC 模式，输入输出资料
	单节	此按钮被按下后，运行程序时每次执行一条数控指令
	单节忽略	此按钮被按下后，数控程序中的注释符号"/"有效
	选择性停止	此按钮被按下后，M01 代码有效
	机械锁定	锁定机床
	试运行	空运行
	进给保持	程序运行暂停，在程序运行过程中，按下此按钮运行暂停。按下"循环启动"按钮 恢复运行
	循环启动	程序运行开始；系统处于"自动运行"或 MDI 位置时按下有效，其余模式下使用无效
	循环停止	程序运行停止，在数控程序运行中，按下此按钮停止程序运行
	回原点	机床处于回零模式；机床必须首先执行回零操作，然后才可以运行
	手动	机床处于手动模式，连续移动
	手动脉冲	机床处于手轮轴移动控制模式
	手动脉冲	机床处于手轮轴旋转控制模式
X	X 轴选择	手动状态下 X 轴选择按钮
Y	Y 轴选择	手动状态下 Y 轴选择按钮
Z	Z 轴选择	手动状态下 Z 轴选择按钮
+	正向移动	手动状态下，按下该按钮系统将向所选轴正向移动。在回零状态时，按下该按钮将所选轴回零
−	负向移动	手动状态下，按下该按钮系统将向所选轴负向移动
快速	快速	按下该按钮将进入手动快速状态
	主轴控制	依次为主轴正转、主轴停止、主轴反转
启动	启动	系统启动
停止	停止	系统停止
超程释放	超程释放	系统超程释放
	主轴倍率选择	将鼠标指针移至此旋钮上后，通过单击鼠标的左键或右键来调节主轴旋转倍率

按 钮	名 称	功能说明
	进给倍率	调节运行时的进给速度倍率
	急停	按下急停按钮，使机床移动立即停止，并且所有的输出，如主轴的转动等都会关闭
	手轮显示	按下此键，则可以显示出手轮
	手轮面板	按下H键，将显示手轮面板；按下手轮面板右下角的H键，手轮面板将被隐藏
	手轮轴选择	手轮状态下，将鼠标指针移至此旋钮上后，通过单击鼠标的左键或右键来选择进给轴
	手轮进给倍率	手轮状态下，将鼠标指针移至此旋钮上后，通过单击鼠标的左键或右键来调节点动/手轮步长。×1、×10、×100 分别代表移动量为 0.001mm、0.01mm、0.1mm
	手轮	将鼠标指针移至此旋钮上后，通过单击鼠标的左键或右键来转动手轮

2．机床准备

1) 激活机床

单击"启动"按钮，此时机床电机和伺服控制的指示灯变亮。

检查"急停"按钮是否松开至状态，若未松开，单击"急停"按钮，将其松开。

2) 机床回参考点

检查操作面板上的回原点指示灯是否亮，若指示灯亮，表示已进入回原点模式；若指示灯不亮，则单击"回原点"按钮，转入回原点模式。

在回原点模式下，先将 X 轴回原点，单击操作面板上的"X 轴选择"按钮，使 X 轴方向的移动指示灯变亮，单击+按钮，此时 X 轴将回原点，X 轴回原点灯变亮，CRT上的 X 坐标变为 0.000。同样，再分别单击 Y 轴、Z 轴按钮、，使指示灯变亮，单击+按钮，此时 Y 轴、Z 轴将回原点，Y 轴、Z 轴回原点灯变亮。此时 CRT 界面如图 1-17所示(图中的"座标"应为"坐标")。

3．对刀

数控程序一般按工件坐标系编程,对刀的过程就是建立工件坐标系与机床坐标系之间关系的过程。

下面具体说明铣床和卧式加工中心对刀的方法。铣床和卧式加工中心将工件上表面的中心点设为工件坐标系原点。

将工件上的其他点设为工件坐标系原点的对刀方法与此类似。

一般铣床在 X、Y 方向对刀时使用的基准工具包括刚性靠棒和寻边器两种。

1) 刚性靠棒 X、Y 轴对刀

刚性靠棒采用检查塞尺松紧的方式对刀，具体过程如下(我们采用将零件放置在基准工

```
现在位置(绝对座标)     0      N

X              0.000

Y              0.000

Z              0.000

JOG F 1000
ACT . F 1000 MM/分        S  O  T
REF **** *** ***
```

图 1-17 CRT 界面显示

具的左侧(正面视图)的方式)。

选择"机床/基准工具"命令,弹出"基准工具"对话框,左侧是刚性靠棒基准工具,右侧是寻边器,如图1-18所示。

单击操作面板中的"手动"按钮,手动状态灯亮,进入"手动"方式。

按 MDI 键盘上的 POS 键,使 CRT 界面上显示坐标值;借助"视图"菜单中的动态旋转、动态放缩、动态平移等工具,适当单击 X、Y、Z 按钮和 +、- 按钮,将机床移动到如图1-19所示的大致位置。

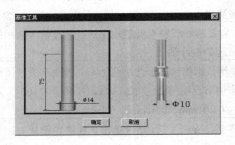

图1-18 基准工具

图1-19 移至工件附近

机床移动到大致位置后,还可以采用手轮调节方式移动机床,选择"塞尺检查/1mm"命令,基准工具和零件之间被插入塞尺。在机床下方显示如图1-20所示的局部放大图(紧贴零件的红色物件为塞尺)。

单击操作面板上的"手动脉冲"按钮或,使手动脉冲指示灯变亮,采用手动脉冲方式精确移动机床。单击按钮,显示手轮图标,将"手轮对应轴"旋钮置于 X 档,调节"手轮进给速度"旋钮,在"手轮旋转"上单击鼠标左键或右键精确移动靠棒,使得"提示信息"对话框显示"塞尺检查的结果:合适"字样,如图1-20所示。

记下塞尺检查结果为"合适"时 CRT 界面中的 X 坐标值,此为基准工具中心的 X 坐标,记为 X_1;将定义毛坯数据时设定的零件的长度记为 X_2;将塞尺厚度记为 X_3;将基准工件直径记为 X_4(可在选择基准工具时读出)。则工件上表面中心的 X 的坐标为基准工具中

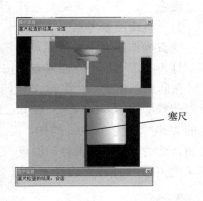

图1-20 局部放大图和检查结果

心的 X 的坐标减去零件长度的一半减去塞尺厚度减去基准工具半径,记为 X。

Y 方向对刀采用同样的方法。得到工件中心的 Y 坐标,记为 Y。

完成 X、Y 方向对刀后,选择"塞尺检查/收回塞尺"命令将塞尺收回,单击"手动"按钮,手动灯变亮,机床转入手动操作状态。单击 Z 和 + 按钮,将 Z 轴提起,再选择菜单"机床/拆除工具"命令拆除基准工具。

注意:塞尺有各种不同的尺寸,可以根据需要调用。本系统提供的塞尺尺寸有 0.05mm、0.1mm、0.2mm、1mm、2mm、3mm、100mm(量块)。

2)　寻边器 X、Y 轴对刀

寻边器(也称分中棒，分中棒分中时主轴转速只能设定在 350～600r/min，绝对不能超过 600r/min，一般应在 500r/min 左右)由固定端和测量端两部分组成。固定端由刀具夹头夹持在机床主轴上，中心线与主轴轴线重合。在测量时，主轴以 400r/min 的转速旋转。通过手动方式，使寻边器向工件基准面移动靠近，让测量端接触基准面。在测量端未接触工件时，固定端与测量端的中心线不重合，两者呈偏心状态。当测量端与工件接触后，偏心距减小，这时使用点动方式或手轮方式微调进给，寻边器继续向工件移动，偏心距逐渐减小。当测量端和固定端的中心线重合的瞬间，测量端会明显偏出，出现明显的偏心状态。这时主轴中心位置与工件基准面的距离等于测量端的半径。

单击操作面板中的"手动"按钮，手动灯变亮，系统进入"手动"方式。

按下 MDI 键盘上的 POS 键，使 CRT 界面显示坐标值；借助"视图"菜单中的动态旋转、动态放缩、动态平移等工具，适当单击操作面板上的 X、Y、Z 和 +、− 按钮，将机床移动到靠近工件的位置。

在手动状态下，单击操作面板上的或按钮，使主轴转动。未与工件接触时，寻边器测量端大幅度晃动。

主轴移动到大致位置后，还可采用手动脉冲方式移动主轴，单击操作面板上的"手动脉冲"按钮或，使手动脉冲指示灯变亮，采用手动脉冲方式精确移动主轴。单击按钮，显示手轮控制面板，将手轮对应轴旋钮置于 X 挡，调节"手轮进给速度"旋钮，在"手轮"旋钮上单击鼠标左键或右键精确移动寻边器。将寻边器沿 X 轴方向慢慢靠近工件侧面，而寻边器逐渐由摆动较大变小到重合，如图 1-21 所示，继续移动到寻边器刚到重新分开时，如图 1-22 所示，然后要回到合拢状态，将手轮倍率调至 0.01mm 处，并靠近工件移动至刚好重新重合即可，认为此时寻边器与工件恰好吻合。

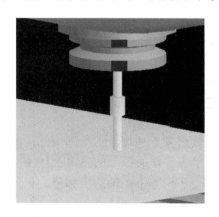

图 1-21　中心线重合

图 1-22　大幅度偏移

记下寻边器与工件恰好吻合时 CRT 界面中的 X 坐标，此为基准工具中心的 X 坐标，记为 X_1；将定义毛坯数据时设定的零件的长度记为 X_2；将基准工件直径记为 X_3(可在选择基准工具时读出)。则工件上表面中心的 X 的坐标为基准工具中心的 X 的坐标减去零件长度的一半减去基准工具半径，记为 X。

Y 方向对刀采用同样的方法。得到工件中心的 Y 坐标，记为 Y。

完成 X、Y 方向对刀后，单击 Z 和 + 按钮，将 Z 轴提起，停止主轴转动，再选择"机床/拆除工具"命令拆除基准工具。

3) 塞尺法 Z 轴对刀

单击"启动"按钮，此时机床电机和伺服控制的指示灯变亮。

铣床 Z 轴对刀时，采用实际加工时所要使用的刀具。

选择"机床/选择刀具"命令或单击工具条上的小图标，选择所需刀具。

装好刀具后，单击操作面板中的"手动"按钮，手动状态指示灯变亮，系统进入"手动"方式。

利用操作面板上的 X、Y、Z 和 +、− 按钮，将主轴移到如图 1-23 所示的大致位置。

类似在 X、Y 方向对刀的方法进行塞尺检查，得到"塞尺检查的结果：合适"提示时 Z 的坐标值，记为 Z_1，如图 1-24 所示。Z_1 减去塞尺厚度，得到工件坐标系原点 Z 的坐标值，记作 Z_0，此时工件坐标系在工件上表面。

图 1-23 主轴移至工件附近

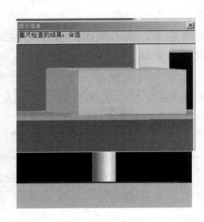

图 1-24 合适状态

4) 试切法 Z 轴对刀

选择"机床/选择刀具"命令或单击工具条上的小图标，选择所需刀具。

装好刀具后，利用操作面板上的 X、Y、Z 和 +、− 按钮，将机床移到如图 1-23 所示的大致位置。

选择"视图/选项"命令中的"声音开"和"铁屑开"选项。

单击操作面板上的或按钮使主轴转动；单击操作面板上的 Z 和 − 按钮，切削零件的声音刚响起时停止，使铣刀将零件切削小部分，记下此时 Z 轴的坐标值，记为 Z_0，此为工件表面一点处 Z 的坐标值。

通过对刀得到的坐标值(X_0,Y_0,Z_0)即为工件坐标系原点在机床坐标系中的坐标值。

4．手动操作

1) 手动/连续方式

单击操作面板上的"手动"按钮，使其指示灯变亮，机床进入手动模式。

分别单击 X、Y、Z 按钮，选择移动的坐标轴。

分别单击 +、− 按钮，控制机床的移动方向。

单击 按钮控制主轴的转动和停止。

> **注意：**刀具切削零件时，主轴需转动。加工过程中刀具与零件发生非正常碰撞后(非正常碰撞包括车刀的刀柄与零件发生碰撞，铣刀与夹具发生碰撞等)，系统会弹出警告对话框，同时主轴自动停止转动，调整到适当位置，继续加工时需再次单击 按钮，使主轴重新转动。

2)　手动脉冲方式

对刀时，先用手动/连续方式粗调机床；需要精确调节机床时，可用手动脉冲方式调节机床。

单击操作面板上的"手动脉冲"按钮 或 ，使指示灯 变亮。

单击 按钮，显示手轮图标 。

将鼠标对准"轴选择"旋钮 ，单击左键或右键，选择坐标轴。

将鼠标对准"手轮进给速度"旋钮 ，单击左键或右键，选择合适的脉冲当量。

将鼠标对准手轮 ，单击左键或右键，精确控制机床的移动。

单击 按钮控制主轴的转动和停止。

单击 按钮，可隐藏手轮。

5．自动加工方式

1)　自动/连续方式

(1)　自动加工流程。

①　检查机床是否回零，若未回零，先将机床回零。

②　导入数控程序或自行编写一段程序。

③　单击操作面板上的"自动运行"按钮 ，使其指示灯 变亮。

④　单击面板上的"循环启动"按钮 ，程序开始执行。

(2)　中断运行。

①　数控程序在运行过程中可根据需要暂停、停止、急停和重新运行。

②　数控程序在运行时，按"进给保持"按钮 ，程序停止执行；再单击 按钮，程序从暂停位置开始执行。

③　数控程序在运行时，按"循环停止"按钮 ，程序停止执行；再按 按钮，程序从开头重新执行。

④　数控程序在运行时，单击"急停"按钮 ，数控程序中断运行，继续运行时，先单击"急停"按钮将其松开，再按 按钮，余下的数控程序从中断行开始作为一个独立的程序执行。

2)　自动/单节方式

(1)　检查机床是否回零。若未回零，先将机床回零。

(2)　导入数控程序或自行编写一段程序。

(3)　单击操作面板上的"自动运行"按钮 ，使指示灯 变亮。

(4)　单击操作面板上的"单节"按钮 ，"单节"的意思是只能执行一行程序。

(5) 单击操作面板上的"循环启动"按钮，程序开始执行，执行完一行程序后，程序停止执行。再按"循环启动"按钮，程序再执行一次。

> **注意**：采用自动/单节方式时，执行每一行程序均需单击一次"循环启动"按钮。

(6) 单击"单节跳过"按钮，则程序运行时跳过符号"/"有效，该行成为注释行，不执行。

(7) 单击"选择性停止"按钮，则程序中的 M01 有效。

可以通过"主轴倍率"旋钮和"进给倍率"旋钮来调节主轴旋转的速度和移动的速度。

按 RESET 键可将程序重置。

3) 检查运行轨迹

NC 程序导入后，可检查运行轨迹。

单击操作面板上的"自动运行"按钮，使其指示灯变亮，转入自动加工模式，按下 MDI 键盘上的 PROG 键，单击数字/字母键，输入"O×××××"(×为所需要检查运行轨迹的数控程序号)，单击按钮开始搜索，找到后，程序显示在 CRT 界面上。按下键，进入检查运行轨迹模式，单击操作面板上的"循环启动"按钮，即可观察数控程序的运行轨迹，此时也可通过"视图"菜单中的动态旋转、动态放缩、动态平移等方式对三维运行轨迹进行全方位的动态观察。

习　题

(1) 数控铣床一般由哪几部分组成？机械部分呢？

(2) 如何对数控铣床进行分类？

(3) 列出 6 种常用数控铣削指令及其功能。

(4) 简述数控加工程序的构成。

(5) 简述数控编程的步骤。

(6) 简述利用数控铣床加工工件的完整步骤。

项目二　用 FANUC 数控铣床加工平面类零件

🔵 **知识目标**

(1) 掌握 FANUC 数控系统的快速定位指令、直线插补指令、圆弧插补 G02/G03 指令和刀具半径补偿指令。

(2) 理解平面零件的结构特点和加工工艺特点，正确分析平面零件的加工工艺。

(3) 熟悉平面零件的工艺编制。

(4) 熟练掌握平面类零件的手工编程。

🔵 **能力目标**

(1) 针对加工零件，能分析平面零件的结构特点、特殊加工要求，理解加工技术要求。

(2) 会分析平面零件的工艺性能，能正确选择设备、刀具、夹具与切削用量，能编制数控加工工艺卡。

(3) 能使用数控系统仿真加工零件操作。

(4) 能正确装夹刀具和工件。

(5) 会用数控铣床铣平面类零件。

🔵 **学习情景**

平面类零件是指加工平面与水平面平行或与水平面垂直的零件，以及加工平面与水平面的夹角为一定值的零件，这类加工面可展开为平面。平面铣适用于平面区域、平面内外轮廓和台阶面的加工。它通过逐层切削工件来创建刀具路径，可用于零件的粗、精加工，尤其适用于需大量切除材料的场合，如图 2-1 所示。

图 2-1　铣削平面类零件

任务一　平面零件的数控铣削

一、任务导入

某生产厂家，需加工一批模板类零件，其材料为 45 钢，如图 2-2 所示。

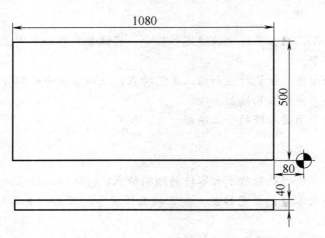

图 2-2　模板类零件

二、任务分析

1．分析加工方案

(1) 装夹工件时选用何种夹具，如何进行装夹？

(2) 根据各尺寸和加工精度选择合理的加工方法，确定加工工艺路线并选择相应的刀具，填写表 2-1。

表 2-1　平面类零件加工方案

加工内容	加工方法	选用刀具/mm

2．选择合适的切削用量

确定加工方案和刀具后，要选择合适的刀具切削参数，填写表 2-2。

表 2-2　刀具切削参数选用表

刀具编号	刀具参数	主轴转速/(r/min)	进给率/(mm/min)	切削深度/mm

3．确定工件坐标系

依据简化编程、便于加工的原则，确定工件的坐标系原点。

三、相关理论知识

1．常见铣削刀具

1） 铣刀类型选择

铣小平面或台阶面时一般采用通用铣刀。铣较大平面时，一般采用刀片镶嵌式盘形铣刀，如图 2-3 所示。

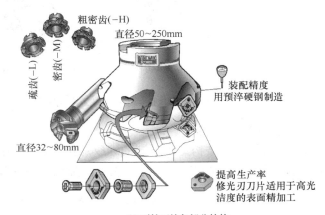

粗密齿(-H)
直径50~250mm
疏齿(-L)
密齿(-M)
装配精度
用预淬硬钢制造
直径32~80mm
提高生产率
修光刃刀片适用于高光洁度的表面精加工

(a) 面铣刀实物图片　　　　　　　　　　(b) 面铣刀的各部分结构

图 2-3　面铣刀

面铣刀直径的选择依据：主要是根据工件宽度选择，同时要考虑机床的功率、刀具的位置和刀齿与工件的接触形式等，也可将机床主轴直径作为选取的依据，面铣刀直径可按 $D=1.5d(d$ 为主轴直径)选取。一般来说，面铣刀的直径应比侧吃刀量大 20%～50%。

45°面铣刀为一般加工首选，背向力大，约等于进给力。加工薄壁零件时，工件会发生挠曲导致加工精度下降。切削铸铁时，有利于防止工件边缘产生崩落。

90°面铣刀适用于薄壁零件、装夹较差的零件和要求 90°准确成形的场合，进给力等于切削力，进给抗力大，易振动，要求机床具有较大的功率和刚性。

2） 刀柄及其附件

刀柄是机床主轴和刀具之间的连接工具。刀柄的选用要和机床的主轴孔相对应，并且已经标准化和系列化，如图 2-4 所示。

2．认识常用夹具——机用虎钳

1） 机用虎钳的用途

机用虎钳又名平口钳，是一种通用夹具，常用于安装小型工件。它是铣床、钻床的随机附件。将其固定在机床工作台上，用来夹持工件进行切削加工。

2） 机用虎钳的工作原理

用扳手转动丝杠，通过丝杠螺母带动活动钳身移动，形成对工件的夹紧与松开。

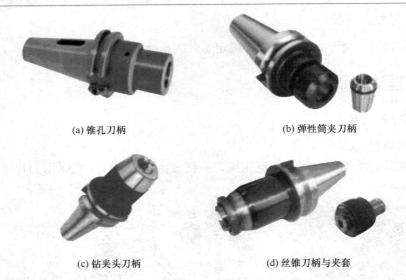

(a) 锥孔刀柄　　　　　　　　　　　　　　(b) 弹性筒夹刀柄

(c) 钻夹头刀柄　　　　　　　　　　　　　　(d) 丝锥刀柄与夹套

图 2-4　刀柄

3)　机用虎钳的构造

机用虎钳的装配结构是可拆卸的螺纹连接和销连接；活动钳身的直线运动是由螺旋运动转变的；工作表面是螺旋副、导轨副及间隙配合的轴和孔的摩擦面，如图 2-5 所示。

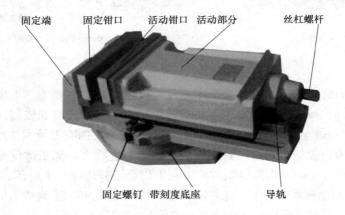

图 2-5　机用虎钳

4)　机用虎钳中装夹工件的注意事项

(1)　工件的被加工面必须高出钳口，否则就要用平行垫铁垫高工件，如图 2-6 所示。

(2)　为了能装夹得牢固，防止刨削时工件松动，必须把比较平整的平面贴紧在垫铁和钳口上。要使工件贴紧在垫铁上，应该一面夹紧，一面用手锤轻击工件的上表面，光洁的平面要用铜棒进行敲击以防止敲伤光洁表面。

(3)　为了不使钳口损坏和保护已加工表面，夹紧工件时在钳口处垫上铜片。用手挪动垫铁以检查夹紧程度，如有松动，说明工件与垫铁之间贴合不好，应该松开平口钳重新夹紧。

(4) 刚性不足的，工件需要支实，以免夹紧力使工件变形。

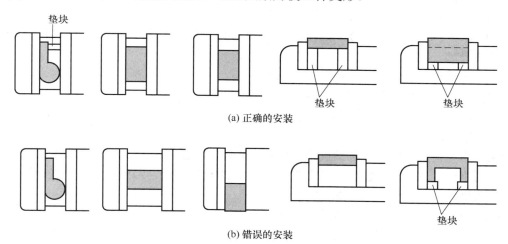

(a) 正确的安装

(b) 错误的安装

图 2-6　工件安装

3．编程指令

有关坐标和坐标系的指令如下。

1） G92——工件坐标系设定

指令格式：`G92 X_Y_Z_;`

X、Y、Z 为当前刀位点在工件坐标系中的坐标。

G92 指令通过设定刀具起点相对于要建立的工件坐标原点的位置建立坐标系。此坐标系一旦建立起来，后续的绝对值指令坐标位置都是此工件坐标系中的坐标值。

G92 设定工件坐标系，如图 2-7 所示。例如，G92 XX2 YY2 ZZ2 将工件原点设定到距刀具起始点距离分别为-$X2$，-$Y2$，-$Z2$ 的位置。

2） G54～G59——工件坐标系选择

G54～G59 是系统预置的 6 个坐标系，可根据需要选用，如图 2-8 所示。其注意事项如下。

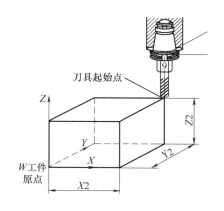

图 2-7　G92 设置坐标系

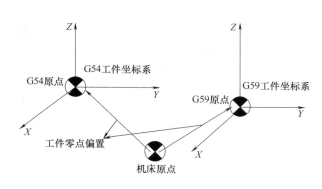

图 2-8　G54～G59 6 个坐标系

(1) 该指令执行后，所有坐标值指定的坐标尺寸都是选定的工件加工坐标系中的位置。1～6 号工件的加工坐标系是通过 CRT/MDI 方式设置的。

(2) G54～G59 预置建立的工件坐标原点在机床坐标系中的坐标值可用 MDI 方式输入，系统自动记忆。

(3) 使用该组指令前，必须先回参考点。

(4) G54～G59 为模态指令，可相互注销。

3) G53——选择机床坐标系

指令格式：G53 X_Y_Z_ ;

G53 指令使刀具快速定位到机床坐标系中的指定位置，式中 X、Y、Z 后的值为机床坐标系中的坐标值。例如 "G53 X-100.0Y-100.0Z-20.0;"，无论刀具处于哪个坐标系下都会转到机床坐标系下(-100,-100,-20)点处。

G53 为非模态指令，只在当前程序段有效。

4) G52——局部坐标系设定

指令格式：G52 X_Y_Z_ ;

其中，X、Y、Z 后的值为局部原点相对工件原点的坐标值。

例 2-1　如图 2-9 所示为几个坐标系指令在 A→B→C→D 行走路线中的应用。

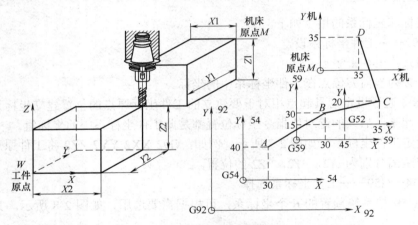

图 2-9　各坐标系互相转换

参考程序如表 2-3 所示。

表 2-3　参考程序

程　序	注　释
O2001;	程序编号
N01G54G00G90X30.0Y40.0;	快速移到 G54 中的 A 点
N02G59;	将 G59 置为当前工件坐标系
N03G00X30.0Y30.0;	移到 G59 中的 B 点
N04G52X45.0Y15.0;	在当前工件坐标系 G59 中建立局部坐标系 G52
N05G00G90X35.0Y20.0;	移到 G52 中的 C 点
N06G53X35.0Y35.0;	移到 G53(机械坐标系)中的 D 点

5） G00——快速定位指令

指令格式：`G00 X_Y_Z_;`

其中，X、Y、Z 为快速定位终点，在 G90 时为终点在工件坐标系中的坐标，在 G91 时为终点相对于起点的位移量。

> 注意：G00 一般用于加工前快速定位或加工后快速退刀。

6） G01——直线进给指令

指令格式：`G01 X_Y_Z_F_;`

其中，X、Y、Z 为终点，在 G90 时为终点在工件坐标系中的坐标，在 G91 时为终点相对于起点的位移量。G01 指令使刀具从当前位置以联动的方式，使用程序段中 F 指令规定的合成进给速度，按合成的直线轨迹移动到程序段所指定的终点。

> 注意：① G01 和 F 都是模态代码，如果后续的程序段不改变加工的线型和进给速度，可以不再书写这些代码。
> ② G01 可由 G00、G02、G03 或 G33 功能注销。

例 2-2 如图 2-10 所示，刀具在(50,10)位置以 100mm/min 的进给速度沿直线运动到(10,50)的位置。

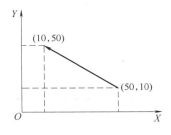

图 2-10 直线刀路

以绝对方式编写程序段：

`G90 G01 X10.0 Y50.0 F100;`

以增量方式编写程序段：

`G91 G01 X-40.0 Y40.0 F100;`

7） G90——绝对值编程

　　G91——增量值编程

格式：`G90 G00/G01 X_ Y_ Z_;`
　　　`G91 G00/G01 X_ Y_ Z_;`

> 注意：在铣床编程中，增量编程不能用 U、W，如果用就表示 U 轴、W 轴。

例 2-3 如图 2-11 所示，刀具由原点按顺序向 1、2、3 点移动时分别用 G90、G91 指令编程，如表 2-4 所示。

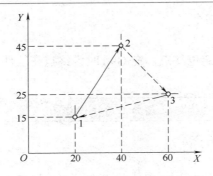

图 2-11　走刀路线

注意：铣床中 X 坐标不再是直径值。

表 2-4　参考程序

G90 绝对编程	G91 增量编程
O2002;	O2002;
N1G54;	N1G54;
N2G90G01X20.0Y15.0;	N2G91G01X20.0Y15.0;
N3X40.0Y45.0;	N3X20.0Y30.0;
N4X60.0Y25.0;	N4X20.0Y-20.0;
N5X20.0Y15.0;	N5X-40.0Y-10.0;
N6M30;	N6M30;

8)　坐标平面选择

坐标平面选择指令 G17、G18、G19 如图 2-12 所示。

指令格式：

G17——选择 XY 平面；

G18——选择 ZX 平面；

G19——选择 YZ 平面；

坐标平面选择指令用来选择圆弧插补平面和刀具补偿平面。G17、G18、G19 为模态功能，可相互注销，G17 为默认值。

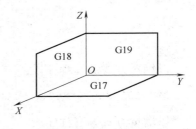

图 2-12　坐标平面

9)　参考点控制指令

(1)　G28——自动返回参考点。

指令格式：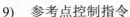

其中，X、Y、Z 为指定的中间点位置，如图 2-13 所示。执行 G28 指令时，各轴先以 G00 的速度快移到程序指令的中间点位置，然后自动返回参考点。X、Y 和 Z 经常分开来用。先用"G28 Z_"指令提刀并回 Z 轴参考点位置，然后再用"G28 X_Y_"指令回到 X、Y 方向的参考点。X、Y、Z 在用 G90 编程时为指定中间点在工件坐标系中的坐标；在用 G91 编程时为指定中间点相对于起点的位移量。

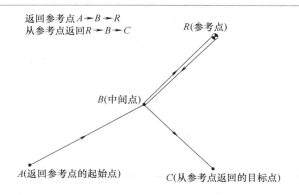

返回参考点 A→B→R
从参考点返回 R→B→C

R(参考点)

B(中间点)

A(返回参考点的起始点)

C(从参考点返回的目标点)

图 2-13 返回参考点和从参考点返回路线

G28 指令使用前要求机床在通电后必须(手动)返回过一次参考点，且必须预先取消刀具补偿，G28 为非模态指令。

(2) G29——自动从参考点返回。

指令格式：G29 X_Y_Z_;

其中，X、Y、Z 为指令的定位终点位置。该命令使被指令 X、Y、Z 轴以快速定位进给速度从参考点经由中间点运动到指令位置，中间点的位置由 G28 或 G30 指令确定。一般地，该指令用在 G28 或 G30 之后，被指定 X、Y、Z 轴位于参考点或第二参考点的时候。同样如图 2-13 所示，即从 R→B→C，X、Y、Z 为 C 点坐标。X、Y、Z 在用 G90 编程时为 C 点在工件坐标系中的坐标；在用 G91 编程时为 C 点相对于中间点 B 点的位移量。

(3) G30——自动返回第二、三、四参考点。

指令格式：G30 Pn X_Y_Z_;

n=2、3、4，表示选择第二、三、四参考点，若不写则表示选择第二参考点。当自动换刀(ATC)位置不在 G28 指令的参考点上时，通常用 G30 指令。返回参考点后，相应轴的参考点返回指示灯亮。

10) G20、G21、G22——尺寸单位选择

指令格式：尺寸输入制式

(1) G20——英制。对于直线运动的坐标轴，以英寸为单位；对于旋转运动的坐标轴，以度为单位。

(2) G21——公制。对于直线运动的坐标轴，以毫米为单位；对于旋转运动的坐标轴，以度为单位。

(3) G22——脉冲当量。表示移动轴脉冲当量或旋转轴脉冲当量。

注意：G20、G21 和 G22 代码必须在程序开头坐标系设定之前用单独的程序段指令或通过系统参数设定，程序运行中途不能切换。

四、任务实施

1. 确定加工方案和切削用量

由已知条件可知，该模板的平面加工选用可转位硬质合金面铣刀，刀具直径为 120mm，

刀具镶有 8 片八角形刀片，使用该刀具可以获得较高的切削效率和表面加工质量。为方便加工，确定该工件的下刀点在工件右下角，用铣刀试切上表面，碰到后向 X 正方向移动，移出工件区域，从该位置开始做程序加工，并把该位置设为工件坐标系原点，如图 2-2 所示。该零件的加工方案如表 2-5 所示。

表 2-5　面类零件加工方案

加工内容	加工方法	选用刀具/mm
工件上表面	平面铣削	ϕ120 面铣刀

确定加工方案和刀具后，要选择合适的刀具切削参数，如表 2-6 所示。

表 2-6　刀具切削参数选用表

刀具编号	刀具参数	主轴转速/(r/min)	进给率/(mm/min)	切削深度/mm
T01	ϕ120 面铣刀	800	300	0.5

2. 编写加工程序

加工程序如表 2-7 所示。

表 2-7　加工平面类零件参考程序

铣削加工模板程序	
程序内容	简要说明
O2003;	程序编号 O2003
N010G54;	选择工件坐标系 G54，刀具移至(0,0)点
N020G00X0Y0M08;	刀具移至(0,0,10)点，切削液开
N030Z10.0M03S800;	主轴正转，转速为 800r/min
N040G90G01Z-0.5F300;	在加工起点处向下进刀至 Z-0.5 处
N050G91G01X-1280.0;	增量编程，以"弓"字形路线加工平面
N060Y100.0;	
N070X1200.0;	
N080Y100.0;	
N090X-1200.0;	
N100Y100.0;	
N110X1200.0;	
N120Y100.0;	
N130X-1200.0	
N140Y100.0;	
N150X1200.0;	
N160G902G00Z200.0M09;	抬刀，远离工件，切削液关
N170M05;	主轴停转
N180M30;	程序结束

3．仿真加工

(1) 打开宇龙数控仿真加工软件，选择机床。

(2) 机床回零点。

(3) 选择毛坯、材料、夹具，安装工件。

(4) 安装刀具。

(5) 建立工件坐标系。

(6) 上传 NC 程序。

(7) 自动加工。

(8) 测量零件。

注意： 仿真加工时，毛坯规格及立铣刀规格均缩小为图纸及文件要求的十分之一。

4．机床加工

(1) 准备毛坯、刀具、工具、量具。

(2) 输入与编辑程序。

① 开机。

② 回参考点。

③ 输入程序。

④ 程序图形校验。

(3) 零件的数控铣削加工。

① 主轴正转。

② X 向对刀，Y 向对刀，Z 向对刀，设置工件坐标系。

③ 进行相应刀具参数设置。

④ 自动加工。

五、零件检测

平面铣削质量的好坏主要是指平面度和表面粗糙度，它不仅与铣削时所选用的机床、夹具和铣刀质量的好坏有关，而且还与铣削用量和切削液的合理选用等诸多因素有关。

1．影响平面度的因素

(1) 圆柱形铣刀的圆柱度误差大。

(2) 端铣刀铣削平面时铣床主轴轴线与进给方向不垂直。

(3) 工件受夹紧力和铣削力作用产生变形。

(4) 工件本身因内应力或因铣削而产生热变形。

(5) 铣削时，因条件限制，所用的圆柱形铣刀的宽度或因面铣刀(面铣刀也称为端铣刀)的直径小于被加工面的宽度而产生接刀痕。

2．影响表面粗糙度的因素

(1) 铣刀磨损，刀具刃口变钝。

(2) 铣削时，进给量太大。

(3) 铣削时，机床有振动。

(4) 铣削时有"积屑瘤"产生或有切削粘刀现象。

(5) 铣削时有拖刀现象。

(6) 在铣削过程中因进给停顿而产生"深啃"。

六、常见问题

(1) 刀具运动时与工件或夹具发生碰撞。

原因是编程时 G00 与 G01 三轴联动时刀具与其他零件间发生了干涉。

措施：不轻易三轴联动，一般先移动一个轴，再在其他两轴构成的面内联动。

例如：进刀时，先在安全高度 Z 上，移动(联动)X、Y 轴，再下移 Z 轴到工件附近。退刀时，先抬 Z 轴，再移动 X、Y 轴。

(2) 铣削时加工表面出现接刀痕。

原因是铣削时因条件限制所用的圆柱形铣刀的宽度或面铣刀的直径小于被加工面的宽度而产生接刀痕。

措施：依据加工工件结构特点选择合适刀具，精加工时步距尺寸尽量小。

七、思考问题

(1) 使用 G00 时为避免干涉，通常的做法是什么？

(2) 平面铣削质量的好坏主要是指什么？影响平面度的因素是哪些？影响表面粗糙度的因素是哪些？

(3) 在平口钳中装夹工件的注意事项有哪些？

八、扩展任务

编写如图 2-14 和图 2-15 所示零件的加工程序。

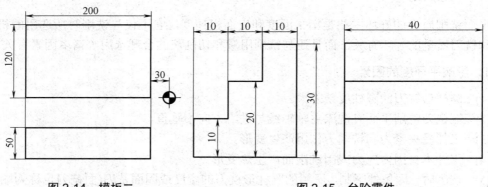

图 2-14　模板二　　　　　　　　图 2-15　台阶零件

任务二　外轮廓零件的数控铣削

一、任务导入

　　某生产厂家，需加工一批凸模零件，如图 2-16 所示。需要对图所示的工件进行厚 5mm 外轮廓粗、精铣削加工，材料为 45 钢。

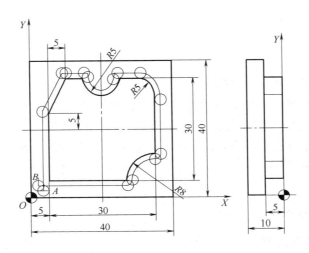

图 2-16　凸模零件

二、任务分析

1．分析加工方案

　　采用刀具半径补偿，分粗铣和精铣加工厚度为 5mm 的外轮廓。

　　(1) 装夹工件时选用何种夹具，如何进行装夹？

　　(2) 根据各尺寸和加工精度选择合理的加工方法，确定加工工艺路线并选择相应的刀具，完成表 2-8。

表 2-8　外轮廓零件加工方案

加工内容	加工方法	选用刀具/mm

2．选择合适的切削用量

　　确定加工方案和刀具后，要选择合适的刀具切削参数，填写表 2-9。

表 2-9 刀具切削参数选用表

刀具编号	刀具参数	主轴转速/(r/min)	进给率/(mm/min)	切削深度/mm

3．确定工件坐标系

依据简化编程、便于加工的原则，确定工件坐标系的原点。

三、相关理论知识

1．立铣刀

立铣刀主要用在立式数控机床上加工凹槽、台阶面和外轮廓。立铣刀圆周上的切削刃是主切削刃，端面上的切削刃是副切削刃，故切削时一般不宜沿铣刀轴线方向进给。立铣刀以整体结构居多，如图 2-17 所示，刀具材料为高速钢或硬质合金。由于普通立铣刀端面中心处无切削刃，立铣刀不能作轴向进给，所以起刀点必须在工件外部，端面刃主要用来加工与侧面相垂直的底平面。大部分立铣刀为直柄 3 刃，通常借助于弹性夹头将立铣刀与刀柄固定。

2．合理选择切削用量

铣削过程中，如果能够在一定时间内切除较多的材料，就有较高的生产率。铣削时采用的切削用量，应在保证工件加工精度和刀具耐用度、不超过数控铣床允许的功率前提下，获得最高的生产率和最低的成本。合理选择切削用量的原则是：粗加工时，一般以提高生产率为主，但也应考虑经济性和加工成本；半精加工和精加工时，应在保证加工质量的前提下，兼顾切削效率、经济性和加工成本。具体数值应根据机床说明书、切削用量手册，并结合经验而定。从刀具耐用度的角度考虑，切削用量三要素的选择次序是：根据侧吃刀量 a_e 先选择较大的背吃刀量 a_p，再选较大的进给速度 f，最后再选大的切削速度 v（最终转换为主轴转速 n），如图 2-18 所示。

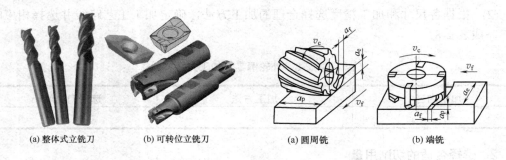

(a) 整体式立铣刀	(b) 可转位立铣刀	(a) 圆周铣	(b) 端铣

图 2-17　立铣刀　　　　　　　　图 2-18　切削用量

对于高速铣床，为发挥其高速旋转的特性、减小主轴的重载磨损，其切削用量的选择次序应为：$v \rightarrow F \rightarrow a_p (a_e)$。

1)　背吃刀量 a_p 的选择

当侧吃刀量 $a_e < d/2$(d 为铣刀直径)时，取 $a_p = (1/3 \sim 1/2)d$；当侧吃刀量 $d/2 < a_e < d$ 时，取 $a_p = (1/4 \sim 1/3)d$；当侧吃刀量 $a_e = d$(即满刀切削)时，取 $a_p = (1/5 \sim 1/4)d$。

当机床的刚性较好，且刀具的直径较大时，a_p 可取值更大。

2)　进给量 f 的选择

粗铣时切除的材料较多，铣削力较大，进给量的提高主要受刀具强度、机床、夹具等工艺系统刚性的限制。根据刀具形状、材料以及工件材料的不同，在强度、刚度许可的条件下，进给量应尽量取大；精铣时，限制进给量的主要因素是加工表面的粗糙度，为了减小工艺系统的弹性变形，减小已加工表面的粗糙度，一般采用较小的进给量，具体参见表 2-10。

表 2-10　铣刀每齿进给量 f 推荐值　　　　　　　单位：mm/z

工件材料	工件材料硬度/HB	硬质合金		高速钢	
		端铣刀	立铣刀	端铣刀	立铣刀
低碳钢	150～200	0.2～0.35	0.07～0.12	0.15～0.3	0.03～0.18
低、高碳钢	220～300	0.12～0.25	0.07～0.1	0.1～0.2	0.03～0.15
灰铸铁	180～220	0.2～0.4	0.1～0.16	0.15～0.3	0.05～0.15
可锻铸铁	240～280	0.1～0.3	0.06～0.09	0.1～0.2	0.02～0.08
合金钢	220～280	0.1～0.3	0.05～0.08	0.12～0.2	0.03～0.08
工具钢	HRC36	0.12～0.25	0.04～0.08	0.07～0.12	0.03～0.08
镁合金铝	95～100	0.15～0.38	0.08～0.14	0.2～0.3	0.05～0.15

进给速度 F 与铣刀每齿进给量 f、铣刀齿数 z 及主轴转速 n (r/min)的关系为

$$F = f \times z \text{(mm/r)} \quad 或 \quad F = n \times f \times z \text{(mm/min)}$$

3)　铣削速度 v 的选择

在背吃刀量和进给量选好后，应在保证合理的刀具耐用度、机床功率等因素的前提下确定铣削速度，具体参见表 2-11。主轴转速 n (r/min)与铣削速度 v(m/min)及铣刀直径 d(mm)的关系为 $n = 1000v / \pi d$。

表 2-11　铣刀的铣削速度 v　　　　　　　　单位：m/min

工件材料	铣刀材料					
	碳素钢	高速钢	超高速钢	合金钢	碳化钛	碳化钨
铝合金	75～150	180～300	—	240～460	—	300～600
镁合金	—	180～270	—	—	—	150～600
钼合金	—	45～100	—	—	—	120～190
黄铜(软)	12～25	20～25	—	45～75	—	100～180
黄铜	10～20	20～40	—	30～50	—	60～130
灰铸铁(硬)	—	10～15	10～20	18～28	—	45～60

工件材料	铣刀材料					
	碳素钢	高速钢	超高速钢	合金钢	碳化钛	碳化钨
冷硬铸铁	—	—	10～15	12～18	—	30～60
可锻铸铁	10～15	20～30	25～40	35～45	—	75～110
钢(低碳)	10～14	18～28	20～30	—	45～70	—
钢(中碳)	10～15	15～25	18～28	—	40～60	—
钢(高碳)	—	10～15	12～20	—	30～45	—
合金钢					35～80	
合金钢(硬)					30～60	
高速钢			12～25		45～70	

3．塞尺

塞尺又称测微片或厚薄规，如图 2-19 所示，是用于检验间隙的测量器具之一，使用前必须先清除塞尺和工件上的污垢与灰尘。使用时可用一片或数片重叠插入间隙，以稍感拖滞为宜。测量时动作要轻，不允许硬插，也不允许测量温度较高的零件。

图 2-19　塞尺

4．外轮廓加工走刀路线

在确定外轮廓走刀路线时，主要遵循下列原则。

1) 保证被加工工件的精度和表面粗糙度要求

在加工外轮廓时，一般采用立铣刀侧刃切削。刀具切入工件时，应沿工件外轮廓的切线方向切入，以保证加工后工件外轮廓完整平滑。同理，刀具应沿工件外轮廓的切线方向离开工件，通常采用 1/4 圆弧导入和导出，如图 2-20 所示。如刀具不沿工件外轮廓切向切入或切出，就会在切入处或切出处产生刻痕，影响外轮廓的表面质量。

2) 缩短走刀路线，减少刀具空行程时间

在加工工件时，为减少刀具空行程时间，通常将刀具快速移动到离工件表面 2～5mm 处(常称 R 平面，或 R 点)，然后刀具以进给速度对工件进行加工。

3) 简化编程计算，减少程序段和编程工作量

在铣削加工外轮廓工件时，常使用一个加工程序，给出不同的刀具半径补偿值来实现轮廓的粗、精加工，这样可明显减少编程工作量。

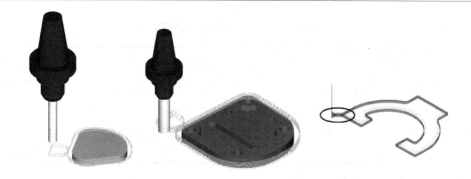

图 2-20　沿切线导入和导出

5．编程指令学习

1)　圆弧插补指令(G02、G03)

G02 为顺时针圆弧插补指令，G03 为逆时针插补指令。刀具在进行圆弧插补时，必须规定所在平面(即 G17～G19)，再确定加工方向。沿圆弧所在平面(如 XY 平面)的另一坐标轴的负方向(-Z)看去，顺时针方向为 G02 指令，逆时针方向为 G03 指令。

指令格式：

$$\left\{\begin{matrix} G17 \\ G18 \\ G19 \end{matrix}\right\} \left\{\begin{matrix} G02 \\ \\ G03 \end{matrix}\right\} \left\{\begin{matrix} X\_Y\_ \\ X\_Z\_ \\ Y\_Z\_ \end{matrix}\right\} \left\{\begin{matrix} I\_J\_ \\ I\_K\_ \\ J\_K\_ \\ R\_ \end{matrix}\right\} \quad F\_;$$

说明：

(1)　X、Y、Z 表示圆弧终点坐标，可以用绝对方式编程，也可以用相对坐标编程。

(2)　R 表示圆弧半径。

(3)　I、J、K 分别为圆心相对于圆弧起点的 X、Y、Z 轴方向增量，如图 2-21 所示。以圆弧始点到圆心坐标的增量(I、J、K)来表示，能得到唯一的圆弧，适合任何圆弧角使用。

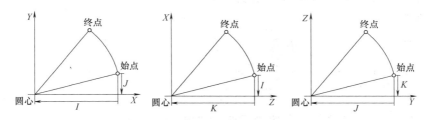

图 2-21　IJK 参数说明

(4)　圆弧加工有两种方式：R 半径参数编程和 IJK 圆心参数编程。使用半径参数编程，圆弧角小于等于 180° 时，R 为正值；反之，R 为负值。

(5)　切削整圆时，只能采用 IJK 圆心参数编程，而不能用圆弧半径 R 格式编程。

例 2-4　编写如图 2-22 所示的 AB 圆弧程序。程序如表 2-12 所示。

表2-12　加工AB圆弧参考程序

大圆弧AB	小圆弧AB	编程方式
G17G90G03X0Y25.0R-25.0F80;	G17G90G03X0Y25.0R25.0F80;	R参数绝对编程
G17G90G03X0Y25.0I0J25.0F80;	G17G90G03X0Y25.0I-25.0J0F80;	IJK参数绝对编程
G91G03X-25.0Y25.0R-25.0F80;	G91G03X-25.0Y25.0R25.0F80;	R参数增量编程
G91G03X-25.0Y25.0I0J25.0F80;	G91G03X-25.0Y25.0I-25.0J0F80;	IJK参数增量编程

例2-5　对如图2-23所示整圆进行编程，要求由A点开始，实现逆时针圆弧插补并返回A点。参考程序如表2-13所示。

表2-13　加工整圆参考程序

程　序　段	编程方式
G90G03X30.0Y0I-30.0J0F80;	IJK参数绝对编程
G91G03X0Y0I-30.0J0F80;	IJK参数增量编程

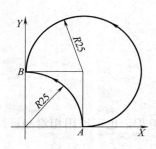

图2-22　AB圆弧

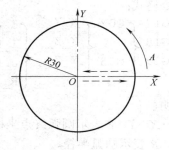

图2-23　整圆

2)　空间螺旋线进给指令(G02、G03)

指令格式：

$$\left\{\begin{array}{l}G17\\G18\\G19\end{array}\right\} \left\{\begin{array}{l}G02\\ \\G03\end{array}\right\} \left\{\begin{array}{l}X\_Y\_\\X\_Z\_\\Y\_Z\_\end{array}\right\} \left\{\begin{array}{l}Z\_\\R^{Y\_}\\X\_\end{array}\right\} F\_;$$

即在原G02、G03指令格式程序段后部再增加一个与加工平面相垂直的第三轴移动指令，这样在进行圆弧进给的同时还进行第三轴方向的进给，其合成轨迹就是一空间螺旋线。X、Y、Z为投影圆弧终点，第3坐标是与选定平面垂直的轴终点。

例2-6　编写如图2-24所示轨迹。参考程序如表2-14所示。

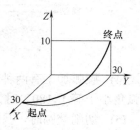

图2-24　空间螺旋线

表 2-14　加工整圆参考程序

程 序 段	编程方式
G91G17G03X-30.0Y30.0R30.0Z10.0F100;	增量编程
G90G17G03X0Y30.0R30.0Z10.0F100;	绝对编程

3)　刀具半径补偿指令(G40、G41、G42)

(1)　刀具半径补偿的作用。

在数控铣床上进行轮廓铣削时，由于刀具半径的存在，刀具中心轨迹与工件轮廓不重合，如图 2-25 所示。人工计算刀具中心轨迹编程，计算过程相当复杂，且刀具直径变化时必须重新计算，修改程序。当数控系统具备刀具半径补偿功能时，只需按工件轮廓进行数控编程，数控系统自动计算刀具中心轨迹，使刀具偏离工件轮廓一个半径值，即进行刀具半径补偿。

用立铣刀加工工件轮廓时，在加工程序中应用 G41、G42 代码，只需按加工工件的轮廓编程，通过在 D 存储器中输入刀具半径值，就可加工出正确的轮廓，使编程计算量大为减少。

(2)　刀具半径补偿的过程。

刀具半径补偿的过程分为三步：刀补建立、刀补执行和刀补取消，如图 2-26 所示。

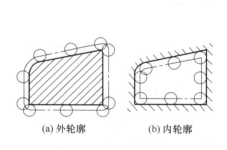

(a) 外轮廓　　(b) 内轮廓

图 2-25　加工刀具中心轨迹

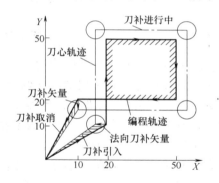

图 2-26　刀具补偿过程

①　刀补建立：在刀具从起点接近工件时，刀心轨迹从与编程轨迹重合过渡到与编程轨迹偏离一个偏置量的过程。

②　刀补执行：刀具中心始终与编程轨迹相距一个偏置量直到刀补取消。

③　刀补取消：刀具离开工件，刀心轨迹要过渡到与编程轨迹重合的过程。

(3)刀具半径补偿指令格式。

$$\left\{\begin{array}{c}G17\\G18\\G19\end{array}\right. \left\{\begin{array}{c}G41\\G42\\G40\end{array}\right. \left\{\begin{array}{c}G00\\ \\G01\end{array}\right. \left\{\begin{array}{c}X\_Y\_;\\X\_Z\_D01;\\Y\_Z\_;\end{array}\right.$$

说明：

① X、Y、Z 值是建立补偿直线段的终点坐标值。

② D 为刀具补偿寄存器地址，一般用 D00～D99 来指定，调用内存中的刀具半径补偿值。

③ 刀具半径补偿 G41、G42 的判别方法如图 2-27 所示。规定沿着刀具运动方向看，刀具位于工件轮廓(编程轨迹)左边，则为左刀补(G41)；反之，为刀具右刀补(G42)。

④ 使用刀具半径补偿时必须选择工作平面(G17、G18、G19)。如选用工作平面 G17 指令，当执行 G17 指令后，刀具半径补偿仅影响 X、Y 轴移动，而对 Z 轴没有作用。

⑤ 建立和取消刀补时，必须与 G01 或 G00 指令组合完成。如果与 G02 或 G03 指令组合使用，机床会报警。

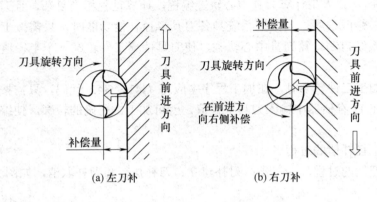

图 2-27　刀具半径补偿判别

(4) 刀具半径补偿功能的应用。

① 直接按零件轮廓尺寸进行编程，避免计算刀心轨迹坐标，简化数控程序的编制。

② 刀具因磨损、重磨、换新刀而引起直径变化后，不必修改程序，只需在刀具半径补偿参数设置中输入变化后的刀具半径。

③ 利用刀具半径补偿实现同一程序、同一刀具进行粗、精加工及尺寸精度控制，如图 2-28 所示。

(5) 使用刀具半径补偿常见的过切现象。

① 加工半径小于刀具半径补偿的内圆弧：当程序给定的内圆弧半径小于刀具半径补偿时，向圆弧圆心方向的半径补偿将会导致过切，只有

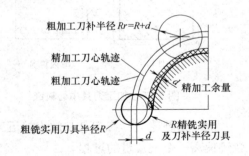

图 2-28　粗精加工时刀补应用

"过渡内圆角 $R \geqslant$ 刀具半径+加工余量(或修正量)"的情况下才可正常切削。

② 被铣削槽底宽小于刀具直径：如果刀具半径补偿使刀具中心向编程路径反方向运动，将会导致过切，如图 2-29 所示。

③ 无移动类指令：在补偿模式下使用无坐标轴移动类指令，有可能导致两个或两个以上语句没有坐标移动，出现过切现象。

例 2-7 如图 2-30 所示，起始点在(X0,Y0)，高度为 50mm 处，使用刀具半径补偿时，由于接近工件及切削工件时有 Z 轴移动，这时容易出现过切削现象，切削时应避免过切削现象。

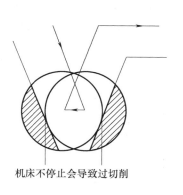

图 2-29 过切现象

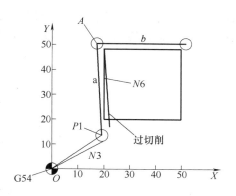

图 2-30 过切例题图

程序如表 2-15 所示。

表 2-15 参考程序

程　　序	注　　释
O2004;	
N05G54G90G00X0Y0;	选择 G54 坐标系，刀具移到(0,0)点
N10G00Z50.0;	起始高度 Z=50.0
N15G00X30.0Y30.0;	
N20G41X20.0Y10.0D01;	建立刀补，补偿寄存器为 D01
N25Z10.0;	连续两段使 Z 轴移动(只能有一段与刀具半径补偿
N30G01Z-10.0F50.0;	无关的语句)，会出现过切削
N35G00X35.0Y20.0;	

当补偿从 N20 开始建立的时候，系统只能预读两句，而 N25、N30 都为 Z 轴的移动，没有 X、Y 轴的移动，系统无法判断下一步补偿的矢量方向，这时系统不会报警，补偿照常进行，但补偿值达不到要求。刀具中心将会运动到 P1 点，其位置是 N25 的目的点，P1 点与 A 点的连线与 X 轴不垂直，于是发生过切现象。采取措施，将 N35 的内容前移至 N25 段即可，建立刀补后，在该平面内移动一距离(大于刀具半径值)，然后再沿第三坐标轴移动。

四、任务实施

1. 分析加工方案

采用不同的刀具半径补偿值粗铣和精铣厚度为 5mm 的外轮廓。粗、精铣削时可以使用直径相同或不相同的铣刀，如果铣刀的磨损量较小，可以使用同一把刀进行粗、精加工；否则精铣时需要换新刀，或者考虑刀具磨损量，并修正半径补偿值。

(1) 采用平口钳进行装夹，并使上表面高出钳口 10mm 左右，毛坯总高度为 50mm。

(2) 加工工艺路线设计。

工作坐标系原点如图 2-31 所示，选在上表面左下角点处。为了提高表面质量，保证零件曲面的平滑过渡，刀具沿零件轮廓延长线切入与切出。$O \rightarrow A$ 为刀具半径左补偿建立段，A 点为沿轮廓延长线切入点，$B \rightarrow O$ 为刀具半径补偿取消段，B 点为沿轮廓延长线切出点。

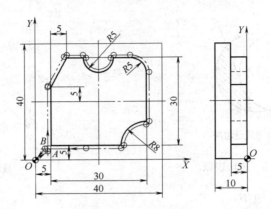

图 2-31　加工路线

(3) 刀具参数和切削用量。

根据加工零件的特点，选择相应的刀具，如表 2-16 所示。

表 2-16　外轮廓零件加工方案

加工内容	加工方法	选用刀具/mm
外轮廓	粗铣	ϕ8 立铣刀
	精铣	ϕ6 立铣刀(新刀)

确定加工方案和刀具后，要选择合适的刀具切削参数，如表 2-17 所示。

表 2-17　刀具切削参数选用表

刀具编号	刀具参数	主轴转速/(r/min)	进给率/(mm/min)	背吃刀量/mm	侧吃刀量/mm
T01	ϕ8 立铣刀	1000	300	4.5	≤刀直径的 80%
T02	新ϕ6 立铣刀	2600	200	0.5	0.5

2. 编制加工程序

加工程序如表 2-18 所示。

3. 使用仿真加工零件

1) 粗加工时，刀补表设置

粗加工时，半径补偿寄存器数值为粗铣刀具半径值与侧面精加工余量之和，即 4.5mm。

表 2-18　加工程序

程序内容	注释
O2005;	程序号
N0010G90G54;	选择工件坐标系和编程方式
N0020G00Z100.0M03S1000;	主轴正转 1000r/min
N0030G41X10.0Y10.D01;	建立半径左补偿
N0040X0Y0;	快速到达工件坐标系原点
N0050Z5.0M08;	到达 R 平面，切削液开
N0060G01Z-4.5F100;	加工深度 4.5mm
N0070X5.0Y3.0F300;	切削至 A 点
N0080Y25.0;	
N0090X10.0Y35.0;	加工斜面
N0100X15.0;	
N0110G03X25.0Y35.0R5.0;	加工凹圆弧
N0120G01X30.0;	
N0130G02X35.0Y30.0R5.0;	
N0140G01Y13.0;	
N0150G03X27.0Y5.0R8.0;	加工 R8 的圆弧
N0160G01X3.0;	到达 B 点
N0170G01Z5.;	
N0180G00Z100.0M09;	抬刀到安全平面，切削液关
N0190G40X0Y0;	取消半径补偿回到原点
N0200M05;	主轴停转
N0210M30;	程序结束

2)　精加工时，刀补表设置

精加工时，刀具半径补偿寄存器数值为精铣刀具半径值，即 3mm。

3)　精加工时，程序修改

(1)　主轴转速 S=2600r/min。

(2)　进给速度 F=200mm/min。

(3)　"N0060G01Z-4.5F100" 改为 "N0060G01Z-5.0F100"。

仿真操作参考任务一。

4．使用铣床加工零件

同任务一。

五、零件检测

零件加工后，卸下工件，用千分尺测量，并填写相关表格，见附录 C。

六、常见问题

1)　出现过切现象

措施：一般建立和取消刀具补偿时，刀具必须离开工件，另外要沿轮廓的切线方向切入和切出，否则会有过切现象。

2) 没有建立刀具半径补偿功能

措施：

(1) D 代码必须配合 G41 或 G42 指令使用，D 代码应与 G41 或 G42 指令在同一程序段给出，或者可以在 G41 或 G42 指令之前给出，但不得在 G41 或 G42 指令之后，否则功能无效。

(2) 查看程序中有没有 G41 或 G42 指令，或者有 G41 或 G42 指令但没有 D01(半径补偿寄存器)，或者刀补表 D 寄存器中值为零，逐一查看并改正。

七、思考问题

(1) 用 G02 和 G03 编程时，什么时候用+R 或-R，为什么？整圆编程时为什么不能用 R？

(2) 说明刀尖圆弧半径补偿和刀具半径补偿的意义。数控铣削加工时常用的补偿方法有哪几种？

(3) 数控铣削时进刀、退刀方式有哪些？

八、扩展任务

编写如图 2-32 所示零件的加工程序。考虑刀具半径补偿和长度补偿编制加工程序。假设加工开始时刀具距离工件上表面 60mm。

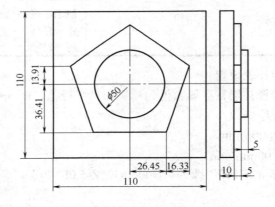

图 2-32　双层台

任务三　内轮廓零件的数控铣削

一、任务导入

图 2-33 所示为零件俯视图，车形内轮廓深 5mm，已完成粗加工，侧壁尚留余量 0.5mm，现在需要精铣内轮廓。

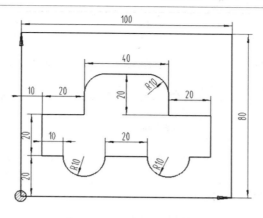

图 2-33　车形内轮廓

二、任务分析

1．分析加工方案

采用刀具半径补偿精铣加工余量为 0.5mm 的内轮廓，如图 2-33 所示。

(1) 装夹工件时选用何种夹具，如何进行装夹？

(2) 根据各尺寸和加工精度选择合理的加工方法，确定加工工艺路线并选择相应的刀具，完成加工方案表和刀具切削参数表，参考表 2-16 和表 2-17。

2．确定工件坐标系

依据简化编程、便于加工的原则，确定工件坐标系的原点。

三、相关理论知识

1．内轮廓加工刀具

在数控铣床上使用键槽铣刀加工内轮廓，键槽铣刀一般采用整体结构，如图 2-34 所示，刀具材料为高速钢或硬质合金。与普通立铣刀不同的是，键槽铣刀端面中心处有切削刃，所以键槽铣刀能作轴向进给，起刀点可以在工件内部，不用预钻工艺孔。键槽铣刀有 2、3、4 刃等规格，粗加工内轮廓选用 2 刃或 3 刃键槽铣刀，精加工内轮廓选用 4 刃键槽铣刀。与立铣刀相同，通过弹性夹头将键槽铣刀与刀柄固定。

2．内轮廓测量量具

1) 游标卡尺

游标卡尺既可以测量外轮廓和深度，又可以测量内轮廓。游标卡尺使用上端的固定卡脚和活动卡脚来测量内轮廓。

2) 内测千分尺

内测千分尺是一种精密量具，测量精度为 0.01mm。常用规格有 5～30mm、25～50mm 等，如图 2-35 所示。

图 2-34　键槽铣刀

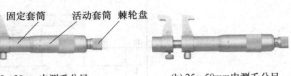

(a) 5～30mm内测千分尺　　　　　　(b) 25～50mm内测千分尺

图 2-35　内测千分尺

3．数控铣削加工路线的拟定

铣削封闭的内轮廓表面时，若内轮廓外延，则应沿切线方向切入、切出。若内轮廓曲线不允许外延，如图 2-36 所示，刀具只能沿内轮廓曲线的法向切入、切出，此时刀具的切入、切出点应尽量选在内轮廓曲线两几何元素的交点处。当内部几何元素无相切交点时，为防止刀具建立或取消刀补时在轮廓拐角处留下凹口，刀具的切入、切出点应远离拐角，如图 2-37 所示。

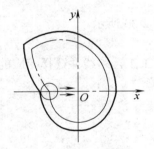
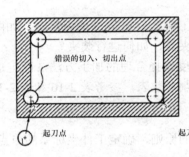
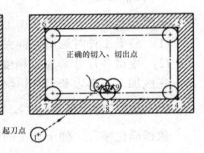

图 2-36　内轮廓加工刀具的切入、切出　　　图 2-37　无相切交点内轮廓加工刀具的切入、切出

铣削内圆弧时，也要遵守切向切入的原则来安排切入、切出过渡圆弧，如图 2-38 所示。若刀具从工件坐标原点出发，其加工路线为 1→2→3→4→5，这样可以提高内孔表面的加工精度和质量。

4．数控铣削方式的选择

铣削加工方式有顺铣和逆铣两种，如图 2-39 所示。顺铣时铣削厚度由最大减少到零，如图 2-39(a)所示。逆铣时铣削厚度由零开始增大，如图 2-39(b)所示。当采用顺铣方式时，零件的表面粗糙度和加工精度较高，并且可以减少机床的"振颤"，所以数控铣削加工零件轮廓时应尽量采用顺铣加工方式。

当零件表面有硬皮、机床的进给机构有间隙时，应该选用逆铣，对于加工余量大、硬度高的零件粗铣时也应尽量选用逆铣；当零件表面无硬皮、机床的进给机构无间隙时，应该选用顺铣，对于耐热材料、加工余量小和精铣加工时，也应尽量选择顺铣。由于数控机床采用滚珠丝杠，其运动间隙极小，而且顺铣的优点多于逆铣，所以铣削加工中应尽量采用顺铣。

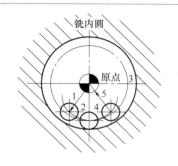

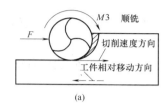 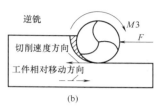

图 2-38　圆弧切入、切出　　　　　　　　　图 2-39　顺铣和逆铣

面铣刀具直径 D 主要根据工件宽度和机床主轴功率选取。切削时，每次切削宽度约为刀具直径的 70%～80%。为保证较好的表面加工质量，应选择最佳的加工位置，如图 2-40 所示。

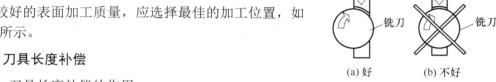

图 2-40　最佳铣削位置

5．刀具长度补偿

(1)　刀具长度补偿的作用。

①　用于刀具轴向的补偿。

②　使刀具在轴向的实际位移量比程序给定值增加或减少一个偏置量。

③　刀具长度尺寸变化时，可以在不改动程序的情况下，通过改变偏置量达到加工尺寸。

④　利用该功能，还可在加工深度方向上进行分层铣削，即通过改变刀具长度补偿值的大小，并多次运行程序来实现。

(2)　刀具长度补偿的方法。

①　将不同长度的刀具通过对刀操作获取差值。

②　通过 MDI 方式将刀具长度参数输入刀具参数表。

③　执行程序中的刀具长度补偿指令。

(3)　刀具长度补偿指令。

①刀具长度补偿格式(仅 Z 轴方向补偿)如下。

$$
\begin{Bmatrix} G43 \\ G44 \end{Bmatrix} \begin{Bmatrix} G00 \\ G01 \end{Bmatrix} \quad Z\_H\_ ;
$$

$$
G49 \begin{Bmatrix} G00 \\ G01 \end{Bmatrix} Z\_ ;
$$

②　指令说明：G43 用于刀具长度正补偿，G44 用于刀具长度负补偿，G49 用于取消刀长补偿。G43、G44 和 G49 均为模态指令。其中，Z 为指令终点位置，H 为刀补号地址，用 H00～H99 来指定，用于调用内存中刀具长度补偿的数值。

如果当前使用刀具比对刀使用刀具(标准刀具)长时，需要把当前刀具沿 Z 轴向上移动两者差值，即执行 G43(正补偿)，远离工件(常说的抬刀)，如图 2-41(a)所示。

Z 实际值=Z 指令值+(Hxx)

如果当前使用刀具比对刀使用刀具(标准刀具)短时，需要把当前刀具沿 Z 轴向下移动两者差值，即执行 G44(负补偿)，趋近工件(常说的压刀)，如图 2-41(b)所示。

Z 实际值=Z 指令值-(Hxx)

其中，Hxx 是指 xx 寄存器中的补偿量，一般为正值。当刀具长度补偿量取负值时，G43 和 G44 的功效将互换。

例 2-8　设(H02)=200mm 时，刀具实际到达位置如图 2-42 所示，长度补偿参考程序如表 2-19 所示。

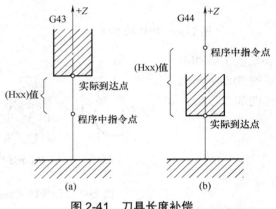

图 2-41　刀具长度补偿

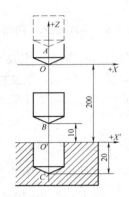

图 2-42　长度补偿实例

表 2-19　长度补偿参考程序

程 序 段	注 释
N1G92X0Y0Z0;	设定当前点 O 为程序零点
N2G90G00G44Z10.0H02;	指定点 A，实到点 B
N3G01Z-20.0F300;	到点 C
N4Z10.0;	返回点 B
N5G00G49Z0;	返回点 O

四、任务实施

1．工件坐标系原点设定

如图 2-43 所示，坐标原点为 O 点(上表面的左下角)。从车形内轮廓 P 处(1 与 2 的延长线上)垂直下刀。

2．加工工艺路线设计

采用平口钳进行装夹，并使上表面高出钳口 10mm 左右，毛坯总高度 50mm。采用刀具半径右补偿加工内轮廓，为了提高表面质量，顺时针加工，刀具沿直线延长线切入与切出，保证平滑过渡。P→A 为刀具半径右补偿建立段，A→2 为沿直线延长线切入段，1→15 为沿直线切线切出，刀具离开工件后，返回原点上方取消刀具半径补偿和长度补偿。

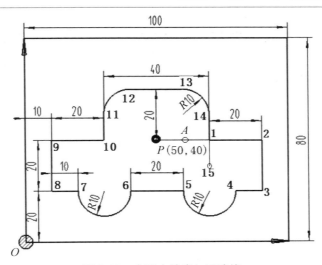

图 2-43　车形内轮廓加工路线

3．刀具参数和切削用量

根据加工零件的特点，选择相应的刀具和切削参数，如表 2-20 和表 2-21 所示。

表 2-20　内轮廓零件加工方案

加工内容	加工方法	选用刀具/mm
内轮廓	精铣	$\phi 8$ 立铣刀

表 2-21　刀具切削参数选用表

刀具编号	刀具参数	主轴转速/(r/min)	进给率/(mm/min)	背吃刀量/mm	侧吃刀量/mm
T01 (粗加工)	$\phi 12$ 立铣刀 长度 130	800	400	4.5	刀具直径的 80%
T02 (精加工)	$\phi 8$ 立铣刀 长度 100	2000	260	0.5	5

4．编制加工程序

加工程序如表 2-22 所示。

表 2-22　内轮廓铣削加工程序

程序内容	注　释
O2006;	程序号
N005G90G54G40G49G17;	选择 G54 工件坐标系
N010M03S1500;	主轴以 1500r/min 的转速正转
N015G44G00Z100.0H01;	到达初始平面，加刀具长度补偿
N020Z5.0M08;	到达安全平面，切削液开
N025G42G00X50.0Y40.0D01;	建立半径补偿

续表

程序内容	注　释
N030X60.;	微动，完全建立刀具半径补偿
N040G01Z-5.0F100;	切深 5mm
N050X90.F400;	沿直线延长线切入
N060G91Y-20.	顺时针加工内轮廓
N070X-10.0;	
N080G02X-20.Y0I-10.;	
N090G01X-20;	
N100G02X-20.Y0I-10.;	
N110G01X-10.;	
N120Y20.;	
N130X20.;	
N140Y10.;	
N150Y10.;	
N160G02X10.Y10.R10.;	
N170G01X20.;	
N180G02X10.Y-10.R10.;	
N190G01Y-20.;	直线延长线切出轮廓加工完成
N200Z5.;	抬刀至安全平面
N210G40G00X0Y0;	取消半径补偿
N220G49G00Z200.0M09;	取消长度补偿，Z 向退刀
N230M05;	主轴停止
N240M30;	程序结束

5. 使用仿真加工零件

1) 粗加工时，刀补表设置

(1) 粗加工时，刀具半径补偿寄存器数值为粗铣刀具半径值与侧面精加工余量之和，即 6.5mm。

(2) 如果用长度为 130mm、直径为 12mm 的立铣刀对刀，则长度寄存器 H01 中数值为 0。

2) 精加工时，刀补表设置

(1) 精加工时，刀具半径补偿寄存器数值为精铣刀具半径值，即 4mm。

(2) 如果以粗加工立铣刀为基准对刀，则精加工时长度寄存器 H01 中数值为 30mm(精铣刀具与标准刀具长度差值的绝对值)。

3) 精加工时，程序修改

(1) 主轴转速 S 值。

(2) 进给速度 F 值。

过程参考项目二中的任务一。

仿真加工结果如图 2-44 所示(由于铣刀的半径影响,左侧及右侧两个直角加工成圆弧过渡)。

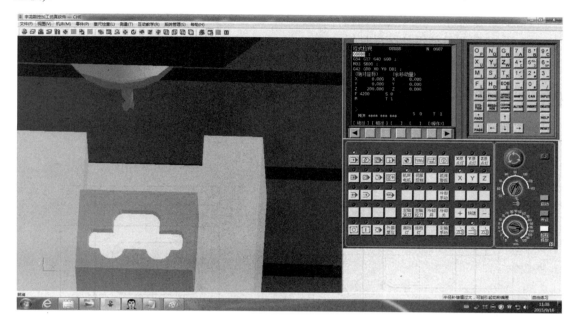

图 2-44 车形内轮廓仿真结果

6. 使用铣床加工零件

过程参考项目二中的任务一。

五、零件检测

使用游标卡尺上端的固定卡脚和活动卡脚来测量内轮廓。

六、常见问题

1) 出现过切现象

措施:

(1) 加工工艺路线设计不合理容易产生过切现象。要沿轮廓的切线方向切入和切出,否则会有过切现象。

(2) 无移动类指令:在补偿模式下,使用无坐标轴移动类指令,有可能导致两个或两个以上语句没有坐标移动,出现过切现象。

2) 如何保证零件表面加工质量

措施:

(1) 精加工时采用顺铣,如果用逆铣表面质量稍差些。

(2) 合理选择切削三要素。

七、思考问题

(1) 内轮廓加工选用什么刀具？

(2) 内轮廓测量使用什么量具？

(3) 铣削封闭的内轮廓表面时，切入、切出路径怎么确定？

八、扩展任务

编写程序：精铣如图 2-45 所示的内轮廓，采用刀具补偿指令编程，运用 1/4 圆弧切入切出。

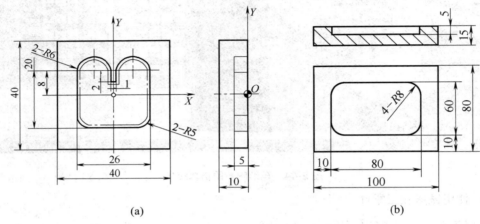

(a)   (b)

图 2-45　方形内轮廓

习　　题

(1) 加工如图 2-46 所示零件的外轮廓，采用刀具半径补偿指令进行编程。

(2) 零件如图 2-47 所示，自选毛坯，选择工作坐标系原点，编制数控加工程序。

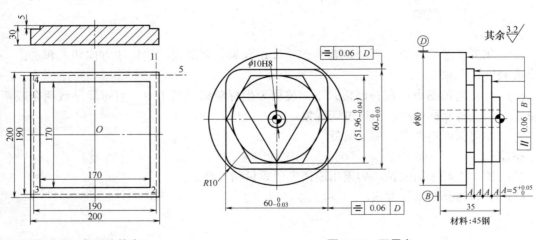

图 2-46　方形外轮廓　　　　　　　　图 2-47　四层台

(3) S 形油槽零件如图 2-48 所示，编制数控加工程序。选择合适的刀具，其进给速度为 400mm/min，圆弧部分用 *I*、*J* 方式编程。分别用绝对坐标和相对坐标编写加工程序。

(4) 加工如图 2-49 所示的方形内轮廓零件，采用刀具半径补偿指令进行编程。

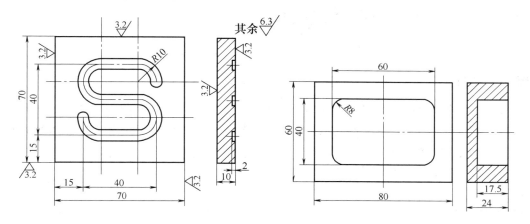

图 2-48　S 形油槽零件　　　　　　　　　图 2-49　方形内轮廓零件

项目三　利用坐标变换功能加工腔、槽类零件

知识目标

(1) 掌握 FANUC 数控系统的缩放功能指令、镜像功能指令、旋转功能指令的编程。
(2) 理解腔、槽类零件的结构特点和加工工艺特点，正确分析腔、槽类零件的加工工艺。
(3) 熟悉腔、槽类零件的工艺编制。
(4) 熟练掌握腔、槽类零件的手工编程。

能力目标

(1) 针对加工零件，能分析腔、槽类零件的结构特点、特殊加工要求，理解加工技术要求。
(2) 会分析腔、槽类零件的工艺性能，能正确选择设备、刀具、夹具与切削用量，能编制数控加工工艺卡。
(3) 能使用数控系统的基本指令正确编制腔、槽类零件的数控加工程序。

学习情景

在数控加工中，经常会遇到腔、槽的加工，如键槽、圆弧凸台(腰形槽)、型腔等。采用数控铣床进行腔、槽加工是最普通的加工方法。本项目主要讲述了腔、槽零件铣削加工的有关知识，重点介绍了腔、槽零件编程时采用的缩放、镜像、旋转等命令的用法。通过对本课题的学习，对腔、槽类零件的铣削加工工艺的制定有了一定的认识，学会型腔类零件的数控加工工艺制定方法，为今后的复杂零件加工打下基础。

任务一　利用缩放功能铣削零件

一、任务导入

某生产厂家，需加工一批圆形槽零件，如图 3-1 所示，材料为 45 钢，调质处理，上、下平面和外圆已加工完，数控铣削加工圆形凹槽。

二、任务分析

针对图 3-1 所示的工件中铣槽的加工要求，确定加工方案、使用刀具和切削用量。

1. 分析加工方案

(1) 装夹工件时选用何种夹具，如何进行装夹？

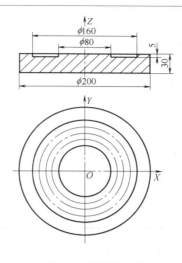

图 3-1 圆形槽零件

(2) 根据各工件尺寸和加工精度选择合理的加工方法，确定加工工艺路线并选择相应的刀具，填写表 3-1。

表 3-1 工件加工方案

加工内容	加工方法	选用刀具/mm

2．选择合适的切削用量

确定加工方案和刀具后，要选择合适的刀具切削参数，并确定其相应的刀具补偿值，填写表 3-2。

表 3-2 刀具切削参数与长度补偿选用表

刀具参数	主轴转速/(r/min)	进给率/(mm/min)	刀具补偿

3．确定工件坐标系

依据简化编程、便于加工的原则，确定工件坐标系的原点。

三、相关理论知识

1．比例缩放功能

指令格式：G51X_Y_Z_P_;(或 G51X_Y_Z_I_J_K_;)
                                     :98Pxxxx(子程序号)
                                     G50;

其中，G51 用于建立缩放；G50 用于取消缩放；X、Y、Z 是缩放中心的坐标值；I、J、K 是缩放系数，取值可以不同，分别使 X、Y、Z 原编程尺寸按指定比例缩小或放大；P 使 X、

Y、Z 原编程尺寸按指定比例同时缩小或放大。

G51 既可指定平面缩放，也可指定空间缩放。

在 G51 之后，运动指令的坐标值以(X,Y,Z)为缩放中心，按 P 或 IJK 规定的缩放比例进行计算。

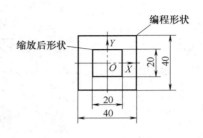

图 3-2 缩放零件

2. 缩放案例

利用比例缩放功能编辑图 3-2 所示矩形槽程序。根据相关理论知识，我们编制本零件参考程序，如表 3-3 所示。

表 3-3 缩放主程序

程　　　序	说　　　明
O3001;	程序名
G54;	建立工件坐标系
M03S500;	主轴顺时针旋转
G00X0Y0Z10.0M08;	快速定位
M98P3002;	加工编程形状
G51X0Y0I500J500;	缩放中心坐标值为 (x0,y0)，缩放比例为 0.5
M98P3002;	加工缩放后形状
G50M09;	取消缩放
M05;	主轴停转
M30;	程序结束

子程序如表 3-4 所示。

表 3-4 矩形路线子程序

程　　　序	说　　　明
O3002;	程序名
G00X20.0Y20.0;	快速定位
Z5.0;	
G01Z-5.0F200;	
Y-20.00;	
X-20.0;	
Y20.0;	
X20.0;	
G00Z5.0;	
G00X0Y0;	
M99;	返回主程序

四、任务实施

1. 确定装夹方案

工件装夹：采用三爪卡盘装夹工件。

用 T 型螺钉把三爪卡盘夹紧在工作台上(三爪卡盘是定心夹紧装置)。用三爪卡盘定位并夹紧工件。工件外圆是其定位表面，装夹的工件不宜高出卡爪过多。要确保夹紧可靠。

工件结构属大平面型，为确保工件定位，在夹紧操作中应首先轻夹工件，然后用千分表找平工件上表面，调整工件，确保工件上表面水平，最后采用适当的夹紧力夹紧工件，不可过小，也不能过大。不允许任意加长扳手手柄。若要防止夹伤外圆表面，卡爪可改用"软爪"。

2. 确定加工方法和刀具

根据各工件尺寸和加工精度选择合理的加工方法，确定加工工艺路线并选择相应的刀具，如表 3-5 所示。

表 3-5　工件加工方案

加工内容	加工方法	选用刀具/mm
铣槽	铣削—缩放—铣削	$\phi 20$ 高速钢键槽铣刀

3. 确定切削用量

各刀具的切削参数与刀具补偿如表 3-6 所示。

表 3-6　刀具切削参数与刀具补偿选用表

刀具参数	主轴转速/(r/min)	进给速度/(mm/min)	刀具补偿
$\phi 20$ 高速钢键槽铣刀	1000	300	H1/T1

(1) 刀具选择：选择 $\phi 20$ 高速钢键槽铣刀。

(2) 确定切削用量：主轴转速 S 为 1000r/min，进给速度 F 为 300mm/min。

4. 确定工件坐标系

工件坐标系原点：工件的设计基准是底面和外圆，以工件上表面与其回转中心线交点为加工坐标系原点，坐标轴方向如图 3-1 所示。

5. 编制参考程序

利用比例缩放功能 G51 进行编程。编程所需数据点为(60,0)，在程序中用比值(1.2∶1)取得；数据点(70,0)在程序中用比值(1.4∶1)取得。图 3-1 中用点划线画的圆表示三次调用子程序时刀位点的轨迹。

圆形缩放主程序如表 3-7 所示。

表 3-7　圆形缩放主程序

程　　序	说　　明
O3003;	程序名
N10G90G54G00Z20.0;	设定工件坐标系,快速移动到初始高度
N20M03S1000;	启动主轴,转速为 1000r/min
N30G00X0.0Y0M08;	定位于(0,0),切削液开
N40M98P3004;	调子程序 O3004,切削一个整圆($R50$)
N50G51X0Y0Z0I1200J1200K1000;	X、Y轴以 1.2：1 的比例缩放,Z轴比例为 1：1
N60M98P3004;	调子程序 O3004,切削一个整圆($R60$)
N70G51X0Y0Z0I1400J1400K1000;	X、Y轴以 1.4：1 的比例缩放,Z轴比例为 1：1
N80M98P3004;	调子程序 O3004,切削一个整圆($R70$)
N90G50;	缩放取消
N100G90G00X0Y0M09;	回到起刀点,切削液关
N110M05;	主轴停
N120M30;	程序结束

圆形缩放子程序如表 3-8 所示。

表 3-8　圆形缩放子程序

程　　序	说　　明
O3004;	程序名
N10G90G00X50.0Y0;	快速定位于(50,0)点
N20Z5.0;	到初始平面
N30G01Z-5.0F60;	切削进给下刀至 Z 向终点
N40G02I-50.0F80;	顺时针切削一个整圆
N50G90G00Z5.0;	回到 R 平面
N60M99;	返回主程序

6. 仿真加工

仿真加工过程参考项目二中的各任务。

7. 机床加工

1)　毛坯、刀具、工具、量具准备

刀具:ϕ20 高速钢键槽铣刀。

量具:0~125 游标卡尺、0~25 内径千分尺、深度尺、0~150 钢尺(每组 1 套)。

材料:45 钢。

(1)　将工件正确安装在机床上。

(2)　将ϕ20 高速钢键槽铣刀正确安装在刀位上。

(3)　正确摆放所需工具、量具。

2) 程序输入与编辑

(1) 开机。

(2) 回参考点。

(3) 输入程序。

(4) 程序图形校验。

3) 零件的数控铣削加工

(1) 主轴正转。

(2) X 向对刀，Y 向对刀，Z 向对刀，设置工件坐标系。

(3) 进行相应刀具参数设置。

(4) 自动加工。

五、零件检测

(1) 学生对加工完的零件进行自检。使用游标卡尺、塞规等量具对零件进行检测。

(2) 教师与学生共同填写零件质量检测结果报告单，如附录 C 中的表 C-1 所示。

(3) 学生互评并填写考核结果报告，如附录 C 中的表 C-2 所示。

(4) 教师评价并填写考核结果报告，如附录 C 中的表 C-3 所示。

六、常见问题

(1) 如果使用参数设置值作为放大比例而不指定 I、J、K，那么放大比例是多少？

措施：如果使用参数设置值作为放大比例而不指定 I、J、K，则在 G51 指令的整个周期内都使用此设置值作为放大比例，并且对该值的任何修改都是无效的。

(2) 以相同比例沿所有轴放大或缩小，比例缩放的最小输入增量单位是多少？

措施：以相同比例沿所有轴放大或缩小，比例缩放的最小输入增量单位是 0.0001 或 0.00001，取决于参数 SCR 的设定。

(3) G51 指令有没有镜像功能？怎样使用？

措施：各轴用不同的比例缩放，具有镜像(负的比例)功能。当指定负比例时，形成镜像。方法是首先设定各轴分别缩放(镜像)的参数，然后设定各轴的比例参数。

七、思考问题

(1) 坐标系缩放的编程方法。

(2) 圆弧插补的比例缩放。即使对圆弧插补的各轴指定不同的缩放比例，刀具也不切出椭圆轨迹。

(3) 刀具补偿。比例缩放对刀具半径补偿值、刀具长度补偿值和刀具偏置值无效。

八、扩展任务

如图 3-3 所示，缩放加工三凸台，每层高 5mm，毛坯为 150mm×150mm×100mm。

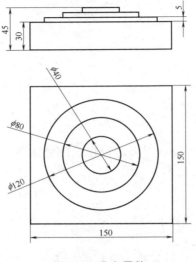

图 3-3　凸台零件

任务二　利用镜像功能铣削零件

一、任务导入

　　图 3-4 所示为零件图，毛坯为 100mm×100mm×50mm，工件上下表面已经加工，其尺寸和粗糙度等要求均已符合图纸规定，现加工四个腰形槽，槽深 5mm，施工面积材料为 45 钢。

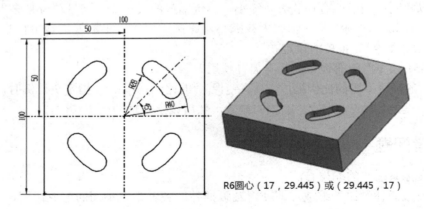

R6圆心（17，29.445）或（29.445，17）

图 3-4　腰形槽零件

二、任务分析

1. 分析加工方案

（1）装夹腰形槽零件时选用何种夹具，如何进行装夹？

(2) 选择合理的加工方法。

(3) 依据对称腔槽的特点确定加工工艺路线，并选择相应的刀具，填写表 3-1。

2．选择合适的切削用量

确定加工方案和刀具后，要选择合适的刀具切削参数，并确定其相应的长度补偿值，填写表 3-2。

3．确定工件坐标系

依据简化编程、便于加工的原则，确定工件坐标系的原点。

三、相关理论知识

1．编程知识

(1) G51.1 和 G50.1 镜像指令。

① 镜像指令：G51.1；取消镜像：G50.1。

② 镜像功能可实现对称加工，FANUC 系统的一般镜像加工指令格式如下。

● 关于 Y 轴对称加工：G51.1　X0；

● 关于 X 轴对称加工：G51.1　Y0；

● 关于原点对称加工：G51.1　X0 Y0；

(2) M 镜像指令。

① 镜像指令：M23；（对 X 轴镜像）。

② 取消镜像：M24；（对 Y 轴镜像）。

(3) G51 和 G50 镜像指令。

对于 G51.1 和 G50.1 镜像指令，有些经济性的系统并不支持此种功能，我们可以利用 G51 比例缩放功能来做镜像加工。

其编程格式如下。

● 关于 X 轴对称：G51X_Y_I1000J-1000；

● 关于 Y 轴对称：G51X_Y_I-1000J1000；

● 关于原点对称：G51X_Y_I-1000J-1000；

2．槽加工注意事项

(1) 槽可以分为封闭型槽和开放型槽，开放型槽有一端开放的，也有两端开放的。

① 封闭型槽只能选择立铣刀在槽内某一点下刀，但槽内下刀会在槽的两侧壁和槽的表面留下刀痕，使表面质量降低，而且立铣刀底刃的切削能力较差，必要时可以用钻头在下刀点预制一个孔。

② 开放型槽最好在槽外下刀，槽外下刀可有效避免接刀痕迹。

(2) 两端开放型的直线槽，除可用立铣刀加工外，还可根据槽宽尺寸选用错齿三面刃圆盘铣刀加工。

(3) 对较窄的两端开放型直线槽，则可选用锯片铣刀加工。

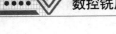

四、任务实施

1．图纸工艺分析

(1) 毛坯为 100mm×100mm×50mm 的板料，材料为 45 钢。

(2) 分析图纸，该零件的加工内容包括铣削腰型槽、外轮廓及孔的加工，外轮廓、腰型槽及槽深方向均有较高的尺寸精度要求和形位公差要求，工件表面粗糙度 R_a 要求为 3.2，故应分粗、精加工铣削。

2．确定装夹方案和工件原点

(1) 以底面为定位基准，选用机用平口钳夹紧定位。

(2) 工件上表面的中心为工件原点，以此为工件坐标系编程。

3．确定加工方案

根据零件形状及加工精度要求，按照基面先行、先粗后精的原则确定加工顺序，方案如表 3-9 所示。

表 3-9　工件加工方案

加工内容	加工方法	选用刀具/mm
腰形槽	粗铣(从腰形槽的一端圆心到另一圆心)	ϕ10 立铣刀
	精铣(按腰形槽轮廓走刀)	ϕ8 立铣刀

4．确定加工切削参数

各刀具的切削参数与刀具补偿如表 3-10 所示。

表 3-10　刀具切削参数与刀具补偿选用表

刀具参数	主轴转速/(r/min)	进给速度/(mm/min)	刀具长度补偿
ϕ10 高速钢键槽铣刀	800	400	H1/T1
ϕ8 高速钢键槽铣刀	1500	280	H2/T2

5．编制程序

腰形槽零件的铣削加工参考程序如表 3-11 所示。

粗加工腰形槽的铣削加工参考程序如表 3-12 所示。

第一象限腰形槽精加工路线如图 3-5 所示：从 A 垂直下刀，采用 1/4 圆弧切入精加工轮廓，沿 B→C→D→E→F→B 精加工腰形槽内壁及底面，由 BG 段 1/4 圆弧切出，最终从 G 点垂直抬刀。

表 3-11 腰形槽零件的铣削加工参考程序

程　序	说　明
O3005;	程序名
N010G54G90G17G49;	确定工件坐标系及加工平面
N012G00X0Y0M03S800;	主轴正转，转速为800r/min
N014G43Z100.0H01M08;	定位并建立1号刀具长度补偿，切削液开
N016G00Z5.0;	Z向快速定位到安全平面
N018M98P3006;	调用O3006子程序粗加工第一象限图形
N020G51X0Y0I-1000J1000;	建立Y轴镜像开关
N022M98P3006;	调用O3006子程序粗加工第二象限图形
N024G51X0Y0I-1000J-1000;	建立原点镜像开关
N026M98P3006;	调用O3006子程序粗加工第三象限图形
N028G51X0Y0I1000J-1000;	建立X轴镜像开关
N030M98P3006;	调用O3006子程序粗加工第四象限图形
N032G50;	取消镜像
N034G49G00Z100.0;	取消刀具长度补偿
N036G28M05;	回参考点，主轴停转
N038M00;	程序暂停，换第二把精铣刀
N040G43Z100.0H02;	定位并建立2号刀具长度补偿
N042M03S1500;	主轴正转，转速为800r/min
N044G00Z5.0;	Z向快速定位到安全平面
N046M98P3007;	调用O3007子程序精加工第一象限图形
N048G51X0Y0I-1000J1000;	建立Y轴镜像开关
N050M98P3007;	调用O3007子程序精加工第二象限图形
N052G51X0Y0I-1000J-1000;	建立原点镜像开关
N054M98P3007;	调用O3007子程序精加工第三象限图形
N056G51X0Y0I1000J-1000;	建立X轴镜像开关
N058M98P3007;	调用O3007子程序精加工第四象限图形
N059G50;	取消镜像
N060G49G00Z100.0;	取消刀具长度补偿
N062G28M08;	回参考点，切削液关
N064M05;	主轴停转
N066M30;	程序结束

表 3-12 腰形槽粗加工参考子程序

程　序	说　明
O3006;	程序名
N010G00X29.4Y17.0;	定位腰形槽的一个圆心点
N012G01Z-4.5F120;	垂直下刀切削至Z-4.5
N014G03X17.0Y29.445R34.0F400;	圆弧切削至腰形槽的另一个圆心点
N016G01Z5.0;	垂直提刀至R平面
N018M99;	结束子程序调用

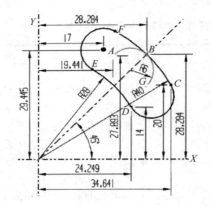

$A(19.441,27.893)$

$B(28.284,28.284)$

$C(34.641,20)$

$D(24.249,14)$

$E(14,24.249)$

$F(20,34.641)$

$G(27.893,19.441)$

图 3-5　腰形槽零件加工路线图

精加工腰形槽的铣削加工参考程序如表 3-13 所示。

表 3-13　精加工腰形槽参考子程序

程　序	说　明
O3007;	子程序名
N010G42G00X0Y0D02;	建立刀具半径补偿
N012G00X19.441Y27.893;	移动到 1/4 圆弧的起点 A
N014G01Z-5.0F120;	垂直下刀切削至 Z-5.0
N016G02X28.284Y28.284R6.0F280;	1/4 圆弧切入 B 点
N018G02X34.641Y20.0R40.0;	按腰形槽的轮廓进行精加工，加工 R40
N020G02X24.249Y14.0R6.0;	加工 R6 圆弧
N022G03X14.0Y24.249R28.0;	加工 R28 圆弧
N024G02X20.0Y34.641R6.0;	加工 R6 圆弧
N026G02X28.284Y28.284R40.0;	加工 R40 圆弧
N028G02X27.839Y19.441R6.0;	1/4 圆弧切出至 G 点
N030G01Z5.0F120;	垂直提刀至 R 平面
N032G40G00X0.0Y0.0;	取消刀具半径补偿
N034M99;	结束子程序调用

6. 仿真加工

仿真加工过程见项目二中的任务一。

7. 机床加工

过程参考项目三中的任务一。

五、零件检测

注意事项见任务一的零件检测。

六、常见问题

(1) 生产中一般不采用镜像功能,那么采用什么功能达到相同目的?

措施:因为采用镜像功能加工时,有一半零件的加工方向发生改变,由顺铣变成了逆铣,加工质量变差。采用旋转功能批量加工零件时,加工方向不发生变化。生产中一般能采用旋转功能完成的任务,就不用镜像功能。

(2) 采用镜像功能加工零件时,有的零件被加工多次,有的零件却没有加工。

措施:这是由于程序中有重复的或者没有相应的程序段 G51X_Y_I_J_ 造成的;如果关于 X 轴镜像,要使用 G51X0Y0I-1000J1000;关于 Y 轴镜像,要使用 G51X0Y0I1000J-1000;如果关于原点镜像,则要使用 G51X0Y0I-1000J-1000。调用子程序前的一段镜像功能开发程序段不能有误,否则会造成有的零件被加工多次,有的没有加工到。

七、思考问题

(1) 腰形槽粗精加工选刀应注意什么问题?

(2) 腰形槽粗精加工各采用什么样的加工路线?

(3) 如何使用镜像功能进行编程加工腰形槽?

八、扩展任务

编写如图 3-6 所示零件的加工程序。

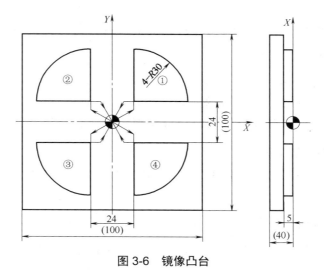

图 3-6　镜像凸台

任务三　利用旋转功能铣削零件

一、任务导入

某生产厂家，需加工一批多处凸台零件，如图 3-7 所示，毛坯为 120mm×120mm×25mm，工件上下表面已经加工，其尺寸和粗糙度等要求均已符合图纸规定，材料为 45 钢。现在需要加工相邻夹角为 45° 的 8 处圆弧凸台，高 3mm。

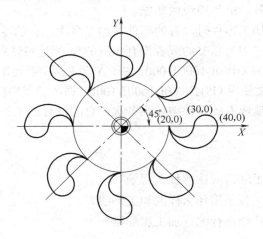

图 3-7　多处凸台零件

二、任务分析

该零件主要由 8 个相同形状的圆弧凸台组成，无尺寸公差要求。

1．分析加工方案

(1)　工件装夹时选用何种夹具，如何进行装夹？

(2)　根据所掌握的知识选择合理的方法加工。

(3)　确定加工工艺路线，并选择相应刀具，填写表 3-1。

2．选择合适的切削用量

确定加工方案和刀具后，要选择合适的刀具切削参数，并确定其相应的长度补偿值，填写表 3-2。

3．确定工件坐标系

依据简化编程、便于加工的原则，确定工件坐标系的原点。

三、相关理论知识

1. 编程知识

1) 子程序

子程序调用：M98P×××××××；

子程序取消：M99；

2) 坐标旋转指令

坐标系旋转：G68X_Y_R_；(X、Y表示旋转中心的坐标，R表示旋转角度)

取消旋转：G69；

注意： R逆时针方向为正，顺时针方向为负。

3) 功能

使用旋转功能可将编程形状旋转某一角度。另外，如果工件的形状由许多相同的图形组成，则可将图形单元编成子程序，然后利用主程序的旋转指令调用。这样可以简化编程，省时、省存储空间。

4) 注意事项

同时采用比例缩放和旋转功能时，先执行比例缩放功能，再执行旋转功能。旋转中心坐标也执行比例操作，但旋转角度不受影响，这时各指令的排列顺序如下：

```
G51……
…
G68……
…
G41/G42……
…
G40……
…
G69……
…
G50……
```

2. 型腔轮廓加工的进刀方式

对于封闭型腔零件的加工，下刀方式主要有垂直下刀法、螺旋下刀法和斜线下刀法三种。

1) 垂直下刀法

(1) 对于小面积切削和零件表面粗糙度要求不高的情况，可使用键槽铣刀直接垂直下刀并铣削。

(2) 对于大面积切削和零件表面粗糙度要求较高的情况，一般采用立铣刀来铣削加工，但一般先用键槽铣刀(或钻头)垂直进刀，预钻起始孔后，再换多刃立铣刀加工型腔。

2) 螺旋下刀法

螺旋下刀法是现代数控加工应用较为广泛的下刀方式，轴向力比较小，特别在模具制作行业应用最为常见。

(1) 优点：避开刀具中心无切削刃部分与工件的干涉。

(2) 缺点：切削路线较长，不适合加工较狭窄的型腔。

3) 斜线下刀法

通常用于宽度较小的长条形的型腔加工。

> 注意：加工带弧岛的挖腔工件编制程序时，需注意以下几个问题：
>
> 刀具要足够小，尤其用改变刀具半径补偿的方法进行粗、精加工时，应保证刀具不碰到型腔外轮廓及弧岛轮廓；有时可能会在弧岛和边槽或两个弧岛之间出现残留，可用手动方法除去；为下刀方便，有时要先钻出下刀孔。

四、任务实施

1. 确定装夹方案

采用螺栓压板装夹工件，校正工件的位置。

2. 确定加工方法和刀具

根据各工件尺寸和加工精度选择合理的加工方法，确定加工工艺路线并选择相应的刀具，如表 3-14 所示。

表 3-14　工件加工方案

加工内容	加工方法	选用刀具/mm
8 个圆弧凸台	精铣	ϕ6 高速钢键槽铣刀

3. 确定切削用量

各刀具切削参数如表 3-15 所示。

(1) 刀具选择：选择ϕ6 高速钢键槽铣刀。

(2) 确定切削用量：主轴转速 S 为 3000r/min，进给速度 F 为 400mm/min。

表 3-15　刀具切削参数与长度补偿选用表

刀具参数	主轴转速/(r/min)	进给率/(mm/min)
ϕ6 高速钢键槽铣刀	3000	400

4. 确定工件坐标系

把工件上表面中心设为工件坐标系的原点。

5. 编制参考程序

主程序的参考程序如表 3-16 所示。

表 3-16　加工 8 个圆弧凸台主程序

程　序	说　明
O3008;	程序名
N0010G54G90G17G40G49;	设置一号工件坐标系
N0020M03S3000;	主轴正转
N0030G00X0Y0;	快速 X、Y 定位
N0040Z5.0;	快速 Z 定位
N0050M98P3009;	调用子程序
N0060G68R45.0;	旋转 45°
N0070M98P3009;	调用子程序
N0080G68R90.0;	旋转 90°
N0090M98P3009;	调用子程序
N0100G68R135.0;	旋转 135°
N0110M98P3009;	调用子程序
N0120G68R180.0;	旋转 180°
N0130M98P3009;	调用子程序
N0140G68R225.0;	旋转 225°
N0150M98P3009;	调用子程序
N0160G68R270.0;	旋转 270°
N0170M98P3009;	调用子程序
N0180G68R315.0;	旋转 315°
N0190M98P3009;	调用子程序
N0200G00Z200;	快速抬刀
N0210G69;	取消坐标旋转功能
N0220M05	主轴停转
N0230M30;	程序结束

子程序的参考程序如表 3-17 所示。

表 3-17　圆弧凸台子程序

程　序	说　明
O3009;	程序名
N10G41G00X1.0Y1.0D01;	加左刀补
	快速定位到切削起点
N20G00X20.0Y0;	Z 向进刀
N30G01Z-3.0F100;	顺时针加工 $R5$ 圆弧
N40G03X30.0Y0I5.0J0F400;	加工 $R5$ 圆弧
N50G02X40.0Y0I5.0J0;	加工 $R10$ 圆弧
N60G02X20.0Y0I-10.0J0;;	加工 $R5$ 圆弧
N70G01Z5.0F100;	Z 向退刀
	快速退回到编程原点，并取消刀补
N80G40G00X0.0Y0;	
N90M99;	子程序结束

6．仿真加工

过程见项目三中任务一的仿真加工。仿真加工效果如图 3-8 所示。

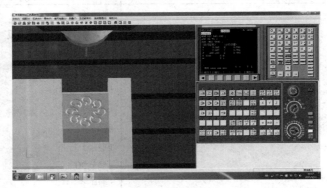

图 3-8　仿真加工效果

7．机床加工

过程参考项目三中任务一的机床加工。

五、零件检测

注意事项参考项目三中任务一的零件检测。

六、常见问题

(1) 采用旋转功能加工时，旋转角度不对。

措施：旋转功能开的指令格式为 G68X_Y_R_，逆时针旋转一角度，角度值为正，顺时针旋转角度为负值，整数角度值后要加小数点。例如围绕原点顺时针旋转 75 度的指令段应为"G68X0Y0R-75.；"。

(2) 没有执行旋转功能。

措施：没有执行旋转功能，一般是由旋转功能开程序段和调用子程序段引起的。首先查看程序，检查有没有旋转功能开程序段"G68X_Y_R_；"，如果没有，添加上再调试程序，如果有该程序段，再检查 R 后数值是不是正确，然后查看程序有没有调用子程序。

七、思考问题

(1) 如何使用坐标系旋转指令？

(2) 型腔铣削的下刀方式有几种？各有什么特点？

(3) 加工带孤岛的型腔类零件需注意哪些问题？

八、扩展任务

编写如图 3-9 所示零件的加工程序，八个花瓣在圆周上均匀分布。

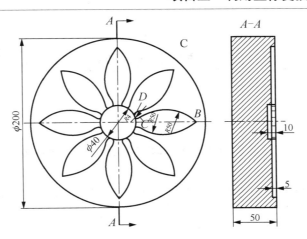

$R50$两圆弧的交点B(88.423, 0)；$R50$和$R4$的交点C(24.535, 5.705)
两$R50$圆弧间(B处)用$R3$圆弧过渡。

图 3-9　凹模零件

习　　题

(1)　写出 FANUC 数控系统的缩放功能指令格式和使用方法。

(2)　写出 FANUC 数控系统的镜像功能指令格式和使用方法。

(3)　写出 FANUC 数控系统的旋转功能指令格式和使用方法。

(4)　编写如图 3-10 所示零件的加工程序。

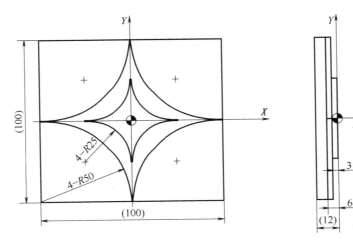

图 3-10　零件图

项目四　数控铣床加工孔类零件

知识目标

(1) 掌握 FANUC 数控系统的孔加工循环 G81、G73、G83、G74、G84、G80 等编程指令。

(2) 理解孔系零件的结构特点和加工工艺特点，正确分析孔系零件的加工工艺。

(3) 熟悉孔系零件的加工工艺。

(4) 熟练掌握孔系零件的手工编程。

能力目标

(1) 针对加工零件，能分析孔系零件的结构特点、特殊加工要求，理解加工技术要求。

(2) 会分析孔系零件的工艺性能，能正确选择设备、刀具、夹具与切削用量，能编制数控加工工艺卡。

(3) 能使用数控系统的基本指令正确编制孔系零件的数控加工程序。

学习情景

在数控加工中经常会遇到孔的加工，如定位销孔、螺纹底孔、挖槽加工预钻孔等。采用数控铣床进行孔加工是最普通的加工方法。孔加工的特点是刀具在 XY 平面内定位到孔的中心，然后刀具在 Z 方向做一定的切削运动，孔的直径由刀具的直径来决定，根据实际选用刀具和编程指令的不同，数控铣床能完成钻孔、镗孔、铰孔和攻丝等动作。

一般来说，较小的孔可以用钻头一次加工完成，较大的孔可以先钻孔再扩孔，或用镗刀进行镗孔，也可以用铣刀按轮廓加工的方法铣出相应的孔。如果孔的位置精度要求较高，可以先用中心钻钻出孔的中心位置。刀具在 Z 方向的切削运动可以用插补命令 G01 来实现，但一般都使用钻孔固定循环指令来实现孔的加工。在钻削中，孔深大于 5 倍孔径的孔称为深孔，使用深孔循环指令来实现深孔的加工。

任务一　数控铣床普通孔加工

一、任务导入

某生产厂家，需加工一件压板，其外形尺寸与表面粗糙度已达到图纸要求，只需要加工 $4 - \phi 22^{+0.025}_{0}$ 孔即可，如图 4-1 所示，材料为 45 钢。

二、任务分析

针对图 4-1 所示压板中各孔的加工要求确定加工方案、使用刀具和切削用量。

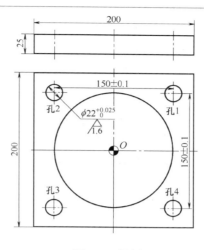

图 4-1　压板

1．分析加工方案

（1）装夹工件时选用何种夹具，如何进行装夹？

（2）根据各孔尺寸和加工精度选择合理的加工方法，确定加工工艺路线并选择相应的刀具，填写表 4-1。

表 4-1　孔加工方案

加工内容	加工方法	选用刀具/mm

2．选择合适的切削用量

确定加工方案和刀具后，要选择合适的刀具切削参数，并确定其相应的长度补偿值，填写表 4-2。

表 4-2　刀具切削参数与长度补偿选用表

序号	刀具参数	主轴转速/(r/min)	进给率/(mm/min)	刀具补偿

3．确定工件坐标系

依据简化编程、便于加工的原则，确定工件坐标系的原点。

三、相关理论知识

1．孔系加工刀具

1）中心钻

在加工精度要求较高的孔时，为克服麻花钻钻孔时产生轴线歪斜或孔径扩大等问题，常用中心钻在钻孔位置预钻定位孔，然后应用麻花钻进行钻孔，以保证钻孔位置和孔径的准确性。中心钻如图4-2所示，通常将中心钻装入弹性夹头，再与刀柄连接。

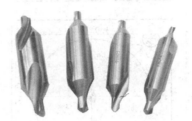

图4-2　中心钻

2)　麻花钻

麻花钻是最常用的钻孔刀具，一般为高速钢或硬质合金材料制成的整体式结构。柄部有直柄和锥柄两种，直柄主要用于小直径麻花钻，锥柄用于直径较大的麻花钻。麻花钻规格为 $\phi(0.1\sim100)$mm，常用麻花钻的直径范围为3～50mm。

3)　机用铰刀

如果加工的孔精度要求较高，就要在钻孔后用铰刀铰孔，以提高孔的尺寸精度，降低孔的表面粗糙度。机用铰刀通常采用高速钢或硬质合金材料制成整体式结构，柄部有直柄和锥柄两种。直柄主要用于小直径铰刀，锥柄用于直径较大的铰刀，如图4-3所示，通常将机用铰刀装入弹性夹头，再与刀柄连接。

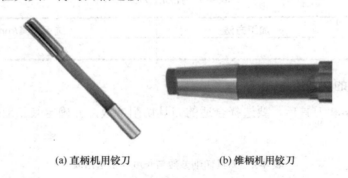

(a) 直柄机用铰刀　　　　　　　　　　　(b) 锥柄机用铰刀

图4-3　机用铰刀

2．认识孔系测量量具

孔用塞规是光滑极限量规中的一种，是没有刻度的定尺寸的专用量具，用于检验光滑孔的直径尺寸，如图4-4所示。

(1) 使用前先检查塞规测量面，不能有锈迹、坏缝、划痕、黑斑等；塞规的标志应正确清楚。

(2) 塞规的使用必须在周期检定期内，而且附有检定合格证或标记，或其他足以证明塞规合格的文件。

(3) 塞规测量的标准条件：温度为20℃，测力为0N。在实际使用中很难达到这一条件要求。为了减小测量误差，尽量在等温条件下使用塞规对被测件进行测量，用力要尽量小，不允许把塞规用力往孔里推或一边旋转一边往里推。

（4）测量时，塞规应顺着孔的轴线插入或拔出，不能倾斜；塞规塞入孔内，不许转动或摇晃塞规。

（5）不允许用塞规检测不清洁的工件。

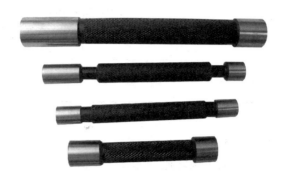

图 4-4　孔用塞规

3．确定加工工艺参数

1）钻削用量的确定

（1）钻孔背吃刀量的确定。

钻削加工的背吃刀量 a_p 是指沿主切削刃测量的切削层厚度，在数值上等于钻头的半径。

（2）钻孔进给量的确定。

高速钢和硬质合金钻头的进给量，可参考表 4-3 进行确定。

表 4-3　钻头进给量选用参考表

工件材料	钻头直径/mm	钻削进给量 $f/(mm/r)$	
		高速钢钻头	硬质合金钻头
钢	>3～6	0.05～0.10	0.10～0.17
	>6～10	0.10～0.16	0.13～0.20
	>10～14	0.16～0.20	0.15～0.22
	>14～20	0.20～0.32	0.16～0.28
铸铁	>3～6	—	0.15～0.25
	>6～10	—	0.20～0.30
	>10～14	—	0.25～0.50
	>14～20	—	0.25～0.50

（3）钻孔主轴转速的确定。

钻削时的切削速度 v_c 可参考表 4-4 确定。

主轴转速 n 与切削速度 v_c 的关系为

$$v_c = \pi \times D_c \times n / 1000$$

式中：v_c 为钻削时的切削速度，m/min；D_c 为钻头的直径，mm。

表 4-4　切削速度 v_c 参考表

工件材料	切削速度 v_c/(m/min)	
	高速钢钻头	硬质合金钻头
钢	20～30	60～110
不锈钢	15～20	35～60
铸铁	20～25	60～90

2)　铰削切削用量的确定

高速钢机用铰刀的切削速度为(10～15)m/min，进给量速度为(0.1～0.2)mm/r，铰削背吃刀量为 0.02～0.10mm，铰削时的主轴转速计算方法与钻孔相同。

3)　中心钻切削用量的确定

高速钢中心钻的切削速度为(10～15)m/min，进给量速度为(0.1～0.2)mm/r，钻中心孔时的主轴转速计算方法与钻孔相同。

4．孔的加工方案

1)　选择孔加工方案时的注意事项

(1)　孔的技术要求。

考虑孔加工表面的尺寸精度和表面粗糙度 R_a，零件的结构形状和尺寸大小、热处理情况、材料的性能以及零件的批量等。

①　尺寸精度：直径、深度。

②　形状精度：圆度、圆柱度及轴线的直线度。

③　位置精度：同轴度、平行度、垂直度。

④　表面质量：表面粗糙度、表面硬度等。

(2)　孔的分类。

①　根据结构和用途分类。

● 紧固孔和辅助孔：螺钉孔、螺栓过孔、油孔(IT12～IT11，R_a: 12.5～6.3μm)，常见孔的种类如图 4-5 所示。

● 回转体零件的轴心孔。

● 齿轮轴心孔：IT8～IT6，R_a: 1.6～0.4μm。

● 箱体支架类零件的轴承孔。

● 机床主轴箱的轴承孔：IT7，R_a: 1.6～0.8μm。

②　根据尺寸和结构形状分类。

大孔、小孔、微孔、通孔、盲孔、台阶孔、细长孔、深孔($L/D > 5$)和浅孔。

③　根据技术要求分类。

高精度孔、中等精度孔、低精度孔。常见孔的种类如图 4-5 所示。

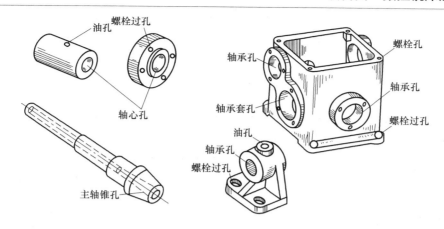

图 4-5　常见孔的种类

2)　常用加工方案及特点

孔加工常用加工方案有：钻孔、扩孔、铰孔、车孔、镗孔、拉孔、磨孔、金刚石镗、精密磨削、超精加工、研磨、珩磨、抛光。

特种加工方案有：电火花穿孔、超声波穿孔、激光打孔。

(1)　钻孔。

精度：IT12～IT11，R_a：25～12.5μm，属粗加工。

刀具：麻花钻。规格：$\phi(0.1～100)$mm，常用$\phi(3～50)$mm。

设备：钻床、车床、镗床、铣床。

(2)　扩孔。

精度：IT10～IT9，R_a：6.3～3.2μm，属半精加工。

刀具：扩孔钻。规格：$\phi(10～100)$mm，常用$\phi(15～50)$mm。

设备：钻床、车床、镗床、铣床。

特点：导向性好，切削平稳；刚性好；切削条件好。

(3)　铰孔。

粗铰：IT8～IT7，R_a：1.6～0.8μm。

精铰：IT7～IT6，R_a：0.4～0.2μm。

刀具：铰刀。规格：$\phi(10～100)$mm，常用$\phi(10～40)$mm。

设备：钻床、镗床、车床、铣床。

铰削特点：精度高，表面粗糙度小；铰孔纠正位置误差的能力很差，位置精度需由前一道工序保证；铰刀是定尺寸刀具，能保证铰孔的表面质量；铰削的适应性差；铰削可加工钢、铸铁和有色金属零件，不宜加工淬火或硬度过高的工件。

(4)　镗孔。

粗镗(车)：IT12～IT11，R_a：25～12.5μm。

半精镗(车)：IT10～IT9，R_a：6.3～3.2μm。

精镗(车)：IT8～IT7，R_a：1.6～0.8μm。

刀具：镗刀。

设备：镗床、车床、铣床、钻床。

镗削特点：镗削的适应性较强；镗削可有效校正原孔的轴线偏斜；镗削的生产率低；镗刀的制造和刃磨简单，费用低；镗削可加工钢、铸铁和有色金属，不易加工淬火钢和高硬钢。

(5) 磨孔。

粗磨：IT8～IT7，R_a：1.6～0.8μm。

精磨：IT7～IT6，R_a：0.4～0.2μm。

精密磨削：IT5，R_a：0.2～0.025μm。

磨孔的特点：磨孔的适应性较广；磨孔可纠正孔的轴线歪斜；磨孔的生产率低；磨削可加工未淬硬的钢件或铸铁件、淬硬的钢件，但不能加工有色金属材料；磨削适合加工浅孔、阶梯孔、大直径孔等，不宜于加工深孔、小孔。

(6) 拉孔。

粗拉：IT8～IT7，R_a：1.6～0.8μm。

精拉：IT7～IT6，R_a：0.8～0.4μm。

拉削的特点：精度高，表面粗糙度小；生产率高；不能纠正孔的轴线歪斜；拉削对前一工序要求不高；拉削不能加工台阶孔、盲孔、薄壁零件的孔。

(7) 研磨孔。

精度：IT6～IT4，R_a：0.1～0.008μm。

(8) 珩磨孔。

精度：IT6～IT4，R_a：0.4～0.05μm。

3) 选择加工方案

(1) 未淬硬的钢件或铸铁件。

① 要在实体材料上加工孔，首先钻孔。对于已经铸出或锻出的孔，首先扩孔或镗孔。

② 中等精度和表面粗糙度的孔(IT8～IT7，R_a：1.6～0.8μm)。

● 直径<12mm，钻→铰。

● 12mm<直径<30mm，钻→扩→铰。

● 30mm<直径<80mm 时分以下几种情况。

　◆ 深孔：钻→扩→铰。

　◆ 非深孔，盘套类回转体零件：钻→粗镗→半精镗→铰或磨。

　◆ 非深孔，箱体、支架类零件：钻→粗镗→半精镗→铰或镗。

　◆ 非深孔，大批大量生产盘套类零件：钻→粗镗→半精镗→拉。

● >80mm 时分以下几种情况。

　◆ 盘套类回转体零件：钻→粗镗→半精镗→磨。

　◆ 箱体、支架类零件：钻→粗镗→半精镗→镗。

(2) 淬火钢件。

钻→镗→(淬火)→磨。

精度 IT6 以上，表面粗糙度 R_a 为 0.2μm 以下的孔：光整加工。

研磨：生产率低，各种材料。

珩磨：生产率高，加工除塑性较大的材料以外的各种材料。

(3) 有色金属材料。

精加工：精镗、精细镗、精铰、手铰、精拉。

5. 编程指令

1) 孔加工的 6 个动作

孔加工的过程如图 4-6 所示，一般都由以下 6 个动作组成。

(1) 操作 1：快速定心($A \rightarrow B$)。

快速定位到孔中心上方。

(2) 操作 2：快速接近工件($B \rightarrow R$)。

刀具沿 Z 方向快速运动到 R 参考平面。

(3) 操作 3：孔加工($R \rightarrow Z$)。

孔加工过程(钻孔、铰孔、攻螺纹等)。

(4) 操作 4：孔底动作(Z 点)。

(5) 操作 5：刀具快速退回 R 平面($Z \rightarrow R$)。

(6) 操作 6：刀具快速退回初始平面($Z \rightarrow B$)。

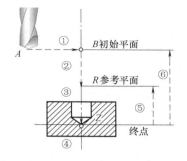

图 4-6 孔加工的 6 个动作

2) 编程指令

如果没有孔加工固定循环指令，一般一个孔加工程序段需由多个单一动作程序段才能完成，另外，固定循环能缩短程序，节省存储空间。钻孔循环指令使编程变得更加容易和简单。孔加工固定循环指令如表 4-5 所示。

表 4-5 孔加工固定循环指令

G 代码	钻 削	孔底动作	回 退	应 用
G73	间歇进给	暂停	快速移动	高速深孔钻削
G74	切削进给	暂停→主轴正转	切削进给	左旋攻螺纹
G76	切削进给	主轴定向停止	快速移动	精镗孔
G80	—	—	—	取消固定循环
G81	切削进给	—	快速移动	钻孔，钻中心孔
G82	切削进给	暂停	快速移动	钻孔，锪镗或粗镗
G83	间歇进给	暂停	快速移动	深孔钻
G84	切削进给	暂停→主轴反转	切削进给	攻螺纹(右旋)
G85	切削进给	—	切削进给	精镗孔、铰孔
G86	切削进给	主轴停止	快速移动	粗镗孔
G87	切削进给	主轴正转	快速移动	背镗孔
G88	切削进给	暂停→主轴停止	手动移动	镗孔
G89	切削进给	暂停	切削进给	精镗(盲孔和台阶孔)

在本任务中加工普通孔(相对深孔)，主要介绍 G81、G82、G85、G86、G80 等指令。

(1) 钻孔循环 G81 指令。

指令格式：

```
G98
    G81X_Y_Z_R_F_;
G99
G80;
```

G81 指令动作如图 4-7 所示，指令各地址的意义如表 4-6 所示。

(2) 钻孔循环 G82 指令。

指令格式：

G98
G99   G82X_Y_Z_R_P_F_;

G80;

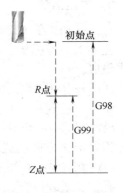

图 4-7　G81 指令动作

与 G81 格式类似，唯一的区别是：G82 在孔底有暂停动作，即当钻头加工到孔底位置时，刀具不作进给运动，并保持旋转状态(暂停时间由 P 代码指定，单位为 ms)，使孔的表面更光滑，在加工盲孔时提高了孔底的精度，一般用于扩孔、锪孔、镗台阶孔和钻盲孔。

表 4-6　指令地址意义

序　号	指令地址	意　义
1	G98、G99	到达孔底后快速返回平面的选择：G98，返回初始平面；G99，返回 R 参考平面
2	G81	表示钻孔循环指令
3	X_Y_	孔的 X、Y 坐标
4	Z_	孔底 Z 坐标
5	F_	进给速度(mm/min)
6	R_	参考平面的 Z 坐标
7	G80	取消循环指令

(3) 精镗循环 G85 指令。

G98
G99   G85X_Y_Z_R_F_;

G80;

G85 指令用于精镗孔加工，指令格式同 G81，镗削至孔底时，主轴无暂停，并以切削速度退回指定平面，如图 4-8 所示。这样可以高精度地完成孔加工而不损伤工件已加工表面，即常讲的正面精镗循环，亦可用于铰孔。

(4) 粗镗循环指令 G86。

G86 指令格式与 G85 相同，但退回动作有区别。G86 粗镗时，刀具沿着孔心 XY 值定位后，快速移动到 R 点，然后从 R 点到 Z 点执行镗孔，到达孔底时，刀具快速移动退回指定平面。

(5) 精镗循环指令 G76。

指令格式：

G98
G99   G76X_Y_Z_R_Q_P_F_;

G80;

G76 指令用于精镗孔加工。镗削至孔底时，主轴停止在定向位置，即准停，再使刀尖偏移离开加工表面，然后再退刀。这样可以高精度、高效率地完成孔加工而不损伤工件已加工表面。

程序格式中，Q 表示刀尖的偏移量，一般为正数，移动方向由机床参数设定。

G76 精镗循环的加工过程包括以下几个步骤。

①在 XY 平面内快速定位；②快速运动到 R 平面；③向下按指定的进给速度精镗孔；④孔底主轴准停；⑤镗刀偏移；⑥从孔内快速退刀。G76 精镗循环的工作过程如图 4-9 所示。

(6) 背镗循环 G87 指令。

指令格式：

G98G87X_Y_Z_R_Q_P_F_;

G80;

G87 背镗时，如图 4-10 所示，沿着孔位 XY 定位后，主轴在固定的旋转位置上停止。刀具在刀尖的相反方向上偏移 Q 值，并在孔底(R 点)定位(快速移动)，然后刀具在刀尖的方向上移动 Q 值并且主轴正转启动。沿 Z 轴正向镗孔至 Z 点，暂停 P 秒。在 Z 点，主轴再次停在固定的旋转位置，刀具在刀尖的方向作相反方向移动 Q 值，最后刀具返回至初始位置(只能返回初始位置，不返回 R 点)。

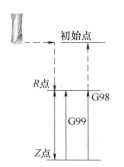

图 4-8　G85 指令动作

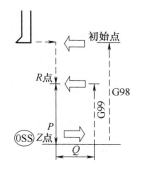

图 4-9　G76 指令动作

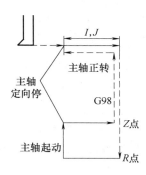

图 4-10　G87 指令动作

(7) 精镗循环 G88 指令。

指令格式：

G98

　　G88X_Y_Z_R_P_F_;

G99

G80;

G88 精镗时，刀具沿着孔位 XY 定位后，快速移动到 R 点，然后从 R 点到 Z 点执行镗孔，到达孔底时，执行暂停，然后主轴停止；刀具从孔底(Z 点)手动返回到 R 点，到 R 点后，主轴正转，并且执行快速移动初始位置。G88 指令动作如图 4-11 所示。

(8) 精镗循环 G89 指令。

指令格式：

G98

　G89X_Y_Z_R_P_F_;

G99

G80;

该循环与 G85 几乎相同，不同的是 G89 在孔底执行暂停，其指令动作如图 4-12 所示。

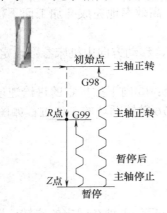

图 4-11　G88 指令动作

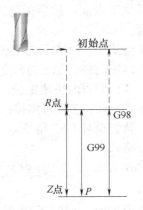

图 4-12　G89 指令动作

注意： (1) 指令取消。由于孔加工循环指令为模态指令，一旦某个孔加工循环指令有效，则在其他的孔加工方法指定前，或者在能够取消加工循环的 G 代码(G80、G01 等)被指定前均有效。取消循环有以下两种方法。

① 采用 G80 指令。执行 G80 指令后，固定循环(G73、G74、G76、G81~G89)功能被取消，R 点和 Z 点的参数以及除 F 外的所有孔加工参数均被取消。

② 01 组的 G 代码也会起到取消固定循环的作用，例如 G01、G02、G03 等。

(2) 轴切换。必须在改变钻孔轴之前取消固定循环。

(3) 加工。在不包含 X、Y、Z、R 或其他轴的程序段中，不执行相应加工。

(4) P。在执行孔加工的程序段中指定 P 暂停时间，作为模态数据被储存。

(5) Q。表示孔底的偏移量时在固定循环中保持模态值；在 G73 和 G83 中作为每一次的切削深度。

四、任务实施

1．确定装夹方案

工件选用机用平口钳装夹，校正平口钳固定钳口与工作台 X 轴方向平行，将 200mm×25mm 侧面贴近固定钳口后压紧，并校正工件上表面的平行度。

注意： 因孔为通孔，为避免加工时刀具与夹具碰撞，装夹时工件应上移 10mm 左右。为了保证孔的完整性，孔底 Z 值的绝对值应该大于孔深与麻花钻头锥尖高度两者之和 3~5mm。

2．确定加工方法和刀具

根据各孔的尺寸精度和表面质量要求确定其加工方法以及所用刀具，如表 4-7 所示。

3．确定切削用量

各刀具切削参数与长度补偿值如表 4-8 所示。

表 4-7　孔加工方案

加工内容	加工方法	选用刀具/mm
$4-\phi22^{+0.025}_{0}$	点孔—钻孔—扩孔—铰孔	$\phi3$ 中心钻，$\phi20$ 麻花钻，$\phi21.8$ 麻花钻，$\phi22$ 铰刀

表 4-8　刀具切削参数与长度补偿选用表

刀具参数	$\phi3$ 中心钻	$\phi20$ 麻花钻	$\phi21.8$ 麻花钻	$\phi22$ 铰刀
主轴转速/(r/min)	2200	500	500	200
进给率/(mm/min)	110	100	100	30
刀具长度补偿	H1/T1	H2/T2	H3/T3	H4/T4

4. 确定工件坐标系和对刀点

在 XOY 平面内确定以 O 点为工件原点，Z 方向以工件上表面为工件原点，建立工件坐标系，如图 4-1 所示，$4-\phi22$ 孔关于原点均匀分布，便于确定孔心位置尺寸。采用试切法把 O 点作为对刀点。

5. 编制参考程序

压板中普通孔(一般企业称为浅孔)的加工程序如表 4-9 所示。

表 4-9　普通孔的加工程序

程　　序	注　　释
O4001;	程序名
N0010G54G90G17G21G49G40;	程序初始化
N0020M03S2200;	主轴正转，转速 2200r/min
N0030G00G43Z150.0H1M08;	Z 向快速定位，调用刀具 1 号长度补偿，切削液开
N0040X75.0Y75.0;	X、Y 向快速定位
N0050G99G81Z-2.0R2.0F110;	打中心孔 1，进给率 110mm/min
N0060X-75.0;	打中心孔 2
N0070Y-75.0;	打中心孔 3
N0080X75.0;	打中心孔 4
N0090G49G80G00Z150.0;	取消固定循环，取消 1 号长度补偿
N0100M05;	主轴停转
N0110M00;	程序暂停，手动更换 2 号刀
N0120M03S500;	主轴正转，转速 500r/min
N0130G43G00Z100.0H2;	Z 轴快速定位，调用 2 号长度补偿
N0140G99G81X75.0Y75.0Z-30.0R5.0F100;	钻加工孔 1，进给率 100mm/min
N0150X-75.0;	钻加工孔 2
N0160Y-75.0;	钻加工孔 3
N0170X75.0;	钻加工孔 4

续表

程　序	注　释
N0180G49G80G00Z150.0;	取消固定循环,取消长度补偿,Z向快速定位
N0190M05;	主轴停转
N0200M00;	程序暂停,调用3号刀
N0210M03S500;	主轴正转,转速500r/min
N0220G43G00Z100.0H3;	Z轴快速定位,调用3号长度补偿
N0230G99G81X75.0Y75.0Z-30.0R5.0F100;	扩孔加工孔1,进给率100mm/min
N0240X-75.0;	扩孔加工孔2
N0250Y-75.0;	扩孔加工孔3
N0260X75.0;	扩孔加工孔4
N0270G49G80G00Z150.0;	取消固定循环,取消3号长度补偿
N0280M05;	主轴停转
N0290M00;	程序暂停,调用4号刀
N0300M03S200;	主轴正转,转速200r/min
N0310G43G00Z100.0H4;	Z轴快速定位,调用4号长度补偿
N0320G99G81X75.0Y75.0Z-30.0R5.0F30;	铰加工孔1,进给率30mm/min
N0330X-75.0;	铰加工孔2
N0340Y-75.0;	铰加工孔3
N0350X75.0;	铰加工孔4
N0360G49G00Z150.0M09;	取消固定循环,取消4号长度补偿,Z向快速定位 切削液关
N0370M05	主轴停转
N0380M30;	程序结束

6. 仿真加工

(1) 打开宇龙数控仿真加工界面,选择FANUC系统数控铣床。

(2) 机床回零点。

(3) 选择毛坯、材料、夹具,安装工件。

(4) 安装刀具。

(5) 建立工件坐标系。

(6) 上传NC程序。

(7) 自动加工。

7. 机床加工

1) 毛坯、刀具、工具、量具准备

刀具:$\phi3$中心钻,$\phi20$麻花钻,$\phi21.8$麻花钻,$\phi22$铰刀。

量具:$0\sim125$mm游标卡尺、$0\sim25$mm内径千分尺、深度尺、$0\sim150$mm钢尺(每组1套)。

材料:45钢。

(1) 将200mm×200mm×25mm的工件正确安装在机床上。

(2) 将$\phi3$中心钻正确安装在刀位上。

(3) 正确摆放所需工具、量具。

2) 程序输入与编辑

(1) 开机。

(2) 回参考点。

(3) 输入程序。

(4) 程序图形校验。

3) 零件的数控铣削加工

(1) 主轴正转。

(2) X、Y、Z 方向对刀，设置工件坐标系原点。

(3) 进行相应刀具参数设置。

(4) 自动加工。

五、零件检测

(1) 学生对加工完的零件进行自检。

学生使用游标卡尺、塞规等量具对零件进行检测。

(2) 教师与学生共同填写零件质量检测结果报告单，如附录 C 中的表 C-1 所示。

(3) 学生互评并填写考核结果报告，如附录 C 中的表 C-2 所示。

(4) 教师评价并填写考核结果报告，如附录 C 中的表 C-3 所示。

六、常见问题

(1) 加工时刀具与工件或夹具干涉。

措施：装夹时要考虑加工时刀具与夹具是否干涉，工件要找正后夹紧。编程时要考虑刀具与工件是否干涉。

(2) 编程和加工基准不重合。

措施：对刀时要考虑编程坐标系和加工坐标系原点是否重合，对刀后检验结果是否正确。

七、思考问题

(1) 如果图 4-1 中的 $4-\phi 22_{0}^{+0.025}$ 孔径改为 $4-\phi 8_{0}^{+0.012}$，应该采取什么样的孔加工方法？如果改为 $4-\phi 36_{0}^{+0.035}$ 呢？

(2) 如果图 4-1 中零件的材料由 45 钢未淬硬改为淬火后，应采取什么样的孔加工方法？

(3) 如果加工某一零件时，有直径小于 10mm、10mm 至 30mm、大于 30mm 的孔等多种孔，应采取什么样的加工顺序？

(4) 如果加工的孔深径比大于 5(深孔)，采取何种加工工艺和指令？

八、扩展任务

加工如图 4-13 所示的钻模板，材料为 45 钢。

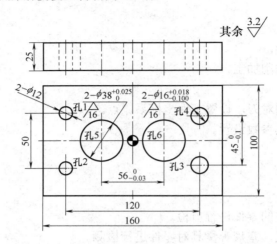

图 4-13　钻模板

1. 参考加工方法及刀具

根据各孔的尺寸精度和表面质量要求确定其加工方法以及所用刀具，如表 4-10 所示。

表 4-10　孔加工方案

加工内容	加工方法	选用刀具/mm
孔 1、孔 2	点孔—钻孔—扩孔	$\phi3$ 中心钻，$\phi10$ 麻花钻，$\phi12$ 麻花钻
孔 3、孔 4	点孔—钻孔—扩孔—铰孔	$\phi3$ 中心钻，$\phi0$ 麻花钻，$\phi15.8$ 麻花钻，$\phi16$ 铰刀
孔 5、孔 6	钻孔—扩孔—粗镗—精镗	$\phi20$、$\phi35$ 麻花钻，$\phi37.5$ 粗镗刀，$\phi38$ 精镗刀

2. 参考切削用量

各刀具的切削参数与长度补偿值如表 4-11 所示。

表 4-11　刀具切削参数与长度补偿选用表

刀具参数	$\phi3$ 中心钻	$\phi10$ 麻花钻	$\phi20$ 麻花钻	$\phi35$ 麻花钻	$\phi12$ 麻花钻	$\phi15.8$ 麻花钻	$\phi16$ 铰刀	$\phi37.5$ 粗镗刀	$\phi38$ 精镗刀
主轴转速/(r/min)	2200	650	350	300	550	400	220	850	1000
进给率/(mm/min)	110	100	70	20	80	80	30	80	40
刀具补偿	H1/T1	H2/T2	H3/T3	H4/T4	H5/T5	H6/T6	H7/T7	H8/T8	H9/T9

任务二　数控铣床深孔加工

一、任务导入

如图 4-14 所示为一液压缸导向套，其他外形尺寸与表面粗糙度已达到图纸要求，只需要加工 8-ϕ11 的螺栓过孔，材料为 45 钢。

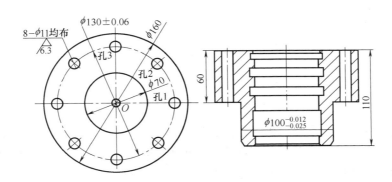

图 4-14　导向套

二、任务分析

图 4-14 中的 8-ϕ11 螺栓过孔(光孔)深度为 60mm，L/D=60/11＞5，属于深孔。在深孔加工中，如果用 G81 指令加工，为了最大限度地发挥钻头的切削性能，必须根据特定的深径比优化调整钻削速度和进给量。当钻削加工的深径比为 4：1 时，应将切削速度降低 20%，进给率减小 10%；当深径比为 5：1 时，应将切削速度降低 30%，进给率减小 20%；当深径比达到 6：1～8：1 时，应将切削速度降低 40%；此外，当深径比为 5：1～8：1 时，应将进给率减小 20%。这样一来降低了生产效率，且不排屑，刀具寿命降低。在数控加工中用深孔加工指令来解决排屑难、效率低等问题。

1．分析加工方案

(1) 导向套为回转体，装夹工件时选用何种夹具，如何进行装夹？

(2) 8-ϕ11 孔径尺寸精度为自由公差，表面粗糙度 R_a 为 6.3，根据所掌握的知识选择合理的加工方法。

(3) 8-ϕ11 孔以回转体轴心线为中心圆周均匀分布，依据孔位置的特点确定加工工艺路线，并选择相应的刀具，填写表 4-1。

2．选择合适的切削用量

确定加工方案和刀具后，要选择合适的刀具切削参数，并确定其相应的长度补偿值，填写表 4-2。

3．确定工件坐标系

依据简化编程、便于加工的原则，确定工件坐标系的原点。

三、相关理论知识

1．深孔循环加工指令

在生产一线，深孔循环加工常被称为啄式钻，即间歇钻削。深孔钻削指令有 G83 和 G73，其指令格式及功能如下：

1) 深孔钻 G83

指令格式：

```
G98
G99    G83X_Y_Z_R_P_Q_F_；
G80
```

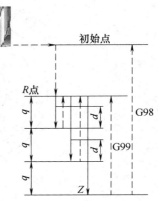

图 4-15 G83 指令动作

与 G81 指令的主要区别是：由于是深孔加工，采用间歇进给(分多次进给)，有利于排屑。每次进给深度为 Q，直到孔底位置为止，该指令由于钻孔时有多次提刀动作，每次提刀至 R 平面，如图 4-15 所示，因此钻孔效率较低。Q 为每次切削进给最大深度，单位为 mm。孔底可以暂停，用 P 指定暂停时间。

注意事项：

通常生产中对深径比大于 3 的孔要采用深孔加工，一是排屑方便，二是加工质量较好。G83 深孔钻用于细小孔和盲孔加工。

2) 高速深孔钻 G73

指令格式：

```
G98
G99    G73X_Y_Z_R_P_Q_F_；
G80
```

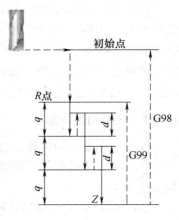

图 4-16 G73 指令动作

与 G83 指令的主要区别是：采用间歇进给(分多次进给)，该指令亦有多次提刀动作，每一次提刀高度通过设置系统内部参数 d 来控制，一般小于每次进给深度 Q 值，如图 4-16 所示。由于 G73 指令每次提刀高度小于 G83 的提刀高度，生产效率较高，被称为高速深孔钻。孔底可以暂停，用 P 指定暂停时间。

2．极坐标指令(G15，G16)

编程与加工中所用坐标系一般采用直角坐标系，但在回转体中进行孔加工时，用极坐标系方便，而且加工精度高。

1) 功能

终点坐标值可以用极坐标(半径与角度)输入。角度正向是所选平面的第 1 轴正向的逆时针转向，而负向是沿顺时针转动的转向。半径与角度可以用绝对值指令或增量值指令(G90、G91)指定。

2) 指令格式

G□□G△△G16;　　　//开始极坐标指令(极坐标方式)
G◇◇IP__;　　　　//极坐标加工指令
G15;　　　　　　　//取消极坐标指令或方式

说明如下。

(1) G16:极坐标指令。

(2) G□□:极坐标指令的平面选择 G17、G18 或 G19。

(3) G△△:绝对编程或增量编程方式。绝对编程方式 G90 指定工件坐标系的零点作为极坐标系的原点，从该点测量半径。增量编程方式 G91 指定当前位置作为极坐标系的原点，并从该点测量半径。

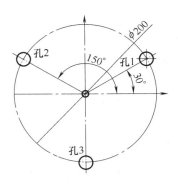

图 4-17　螺栓底孔

(4) G◇◇:加工准备功能指令，如 G00、G01 或 G81 等;IP:指定极坐标系选择平面的轴地址及其值。第 1 轴:极坐标半径，第 2 轴:极坐标极角。

(5) 编程举例:如图 4-17 所示三个螺栓底孔，孔深 20mm。

① 用绝对值指令指定角度和半径，如表 4-12 所示。

表 4-12　极坐标系下绝对编程程序

程 序 段	注 释
N10G17G90G16;	指定极坐标指令;选择 XY 平面;设定工件坐标系的零点作为极坐标系的原点
N20G99G81X100.0Y30.0Z-20.0R5.0F200;	加工孔 1(半径 100mm 且与 X 轴夹角 30°)
N30Y150.0;	加工孔 2(半径 100mm 且与 X 轴夹角 150°)
N40Y270.0;	加工孔 3(半径 100mm 且与 X 轴夹角 270°)
N50G15G80;	取消极坐标指令;取消固定循环指令

② 用增量值指令指定角度和半径，如表 4-13 所示。

表 4-13　极坐标系下增量编程程序

程 序 段	注 释
N10G17G91G16;	指定极坐标指令;选择 XY 平面;设定刀具所在位置作为极坐标系的原点(假设刀具在工件坐标系的零点的正上方)
N20G99G81X100.0Y30.0Z-25.0R5.0F200;	加工孔 1

续表

程 序 段	注 释
N30Y120.0;	加工孔2(孔2相对孔1角度增量为120°)
N40Y120.0;	加工孔3(孔3相对孔2角度增量为120°)
N50G15G80;	取消极坐标指令;取消固定循环指令

四、任务实施

1. 确定装夹方案

回转体零件选用三爪卡盘装夹,将导向套下端$\phi100_{-0.01}^{-0.025}$外圆面贴近三卡爪的内侧面,固定后夹紧,并校正工件上表面的平行度。

2. 确定加工方法和刀具

由于8-ϕ11孔径尺寸精度为自由公差,表面粗糙度R_a为6.3,故选用点孔—钻孔—扩孔的加工方法。8-ϕ11以回转体轴心线为中心圆周均匀分布,依据孔位置的特点选取极坐标系逆时针由孔1开始加工。避免了用直角坐标系时孔位置数值计算的工作量,而且加工精度较高。刀具、切削用量等如表4-14和表4-15所示。

表4-14 孔加工方案

加工内容	加工方法	选用刀具/mm
8-ϕ11	点孔—钻孔—扩孔	ϕ3中心钻,ϕ9.5麻花钻,ϕ11麻花钻

表4-15 刀具切削参数与长度补偿选用表

刀具参数	ϕ3中心钻	ϕ9.5麻花钻	ϕ11麻花钻
主轴转速/(r/min)	2200	650	550
进给率/(mm/min)	110	100	80
刀具补偿	H1/T1	H2/T2	H3/T3

3. 确定工件坐标系和对刀点

在XOY平面内确定以ϕ160为圆心,Z方向以工件上表面为工件原点,建立工件坐标系,如图4-14所示,8-ϕ11孔关于原点圆周均匀分布,便于确定孔心位置尺寸。采用试切法把O点作为对刀点。

4. 编制程序

参考程序如表4-16所示。

5. 仿真加工

过程见项目四中任务一的仿真加工。

6．机床加工

过程见项目四中任务一的机床加工。

表 4-16　深孔加工参考程序

程　　序	注　　释
O4002;	程序名
N0010G54G90G17G21G49G40;	程序初始化
N0020M03S2200;	主轴正转，转速 2200r/min
N0030G00G43Z150.0H1M08;	快速定位，调用刀具 1 号长度补偿，切削液开
N0040X0Y0;	X、Y 轴快速定位
N0050G17G90G16;	选择 XY 平面建立极坐标系
N0060G99G81X65.0Y0Z-2.0R3.0F110;	加工中心孔 1，进给率 110mm/min
N0070Y45.0;	加工中心孔 2
N0080Y90.0;	加工中心孔 3
N0090Y135.0;	加工中心孔 4
N0100Y180.0;	加工中心孔 5
N0110Y225.0;	加工中心孔 6
N0120Y270.0;	加工中心孔 7
N0130Y315.0;	加工中心孔 8
N0140G49G80G00Z150.0;	取消固定循环，取消 1 号长度补偿
N0150M05;	主轴停转
N0160M00;	程序暂停，手动更换 2 号刀
N0170M03S650;	主轴正转，转速 650r/min
N0180G43G00Z100.0H02;	Z 轴快速定位，调用 2 号长度补偿
N0190G99G83X65.0Y0.Z-62.0R5.0Q5.0F100;	深孔钻加工孔 1(也可用 G73 高速深孔钻指令)
N0200Y45.0;	深孔钻加工孔 2
N0210Y90.0;	深孔钻加工孔 3
N0220Y135.0;	深孔钻加工孔 4
N0230Y180.0;	深孔钻加工孔 5
N0240Y225.0;	深孔钻加工孔 6
N0250Y270.0;	深孔钻加工孔 7
N0260Y315.0;	深孔钻加工孔 8
N0270G49G00Z150.0;	取消固定循环，取消 2 号长度补偿，快速定位
N0280M05;	主轴停转
N0290M00;	程序暂停，手动更换 3 号刀
N0300M03S550;	主轴正转，转速 550r/min
N0310G43G00Z100.0H03;	Z 轴快速定位，调用 3 号长度补偿
N0320G99G82X65.0Y0.0Z-62.0R5.0P3000F60;	扩孔加工孔 1，进给率 60mm/min
N0330Y45.0;	扩孔加工孔 2
N0340Y90.0;	扩孔加工孔 3
N0350Y135.0;	扩孔加工孔 4
N0360Y180.0;	扩孔加工孔 5
N0370Y225.0;	扩孔加工孔 6
N0380Y270.0;	扩孔加工孔 7
N0390Y315.0	扩孔加工孔 8
N0400G15G49G00Z150.0M09;	取消极坐标、固定循环，长度补偿，切削液关
N0410M05;	主轴停转
N0420M30;	程序结束

五、零件检测

注意事项见项目四中任务一的零件检测。

六、常见问题

(1) 深孔加工指令不合适。

措施：加工深径比大于3的孔时采用深孔钻削，直径小于10mm的孔用G83指令，如果要提高生产效率，则考虑高速深孔钻G73指令。

(2) 使用直角坐标系，计算繁重。

措施：圆形分布孔，图纸上标注角度时，最好使用极坐标系。

(3) 加工顺序较乱。

措施：一般从平行X轴且在正方向位置处开始，顺时针或逆时针加工。

七、思考问题

(1) 如果将图4-14中的8-ϕ11孔径改为$8-\phi11^{+0.012}_0$，应该采取什么样的孔加工方法？

(2) 如果将图4-14中零件的材料由45钢未淬硬改为淬火后，应该采取什么样的孔加工方法？

(3) 如果图4-14中8-ϕ11孔的粗糙度改R_a为1.6，应该采取什么样的孔加工方法？

(4) 如果加工几件急用零件，其孔深径比大于5(深孔)，应该采取何种加工工艺和指令？

八、扩展任务

(1) 一缓冲活塞俯视图如图4-18所示，其厚度为105mm，现需要加工6-ϕ20和$\phi65^0_{-0.08}$ 7个孔，请选择合适的加工方案进行编程加工。

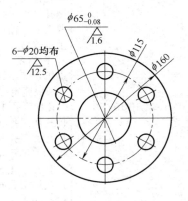

图4-18 缓冲活塞俯视图

(2) 一L形压板如图4-19所示，其厚度为10mm，现需要加工5-ϕ20的孔，由于压板配对使用，用户要求一次装夹10件进行孔加工，请选择合适的加工方案进行编程加工。

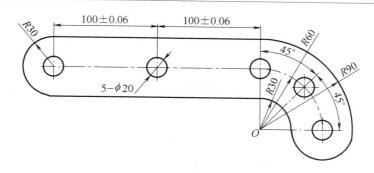

图 4-19 L 形压板

任务三 数控铣床螺纹孔加工

数控铣削中直径在 M20mm 以下的螺纹，在完成基孔(俗称底孔)后，通常采用攻螺纹的方法加工螺纹。直径在 M20mm 以上的螺纹，可采用镗刀镗削加工。

一、任务导入

如图 4-20 所示为一压盖，其他外形尺寸与表面粗糙度已达到图纸要求，只需要加工 5 个 M16-6H 的螺纹孔，材料为 45 钢。

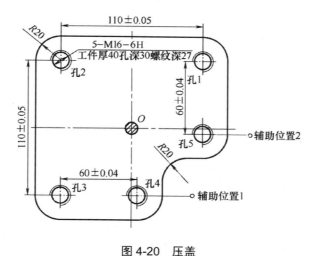

图 4-20 压盖

二、任务分析

如图 4-20 所示，压盖有 5 个 R20 的圆角，5 个孔深为 30mm 的 M16-6H 螺纹孔，螺纹深度为 27mm。

1．分析加工方案

(1) 压盖四方体缺少一个角，装夹时选用何种夹具，如何进行装夹？

(2) 根据所掌握的知识选择合理的方法加工 5-M16 螺纹孔。

(3) 根据 5-M16 螺纹孔的位置分布特点，确定加工工艺路线，并选择相应刀具，填写表 4-1。

2．选择合适的切削用量

确定加工方案和刀具后，要选择合适的刀具切削参数，并确定其相应的长度补偿值，填写表 4-2。

3．确定工件坐标系

依据简化编程、便于加工的原则，确定工件坐标系的原点。

三、相关理论知识

1．攻螺纹循环指令

右旋攻螺纹循环(G84)指令和左旋攻螺纹循环(G74)指令可以采用标准方式攻螺纹或刚性攻螺纹两种方法加工螺纹。

1) 标准方式攻螺纹

在标准方式中攻螺纹，使用辅助功能 M03、M04 和 M05，使主轴旋转和停止，并沿着攻螺纹轴移动。

(1) 右旋攻螺纹指令 G84。

指令格式：

```
G98
        G84X_Y_Z_R_P_F_;
G99
G80
```

指令格式与 G82 相同，动作上的主要区别是：主轴顺时针旋转执行攻螺纹，当到达孔底时，为了回退，主轴以相反方向旋转，直到返回动作完成。其顺序动作如图 4-21 所示。

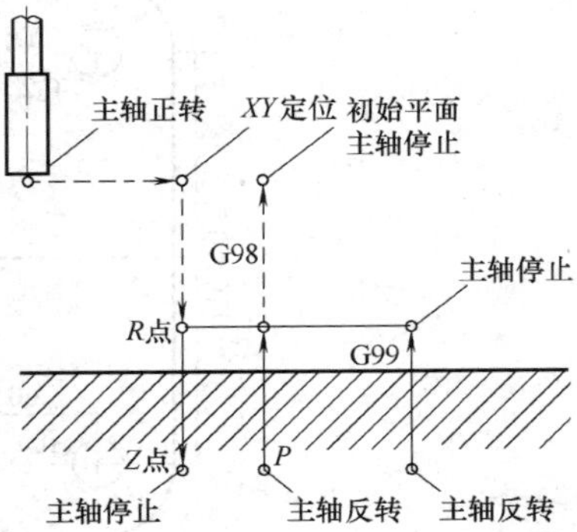

注意事项：

① 在攻螺纹期间进给倍率被忽略，进给量可以不等于螺纹导程。

② 暂停生效时，进给暂停，主轴不停止，直到返回动作完成，主轴停止。

③ 回退时主轴逆时针旋转。

(2) 左旋攻螺纹指令 G74。

图 4-21 G84 指令动作

指令格式：

```
G98
     G74X_Y_Z_R_P_F_;
G99
G80
```

指令格式与 G84 相同，动作相反：主轴逆时针旋转执行攻螺纹，当到达孔底时，为了回退，主轴以相反方向即顺时针旋转，直到返回动作完成。其顺序动作如图 4-22 所示。

注意事项：

① 回退时主轴顺时针旋转。

② 其他事项同 G84。

2）刚性攻螺纹

在刚性攻螺纹方式中，用主轴电动机控制攻螺纹过程，主轴电动机的工作和伺服电动机一样，由攻螺纹轴和主轴之间的插补来执行攻螺纹。刚性方式执行攻螺纹时，主轴每旋转一转，

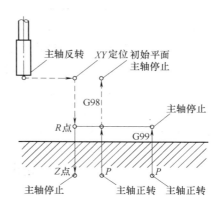

图 4-22　G74 指令动作

沿攻螺纹轴产生一定的进给(螺纹导程)。即使在加减速期间，这个操作也不变化。刚性方式不用标准攻螺纹方式中使用的浮动丝锥卡头，可以得到较快和较精准的攻螺纹。

（1）右旋刚性攻螺纹循环指令 G84。

指令格式：

```
G98
     G84X_Y_Z_R_P_F_;
G99
G80
```

指令格式与标准方式攻螺纹 G84 指令格式相同。顺序动作如图 4-23 所示：沿 X 轴和 Y 轴定位后，执行快速移动到 R 点。主轴正转(顺时针旋转)，从 R 点到 Z 点执行攻螺纹。当螺纹完成时，主轴停止并执行暂停，然后主轴以相反方向旋转，刀具退回 R 点，主轴停转。如果用 G98 功能，则快速移动到初始位置。

注意事项：

① 进给倍率。在攻螺纹期间进给倍率和主轴倍率为 100%。但是，回退的速度可以调到 200%。

② 进给速度 F。在每分钟进给方式中，进给速度=螺纹导程×主轴转速。在每转进给方式中，进给速度等于螺纹导程。

③ F 的单位，如表 4-17 所示。

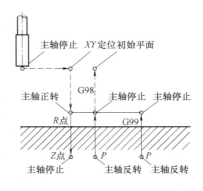

图 4-23　刚性攻螺纹 G84 指令动作

表 4-17 F 的单位

指　令	公制输入单位	英制输入单位	备　注
G94	mm/min	in/min	允许小数点编程
G95	mm/r	r/min	

④　刚性方式。在攻螺纹指令段前或段中指定 M29 S××××。

(2)　左旋刚性攻螺纹循环指令 G74。

指令格式与标准方式左旋攻螺纹 G74 指令格式相同。顺序动作如图 4-24 所示：沿 X 轴和 Y 轴定位后，执行快速移动到 R 点。主轴反转(逆时针旋转)，从 R 点到 Z 点执行攻螺纹。当螺纹完成时，主轴停止并执行暂停，然后主轴以相反方向旋转，刀具退回 R 点，主轴停转。如果用 G98 功能，则快速移动到初始位置。

注意事项同右旋刚性攻螺纹循环指令 G84。

(3)　刚性攻螺纹编程实例。

加工螺纹导程为 2mm(在加工中，主轴转一圈，螺纹刀在 Z 方向行进 2mm，一般称螺纹导程为

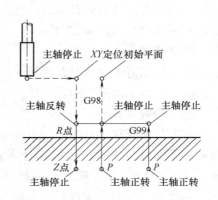

图 4-24　左旋刚性攻螺纹 G74 指令动作

2mm，其实应为 2mm/r)的螺纹孔，深度为 30mm，孔心位置：X=120mm，Y=100mm。如果主轴速度为 200r/min，计算其进给速度，然后编程。

刚性攻螺纹时，在每分钟进给方式中，进给速度=螺纹导程×主轴转速=2000mm/min；在每转进给方式中，进给速度=螺纹导程=2mm/r。参考程序如表 4-18 所示。

表 4-18　刚性攻螺纹程序和说明

进给方式	程　序	说　明
每分进给方式	G94;	指定每分进给指令
	G00X120.0Y100.0;	孔心定位
	M29S200;	指定刚性方式
	G84Z-30.0R5.0P1000F2000;	刚性攻螺纹(若左旋则用 G74)
每转进给方式	G95;	指定每转进给指令
	G00X120.0Y100.0;	孔心定位
	M29S200;	指定刚性方式
	G84Z-30.0R5.0P1000F2.0;	刚性攻螺纹(若左旋则用 G74)

2．消除反向间隙的走刀路线

走刀路线是数控加工过程中刀具相对于被加工件的运动轨迹和方向。走刀路线的确定非常重要，因为它与零件的加工精度和表面质量密切相关。

确定走刀路线的一般原则如下。

(1)　保证零件的加工精度和表面粗糙度。

(2) 方便数值计算，减少编程工作量。

(3) 缩短走刀路线，减少进退刀时间和其他辅助时间。

(4) 尽量减少程序段数。

(5) 消除反向间隙。

在这里重点介绍避免引入反向误差的问题。数控机床在反向运动时会出现反向间隙，在走刀路线中将反向间隙带入，就会影响刀具的定位精度，增加工件的定位误差。如果孔间的位置精度要求不高时可以采取图 4-25 中的走刀路线，这种路线存在一定的反向误差。反之，孔间位置精度要求较高(IT8 以下)时，需要消除反向误差，采取的走刀路线如图 4-26 所示。

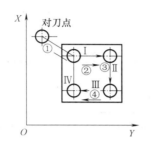

图 4-25 存在反向误差路线

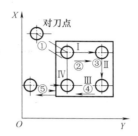

图 4-26 消除反向误差路线

四、任务实施

1. 确定装夹方案

由于压盖为缺少一个角的四方体，两边不对称，不宜选取机用平口钳；要加工的螺纹孔为盲孔，夹具可选用三块压板，如图 4-27 所示，校正工件上表面的平行度后压紧。装夹时要考虑加工时刀具与工件及夹具不能发生干涉。

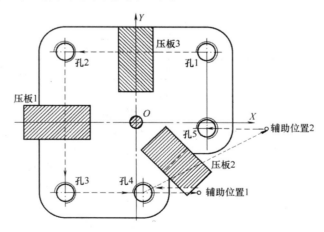

图 4-27 装夹方式及加工路线

2．确定加工方法和刀具

加工 5-M16 螺纹，需要先钻出底孔，再攻螺纹。故选用点孔－钻孔－攻螺纹的加工方法。孔间位置精度要求较高，为了避免机床无能运动时产生反向误差，设计的加工路线如图 4-27 所示。根据机械加工螺纹底孔规格标准 GB 2197—81 查得 M16-6H 螺纹底孔最大尺寸为 $\phi14.210$mm，最小尺寸为 $\phi13.835$mm，材料为钢件的推荐钻头直径为 14mm。本任务中 5-M16 螺纹孔的加工方案、刀具及切削参数如表 4-19 和表 4-20 所示。

表 4-19　孔加工方案

加工内容	加工方法	选用刀具/mm
5-ϕ14	点孔—钻孔	ϕ3 中心钻，ϕ14 麻花钻
5-M16-6H	攻螺纹	M16 丝锥

表 4-20　刀具切削参数与长度补偿选用表

刀具参数	ϕ3 中心钻	ϕ14 麻花钻	M16 丝锥
主轴转速/(r/min)	2200	500	100
进给率/(mm/min)	110	80	60
刀具补偿	H1/T1	H2/T2	H3/T3

3．确定工件坐标系和对刀点

以 XOY 平面内工件上表面 150mm×150mm 的中心为工件原点，建立工件坐标系，如图 4-27 所示。采用试切对刀方法时把 O 点作为对刀点。

4．编制程序

参考程序如表 4-21 所示。

表 4-21　螺纹孔加工参考程序

程　序	说　明
O4003;	程序名
N0010G54G90G17G21G49G40;	程序初始化
N0020M03S2200;	主轴正转，转速 2200r/min
N0030G00G43Z150.0H01M08;	快速定位，调用刀具 1 号长度补偿，切削液开
N0040Z30.0;	确定初始平面的位置
N0050X55.0Y55.0;	孔 1 的 X、Y 轴快速定位
N0060G99G81Z-2.0R5.0F110;	加工中心孔 1，进给率为 110mm/min(注意初始平面 Z 值要大于压板的上表面 Z 值 3～5mm)
N0070X-55.0;	加工中心孔 2
N0080Y-55.0;	加工中心孔 3
N0090G00X50.0;	到辅助位置 1 处，以消除孔 4 的反向误差

续表

程　序	说　明
N0100G99G81X5.0 Z-2.0R5.0F110;	加工中心孔 4
N0110G00X80.0Y-5.0;	到辅助位置 2 处，以消除孔 5 的反向误差
N0120G98G81X55.0Z-2.0R5.0F110;	加工中心孔 5
N0130G49G00Z150.0;	取消固定循环，取消 1 号长度补偿
N0140M05M09;	主轴停转，切削液关
N0150M00;	程序暂停，手动更换 2 号刀
N0160M03S500;	主轴正转，转速 500r/min
N0170G43G00Z100.0H02M08;	调用 2 号长度补偿，切削液开
N0180Z30.0;	确定初始平面的位置
N0190G99G73X55.0Y55.0Z-30.0R5.0Q5.0F80;	加工底孔 1，进给率 80mm/min
N0200X-55.0;	加工底孔 2
N0210Y-55.0;	加工底孔 3
N0220G00X50.0;	到辅助位置 1 处，以消除孔 4 的反向误差
N0230G99G73X5.0Z-30.0R5.0Q5.0F60;	加工底孔 4
N0240G00X80.0Y-5.0;	到辅助位置 2 处，以消除孔 5 的反向误差
N0250G98G73X55.0Y-5.0Z-30.0R5.0Q5.0F60;	加工底孔 5
N0260G49G00Z150.0M09;	取消固定循环，取消 2 号长度补偿，Z 轴快速定位，切削液关
N0270M05;	主轴停转
N0280M00;	程序暂停，手动更换 3 号刀
N0290M03S100;	主轴正转，转速 100r/min
N0300G43G00Z100.0H03M08;	Z 轴快速定位，调用 3 号长度补偿，切削液开
N0310Z30;	确定初始平面的位置
N0320G99G84X55.0Y55.0Z-27.0R5.0P1000F60;	加工螺纹孔 1，进给率为 60mm/min，并在孔底暂停 1 秒
N0330X-55.0;	加工螺纹孔 2
N0340Y-55.0;	加工螺纹孔 3
N0350G00X50.0;	到辅助位置 1 处，以消除孔 4 的反向误差
N0360G99G84X5.0Z-27.0R5.0P1000F50;	加工螺纹孔 4
N0370G00X80.0Y-5.0;	到辅助位置 2 处，以消除孔 5 的反向误差
N0380G98G84X55.0Y-5.0Z-27.0R5.0P1000F50;	加工螺纹孔 5
N0390G49G00Z150.0M09;	取消固定循环、长度补偿，切削液关
N0400M30;	程序结束

5. 仿真加工

过程见项目四中任务一的仿真加工。

6. 机床加工

过程见项目四中任务一的机床加工。

五、零件检测

注意事项见项目四中任务一的零件检测。

六、常见问题

(1) 孔加工方案不合理，直接攻螺纹。

措施：一般小于 M20 的螺纹孔要先加工底孔，再用丝锥攻螺纹；大于 M20 的螺纹孔要钻孔—镗孔—刚性镗螺纹。

(2) 孔加工路线不合理，存在反向误差。

措施：孔间位置精度要求较高时，应先越过孔心位置(快速至一辅助位置，一般不执行孔加工动作)，再回退至孔心加工该孔。

(3) G84 和 G74 中 F 值错。

措施：标准方式下攻螺纹时，F 与导程没有直接关系。刚性攻螺纹时，每转方式编程情况下 F 等于螺纹导程；每分钟方式编程情况下 F 等于螺纹导程与主轴转速的积。

七、思考问题

(1) 如果将图 4-14 中的 8-ϕ11 改为 8-M12，则应该采取什么样的加工方法和加工路线？

(2) 如果将图 4-20 中的 5-M16 改为 5-M30，则应该采取什么样的孔加工方法？

(3) 请采取刚性攻螺纹方式加工一孔心在(100, 50, -80)处的 M20 螺纹孔。

八、扩展任务

(1) 如图 4-28 所示为一法兰接头，现需要加工 2-M20 和 $\phi 40_{-0.08}^{0}$ 孔，请选择合适的装夹方案和加工方案进行编程加工。

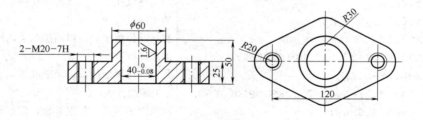

图 4-28 法兰接头

(2) 如图 4-29 所示为一连接盖，现需要加工 4-M16 螺纹孔、4-ϕ12/ϕ16 沉头孔以及 ϕ60H7 的光孔，请选择合适的装夹方案和加工方案进行编程加工。

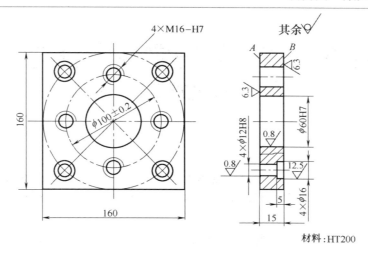

图 4-29　连接盖

习　　题

(1)　简述加工孔的 6 个顺序动作。

(2)　简述 G81、G82、G83、G84、G85、G86、G87 各指令的格式和具体动作。

(3)　简述直径不同的孔的加工顺序。

(4)　简述孔加工的方法。

(5)　孔加工用刀具有哪些？

(6)　孔加工时的注意事项有哪些？

(7)　简述加工螺纹孔的一般步骤。

项目五　复杂轮廓零件编程与加工
(用户宏程序的运用)

知识目标

(1) 了解用户宏程序的基本概念，熟悉用户宏程序的各类变量，能看懂宏程序。

(2) 会分析复杂轮廓零件的结构特点和加工工艺特点，能正确分析复杂轮廓零件的加工工艺。

(3) 能够进行复杂轮廓零件的工艺编制。

(4) 掌握用户宏程序的编程指令和编程格式，会使用 FANUC 数控系统的用户宏程序编制零件加工程序。

能力目标

(1) 针对加工零件，能分析复杂轮廓零件的结构特点、加工要求，理解加工技术要求。

(2) 会分析复杂轮廓零件的工艺性能，能正确选择设备、刀具、夹具与切削用量，能编制数控加工工艺卡。

(3) 能使用用户宏程序正确编制复杂轮廓零件的数控加工程序。

(4) 对于同一程序，能进行不同数控系统输入格式的转换。

学习情景

在数控加工中经常遇到一些复杂轮廓零件的加工，如椭圆型腔、半球体、均布孔和正多边形等，采用数控铣床编制宏程序对这些零件进行加工是最常用的加工方法。宏指令编程是指像高级语言一样，可以使用变量进行算术运算、逻辑运算和函数混合运算，此外还可以使用循环语句、分支语句和子程序调用语句等功能，并且用宏指令命令，可以给变量赋值。数控铣床使用宏程序编程可以显著增强机床的加工能力，同时可精简程序量。

用户宏功能是提高数控机床性能的一种特殊功能。将一群命令所构成的功能，如同子程序一样存入数控系统的存储体中，再把这些功能用一个命令作为代表，执行时只需要写出这个代表命令，就可以执行其功能。在这里，所存入的这一群命令叫作用户宏功能主体，简称宏程序(Macro Program)。这个代表命令称为用户宏命令，也称为宏调用命令。用户宏功能主体是一系列指令，相当于子程序体。既可以由机床生产厂提供，也可以由机床用户自己编制。当宏程序编制好并存入数控系统存储体(Memory Bank)后，操作者只要给宏程序赋予一定的变量(Variable)就可以使用。

任务一 椭圆内腔的数控铣削

一、任务导入

某生产厂家，要求对椭圆内腔轮廓进行精加工，粗加工和半精加工已经完成，如图 5-1 所示，材料为 45 钢。

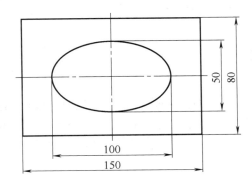

图 5-1 椭圆内腔零件

由于椭圆为高阶曲线，不能直接用圆弧插补指令来编程，设想将椭圆轮廓分成若干线段，在每个线段上做直线或圆弧插补，这时需要计算出这些线段端点的坐标，直接计算比较麻烦，可以将其坐标值用宏变量来表示。

二、任务分析

针对图 5-1 所示椭圆内腔零件的加工要求确定加工方案、使用刀具和切削用量。

1．分析加工方案

(1) 装夹工件时选用何种夹具，如何进行装夹？

(2) 根据椭圆内腔尺寸和加工精度选择合理的加工方法，确定加工工艺路线并选择相应的刀具，填写表 5-1。

表 5-1 椭圆内腔加工方案

加工内容	加工方法	选用刀具/mm

2．选择合适的切削用量

确定加工方案和刀具后，要选择合适的刀具切削参数，并确定其相应的长度补偿值，填写表 5-2。

表 5-2　刀具切削参数与长度补偿选用表

刀具参数	主轴转速/(r/min)	进给率/(mm/min)	刀具补偿

3．确定工件坐标系

依据简化编程、便于加工的原则，确定工件坐标系的原点。

三、相关理论知识

1．复杂轮廓零件加工刀具

1)　平底刀(立铣刀)

立铣刀一般有 3～4 个刀齿，用于加工平面、台阶、槽和相互垂直的平面，圆柱上的切削刃是主切削刃，端面上分布着副切削刃，如图 5-2 所示。工作时只能沿刀具的径向进给，而不能沿铣刀的轴线方向做进给运动。用立铣刀铣槽时槽宽有扩张，故应选用直径比槽宽略小的铣刀。

2)　球头刀

球头刀广泛应用于仿形铣、曲面铣、槽铣等加工方式，特别适合模具、叶片等复杂曲面加工及圆角清根的粗加工和半精加工，如大型汽车企业模具加工，汽轮机叶片的粗加工等应用于汽车、模具、航空、重工等行业的数控刀片，整体硬质合金刀具，可转位车刀，铣刀，镗刀及工具系统，如图 5-3 所示。

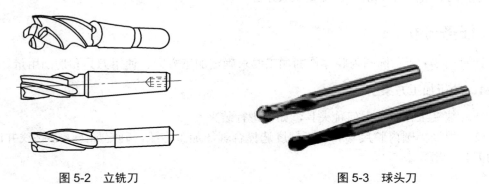

图 5-2　立铣刀　　　　　　　　　　　　图 5-3　球头刀

2．复杂轮廓零件的加工方案

考虑复杂轮廓零件加工表面的尺寸精度和粗糙度 R_a 值，零件的结构形状和尺寸大小、热处理情况、材料的性能以及零件的批量等。

(1)　尺寸精度：长度、深度等。

(2)　形状精度：圆度、圆柱度及轴线的直线度。

(3)　位置精度：同轴度、平行度、垂直度。

(4)　表面质量：表面粗糙度、表面硬度等。

3．宏程序的分类

用户宏功能的最大特点是在用户宏功能主体中能够使用变量；变量之间还能够进行运算；用户宏功能指令可以把实际值设定为变量，使用户宏功能更具通用性。用户宏功能有 A、B 两类。通常情况下，FANUC 0TD 系统采用 A 类宏程序，而 FANUC 0i 系统则采用 B 类宏程序。

1)　A 类宏程序

(1)　用户宏功能。

用户宏功能是提高数控机床性能的一种特殊功能。使用中，通常把能完成某一功能的一系列指令像子程序一样存入存储器，然后用一个总指令代表它们，使用时只需给出这个总指令就能执行其功能。

(2)　变量。

在常规的主程序和子程序内，总是将一个具体的数值赋给一个地址。为了使程序更具通用性、更加灵活，在宏程序中设置了变量，即将变量赋给一个地址。

变量可以用"#"号和跟随其后的变量序号来表示，例如：#i。将跟随在一个地址后的数值用一个变量来代替，即引入了变量。变量分为公共变量和系统变量两类，它们的用途和性质都不同。公共变量是在主程序和主程序调用的各用户宏程序内公用的变量。数控系统不同，各变量号的设置也不一样，使用时注意查看具体的操作说明书。0MC 系统公共变量的序号为：#100～#131，#500～#531。其中，#100～#131 公共变量在电源断电后即清零，重新开机时被设置为"0"；#500～#531 公共变量即使断电后，它们的值也保持不变，因此也称为保持型变量。

系统变量定义为：有固定用途的变量，它的值决定系统的状态。系统变量包括刀具偏置变量、接口的输入/输出信号变量、位置信息变量等。

(3)　宏功能相关指令。

①　宏程序调用指令 G65。

宏指令 G65 可以实现丰富的宏功能，包括算术运算、逻辑运算等处理功能。

一般形式：G65 Hm P#i Q#j R#k；

其中：m——宏程序功能，数值范围 01～99；

　　　　#i——运算结果存放处的变量名；

　　　　#j——被操作的第一个变量，也可以是一个常数；

　　　　#k——被操作的第二个变量，也可以是一个常数。

例如，当程序功能为加法运算时：

程序 P#100 Q#101 R#102；的含义为#100 = #101+#102。

程序 P#100 Q-#101 R#102；的含义为#100 = -#101+#102。

程序 P#100 Q#101 R150；的含义为#100 = #101+150。

②　宏功能运算及控制指令。

宏功能指令有算术运算指令、逻辑运算指令、三角函数指令和控制类指令。

算术运算指令如表 5-3 所示。

表 5-3　算术运算指令

G 码	H 码	功　能	定　义
G65	H01	定义,替换	$\#i = \#j$
G65	H02	加	$\#i = \#j + \#k$
G65	H03	减	$\#i = \#j - \#k$
G65	H04	乘	$\#i = \#j \times \#k$
G65	H05	除	$\#i = \#j / \#k$
G65	H21	平方根	$\#i = \sqrt{\#j}$
G65	H22	绝对值	$\#i = |\#j|$
G65	H23	求余	$\#i = \#j - \mathrm{trunc}(\#j / \#k) \cdot \#k$
		—	trunc:丢弃小于 1 的分数部分
G65	H24	BCD 码→二进制码	$\#i = \mathrm{BIN}(\#j)$
G65	H25	二进制码→BCD 码	$\#i = \mathrm{BCD}(\#j)$
G65	H26	复合乘/除	$\#i = (\#i \times \#j) \div \#k$
G65	H27	复合平方根 1	$\#i = \sqrt{\#j^2 + \#k^2}$
G65	H28	复合平方根 2	$\#i = \sqrt{\#j^2 + \#k^2}$

下面简单介绍算术运算指令的应用。

- 变量的定义和替换 $\#i = \#j$

  指令格式:`G65 H01 P#i Q#j;`

  例:`G65 H01 P#101 Q1005;(#101 = 1005)`

  　　`G65 H01 P#101 Q-#112;(#101 = -#112)`

- 加法 $\#i = \#j + \#k$

  指令格式:`G65 H02 P#i Q#j R#k;`

  例:`G65 H02 P#101 Q#102 R#103;(#101 = #102+#103)`

- 减法 $\#i = \#j - \#k$

  指令格式:`G65 H03 P#i Q#j R#k;`

  例:`G65 H03 P#101 Q#102 R#103;(#101 = #102-#103)`

- 乘法 $\#i = \#j \times \#k$

  指令格式:`G65 H04 P#i Q#j R#k;`

  例:`G65 H04 P#101 Q#102 R#103;(#101 = #102×#103)`

- 除法: $\#i = \#j / \#k$

  指令格式:`G65 H05 P#i Q#j R#k;`

  例:`G65 H05 P#101 Q#102 R#103;(#101 = #102/#103)`

- 平方根 $\#i = \sqrt{\#j}$

  指令格式:`G65 H21 P#i Q#j;`

  例:`G65 H21 P#101 Q#102;(#101=√#102 )`

- 绝对值 $\#i = |\#j|$

  指令格式:`G65 H22 P#i Q#j;`

例：G65 H22 P#101 Q#102;(#101=|#102|)

- 复合平方根 1 $\#i = \sqrt{\#j^2 + \#k^2}$

  指令格式：G65 H27 P#i Q#j R#k;

  例：G65 H27 P#101 Q#102 R#103;($\#101 = \sqrt{\#102^2 + \#103^2}$)

- 复合平方根 2 $\#i = \sqrt{\#j^2 - \#k^2}$

  指令格式：G65 H28 P#i Q#j R#k;

  例：G65 H28 P#101 Q#102 R#103;($\#101 = \sqrt{\#102^2 - \#103^2}$)

逻辑运算指令如表 5-4 所示。

表 5-4　逻辑运算指令

G 码	H 码	功　能	定　义
G65	H11	逻辑"或"	$\#i = \#j \cdot OR \cdot \#k$
G65	H12	逻辑"与"	$\#i = \#j \cdot AND \cdot \#k$
G65	H13	异或	$\#i = \#j \cdot XOR \cdot \#k$

以下是逻辑运算指令的使用方法。

- 逻辑或 $\#i = \#j\ OR\ \#k$

  指令格式：G65 H11 P#i Q#j R#k;

  例：G65 H11 P#101 Q#102 R#103;(#101 = #102 OR #103)

- 逻辑与 $\#i = \#j\ AND\ \#k$

  指令格式：G65 H12 P#i Q#j R#k;

  例：G65 H12 P#101 Q#102 R#103;(#101 = #102 AND #103)

三角函数指令如表 5-5 所示。

表 5-5　三角函数指令

G 码	H 码	功　能	定　义
G65	H31	正弦	$\#i = \#j \cdot SIN(\#k)$
G65	H32	余弦	$\#i = \#j \cdot COS(\#k)$
G65	H33	正切	$\#i = \#j \cdot TAN(\#k)$
G65	H34	反正切	$\#i = AT\ AN(\#j/\#k)$

其使用方法如下：

- 正弦函数 $\#i = \#j \times SIN(\#k)$

  指令格式：G65 H31 P#i Q#j R#k;(单位：度)

  例：G65 H31 P#101 Q#102 R#103;(#101 = #102×SIN(#103))

- 余弦函数 $\#i = \#j \times COS(\#k)$

  指令格式：G65 H32 P#i Q#j R#k;(单位：度)

  例：G65 H32 P#101 Q#102 R#103;(#101 = #102×COS(#103))

- 正切函数 $\#i = \#j \times TAN\#k$

  指令格式：G65 H33 P#i Q#j R#k;(单位：度)

例：G65 H33 P#101 Q#102 R#103;(#101 = #102×TAN(#103))

- 反正切 #i = ATAN(#j/#k)

  指令格式：G65 H34 P#i Q#j R#k;(单位：度，0°≤#j ≤360°)

  例：G65 H34 P#101 Q#102 R#103;(#101 = ATAN(#102/#103))

控制类指令如表 5-6 所示，使用方法简单介绍如下：

表 5-6 控制类指令

G 码	H 码	功　能	定　义
G65	H80	无条件转移	GOTO n
G65	H81	条件转移 1	IF #j = #k, GOTO n
G65	H82	条件转移 2	IF #j≠#k, GOTO n
G65	H83	条件转移 3	IF #j>#k, GOTO n
G65	H84	条件转移 4	IF #j<#k, GOTO n
G65	H85	条件转移 5	IF #j≥#k, GOTO n
G65	H86	条件转移 6	IF #j≤#k, GOTO n
G65	H99	产生 PS 报警	PS 报警号 500+n 出现

- 无条件转移

  指令格式：G65 H80 Pn;(n 为程序段号)

  例：G65 H80 P120;(转移到 N120)

- 条件转移 1 #j EQ #k(=)

  指令格式：G65 H81 Pn Q#j R#k;(n 为程序段号)

  例：G65 H81 P1000 Q#101 R#102;

  当#101 = #102 时，转移到 N1000 程序段；若#101≠#102，执行下一程序段。

- 条件转移 2 #j NE #k(≠)

  指令格式：G65 H82 Pn Q#j R#k;(n 为程序段号)

  例：G65 H82 P1000 Q#101 R#102;

  当#101≠ #102 时，转移到 N1000 程序段；若#101 = #102，执行下一程序段。

- 条件转移 3 #j GT #k (>)

  指令格式：G65 H83 Pn Q#j R#k;(n 为程序段号)

  例：G65 H83 P1000 Q#101 R#102;

  当#101 > #102 时，转移到 N1000 程序段；若#101≤#102，执行下一程序段。

- 条件转移 4 #j LT #k(<)

  指令格式：G65 H84 Pn Q#j R#k;(n 为程序段号)

  例：G65 H84 P1000 Q#101 R#102;

  当#101<#102 时，转移到 N1000；若#101≥#102，执行下一程序段。

- 条件转移 5 #j GE #k(≥)

  指令格式：G65 H85 Pn Q#j R#k;(n 为程序段号)

  例：G65 H85 P1000 Q#101 R#102;

  当#101≥#102 时，转移到 N1000；若#101<#102，执行下一程序段。

● 条件转移 6 #j LE #k(≤)

指令格式：`G65 H86 Pn Q#j Q#k;`(n 为程序段号)

例：`G65 H86 P1000 Q#101 R#102;`

当#101≤#102 时，转移到 N1000；若#101>#102，执行下一程序段。

注意：
- 由 G65 规定的 H 码不影响偏移量的任何选择。
- 如果用于各算术运算的 Q 或 R 未被指定，则作为 0 处理。
- 在分支转移目标地址中，如果序号为正值，则检索过程是先向大程序号查找，如果序号为负值，则检索过程是先向小程序号查找。
- 转移目标序号可以是变量。

2) B 类宏程序

(1) 宏程序的定义和宏指令。

宏程序是由用户编写的专用程序，它类似于子程序，可用规定的指令作为代号，以便调用。宏程序的代号称为宏指令。

(2) 变量。

普通加工程序直接用数值指定 G 代码和移动距离，例如，G01 和 X100.0。使用用户宏程序时，数值可以直接指定或用变量指定，例如：#1= #2+100，G01 X#1 F300。当用变量时，变量值可用程序或用 MDI 面板上的操作改变。

① 变量的表示

计算机允许使用变量名，用户宏程序不行。变量用变量符号(#)和后面的变量号指定，例如：#1。表达式可用于指定变量号。此时，表达式必须封闭在括号中。

例如：`#[#1+#2-12]`

② 变量的类型。

根据变量号可以将变量分成四种类型，如表 5-7 所示。

表 5-7 变量的类型

变量号	变量类型	功能
#0	空变量	该变量总是空，没有值能赋给该变量
#1～#33	局部变量	局部变量只能用在宏程序中存储数据，例如，运算结果。当断电时，局部变量被初始化为空。调用宏程序时，自变量对局部变量赋值
#100～#199 #500～#999	公共变量	公共变量在不同的宏程序中的意义相同。当断电时，变量#100～#199 初始化为空。变量#500～#999 的数据保存，即使断电也不丢失
#1000～	系统变量	系统变量用于读和写 CNC 运行时各种数据的变化，例如，刀具的当前位置和补偿值

③ 变量值的范围。

局部变量和公共变量可以有 0、-10^{47}～-10^{-29} 或 10^{-29}～10^{47} 值，如果计算结果超出有效范围，则发出 P/S 报警 NO.111。

④ 小数点的省略。

当在程序中定义变量值时，小数点可以省略。

例：当定义"#1=123;"时，变量#1 的实际值是 123.000。

⑤ 变量的引用。

为了在程序中使用变量值，指令后跟变量号的地址。当用表达式指定变量时，要把表达式放在括号中。

例如：G01X[#1+#2]F#3;

被引用变量的值根据地址的最小设定单位自动舍入。

例如：

当 G00X#;以 1/1000mm 的单位执行时，CNC 把 12.3456 赋值给变量#1，实际指令值为 G00X12.346;。

引用负变量，要把负号(−)放在#的前面。

例如：G00X−#1;

当引用未定义的变量时，变量及地址都被忽略。

例如：当变量#1 的值是 0，并且变量#2 的值为空时，G00X#1 Y#2 的执行结果为"G00X0;"。

⑥ 未定义的变量。

当变量值未定义时，这样的变量称为"空"变量。变量#0 总是空变量。它不能写，只能读。

(3) 宏程序调用。

宏程序可以用 G 代码和 M 代码调用。G 代码调用宏程序时，可以用非模态指令(G65)调用，也可以用模态指令(G66 和 G67)调用。

本书只介绍非模态调用和模态调用宏程序，详细内容请查看各数控机床的操作说明书。

调用指令格式如下。

① 非模态调用(G65)。

指令格式：G65 P(宏程序号) L(重复次数) (变量分配);

调用宏程序时可用两种形式的自变量指定，自变量指定Ⅰ和自变量指定Ⅱ。自变量指定Ⅰ使用除 G、L、O、N 和 P 以外的字母，每个字母指定一次。自变量指定Ⅱ使用 A、B、C 和 I_i、J_i、K_i(i 为 1～10)。根据使用的字母，自动决定自变量指定的类型。自变量指定Ⅰ如表 5-8 所示，自变量指定Ⅱ如表 5-9 所示。

表 5-8 自变量指定Ⅰ

地　址	变　量　号	地　址	变　量　号	地　址	变　量　号
A	#1	I	#4	T	#20
B	#2	J	#5	U	#21
C	#3	K	#6	V	#22
D	#7	M	#13	W	#23
E	#8	Q	#17	X	#24
F	#9	R	#18	Y	#25
H	#11	S	#19	Z	#26

注意：● 地址 G、L、O、N 和 P 不能在自变量中使用。
　　　● 不需要指定的地址可以省略，对应于省略地址的局部变量设为空。
　　　● 地址不需要按指定顺序指定。但应符合字地址可变程序段格式。但是 I、J 和 K 需要按字母顺序指定。I、J、K 的下标用于确定自变量指定的顺序，在实际编程中不写。

表 5-9　自变量指定Ⅱ

地　址	变量号	地　址	变量号	地　址	变量号
A	#1	K_3	#12	J_7	#23
B	#2	I_4	#13	K_7	#24
C	#3	J_4	#14	I_8	#25
I_1	#4	K_4	#15	J_8	#26
J_1	#5	I_5	#16	K_8	#27
K_1	#6	J_5	#17	I_9	#28
I_2	#7	K_5	#18	J_9	#29
J_2	#8	I_6	#19	K_9	#30
K_2	#9	J_6	#20	I_{10}	#31
I_3	#10	K_6	#21	J_{10}	#32
J_3	#11	I_7	#22	K_{10}	#33

② 模态调用(G66，G67)。

指令格式：G66　P(宏程序号)　L(重复次数)(变量分配)；

宏程序的编写格式与子程序相同。

(4) 算术和逻辑运算。

算术运算有：变量的定义和替换；加减运算；乘除运算；函数运算；运算的组合；括号的应用。

算术和逻辑运算如表 5-10 所示。运算符如表 5-11 所示。

表 5-10　算术和逻辑运算

功　能	格　式	备　注
赋值	#i=#j	有时亦称为定义
加法	#i=#j+#k;	—
减法	#i=#j-#k;	
乘法	#i=#j*#k;	
除法	#i=#j/#k;	
正弦	#i=SIN[#j];	角度以度指定，90°30′表示为 90.5°
反正弦	#i=ASIN[#j];	
余弦	#i=COS[#j];	
反余弦	#i=ACOS[#j];	
正切	#i=TAN[#j];	
反正切	#i=ATAN[#j]/[#k];	

续表

功　能	格　式	备　注
平方根	#i=SQRT[#j];	
绝对值	#i=ABS[#j];	
舍入	#i=ROUND[#j];	
上取整	#i=FUX[#j];	—
下取整	#i=FIX[#j];	
自然对数	#i=LN[#j];	
指数函数	#i=EXP[#j];	
或	#i=#jOR#k;	
异或	#i=#jXOR#k;	逻辑运算一位一位地按二进制数执行
与	#i=#jAND#k;	
从 BCD 转为 BIN	#i=BIN[#j];	用于与 PMC 的信号交换
从 BIN 转为 BCD	#i=BCD[#j];	

表 5-11　运算符

运　算　符	含　义
EQ	等于(=)
NE	不等于(≠)
GT	大于(>)
GE	大于或等于(≥)
LT	小于(<)
LE	小于或等于(≤)

(5) 宏程序语句。

宏程序语句是指：包含算术和逻辑运算(=)的程序段；包含控制语句(例如，GOTO，DO，END)的程序段；包含宏程序调用指令(例如，用 G65、G66、G67 或其他 G 代码、M 代码调用宏程序)的程序段。

(6) 转移和循环。

在程序中，使用 GOTO 语句和 IF 语句可以改变控制的流向，有三种转移和循环语句可供使用：GOTO 语句(无条件转移)；IF 语句(条件转移：IF…THEN…)；WHILE 语句(当……时循环)。

下面分别详细介绍：

① 无条件转移(GOTO 语句)。

转移到标有顺序号 n 的程序段。

指令格式：GOTO n;n 为顺序号(1～9999)

例如：

```
GOTO 2;
GOTO #12;
```

② 条件转移(IF 语句)。

● IF [条件表达式] GOTO n;

例：IF [#1GT20] GOTO 4;

⋮

N4 G00G91X30.0;

● IF [条件表达式] THEN;

例：IF [#2EQ#4] THEN #5=0;

③ 循环(WHILE 语句)。

在 WHILE 后指定一个条件表达式。当指定条件满足时，执行从 DO 到 END 之间的程序。否则，转到 END 后的程序段。

指令格式：WHILE [条件表达式] DO m;

⋮

END m;

在 DO…END 循环中的标号(1 到 3)可根据需要多次使用。但是，当程序有交叉重复循环(DO 范围的重叠)时，会出现报警。

四、任务实施

1．确定装夹方案

工件选用机用平口钳装夹，校正平口钳固定钳口与工作台 X 轴方向平行，将工件侧面贴近固定钳口后压紧，并校正工件上表面的平行度。

2．确定加工方法和刀具

加工方法与刀具选择如表 5-12 所示。

表 5-12　椭圆内腔加工方案

加工内容	加工方法	选用刀具/mm
椭圆内腔	铣削	$\phi 10$ 铣刀

3．确定切削用量

(1) 铣削背吃刀量 a_p 的确定。

铣削加工的背吃刀量 a_p 按照经验值，精加工时取 0.1～0.5mm。

(2) 铣削进给速度 F 的确定。

进给速度根据经验值取 120mm/min。

(3) 铣削主轴转速 n 的确定。

主轴速度根据经验值取 1000r/min。

刀具切削参数与长度补偿值如表 5-13 所示。

表 5-13　刀具切削参数与长度补偿号选用表

刀具参数	背吃刀量/mm	主轴转速/(r/min)	进给速度/(mm/min)	刀具长度补偿
ϕ 10 铣刀	0.5	1000	120	H01

4．确定工件坐标系和对刀点

在 XOY 平面内确定以 O 点为工件原点，Z 方向以工件上表面为工件原点，建立工件坐标系，如图 5-4 所示。采用手动对刀方法把 O 点作为对刀点。椭圆长半轴 a=50mm，长半轴 b=25mm。P 为椭圆圆周上任一点，过 P 点做垂直 X 轴的直线，交 X 轴于 A 点，交ϕ100 圆圆周于 B 点，则 θ 为椭圆的离心角，ρ 为椭圆的标准角。$P(X，Y)$点坐标 X=a*cos$[\theta]$，Y=b*sin$[\theta]$。

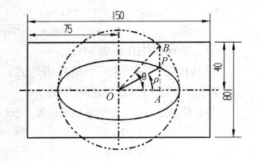

图 5-4　工件坐标系示意图

5．编制加工程序

加工程序如表 5-14 所示。

表 5-14　椭圆内腔零件加工参考程序

程　序	说　明
O5001;	程序名
N10G54G90G40G17;	设工件坐标系，程序初始化
N20G42G00X0Y0D01;	X、Y 快速定位，并添加刀补
N30X50.M03S1000;	X 方向微动，完整建立刀补，转速为 1000r/min
N40Z.0;	Z 轴快速定位
N50G01Z-4.0F60;	Z 向垂直进刀
N60#1=50.0;	长半轴赋给#1
N70#2=25.0;	短半轴赋给#2
N80#3=0;	离心角初始值赋给#3
N90#4=#1*COS[#3];	计算 P 点 X 坐标
N100#5=#2*SIN[#3]	计算 P 点 Y 坐标
N110G01X[#4]Y[#5]F120;	直线插补
N120#3=#3+1.0;	离心角自加 1 度(步距角)
N130IF[#3LE360.0]GOTO90;	判断语句
N140G01Z-2.0F60;	Z 向退刀，刀具离开工件
N150G00Z100.0M05;	Z 向快速退刀，主轴停转
N160G00G40X0Y0;	回到刀具的 X、Y 初始位置，取消刀补
N170M30;	程序结束

> **注意:**某些数控系统默认弧度单位,故将程序中的 360 改成 2*π(或 2*3.14),步距角改成 3.14/180,单位为度。

6．仿真加工

(1) 打开宇龙数控仿真加工软件,选择数控铣床。

(2) 机床回零点。

(3) 选择毛坯、材料、夹具、安装工件。

(4) 安装刀具。

(5) 建立工件坐标系。

(6) 上传 NC 程序。

(7) 自动加工。

零件的仿真加工轨迹和加工效果如图 5-5 和图 5-6 所示。

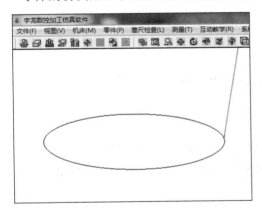

图 5-5 零件椭圆内腔的精加工轨迹

图 5-6 零件椭圆内腔的仿真加工效果

7．机床加工

(1) 毛坯、刀具、工具、量具的准备。

刀具: ϕ10 铣刀。

量具: 0～125mm 游标卡尺、0～25mm 内径千分尺、深度尺、0～150mm 钢尺、三坐标测量机。

材料: 45 钢,尺寸为 150mm×80mm×20mm。

① 将 150mm×80mm×20mm 的毛坯正确安装在机床上。

② 将 ϕ10 铣刀正确安装在主轴上。

③ 正确摆放所需工具、量具。

(2) 程序输入与编辑。

① 开机。

② 回参考点。

③ 输入程序。

④ 程序图形校验。

(3) 零件的数控铣削加工。

① 主轴正转。

② X 向对刀，Y 向对刀，Z 向对刀，设置工件坐标系。

③ 进行相应刀具参数设置。

④ 自动加工。

五、零件检测

(1) 学生对加工完的零件进行自检。

学生使用游标卡尺、塞规、三坐标测量机等量具对零件进行检测。

(2) 教师与学生共同填写零件质量检测结果报告单，如表 C-1 所示。

(3) 学生互评并填写考核结果报告，如表 C-2 所示。

(4) 教师评价并填写考核结果报告，如表 C-3 所示。

六、常见问题

编程和加工基准不重合。

措施：对刀时要考虑编程坐标系和加工坐标系原点是否重合。

七、思考问题

(1) 对图 5-1 中带有椭圆型腔的零件进行粗加工应该采取什么样的加工方法？

(2) 对图 5-1 中带有椭圆型腔的零件进行半精加工应该采取什么样的加工方法？

八、扩展任务

如图 5-7 所示为一旋转椭圆凸台，粗加工后直径方向留有 1mm 余量，底面处有 0.5mm 的余量，试编制宏程序并进行精加工。

提示：先按图 5-8 椭圆凸台进行编制程序，然后在切削前添加旋转功能程序段即可。参考程序结构如表 5-15 所示。

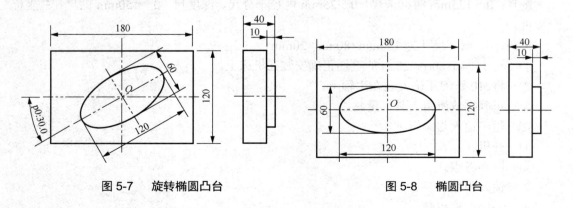

图 5-7　旋转椭圆凸台　　　　　　　图 5-8　椭圆凸台

表 5-15　旋转椭圆凸台部分参考程序

程　序	说　明
O5011;	程序名
N10G54G90G40G17;	设工件坐标系,程序初始化
N20G68X0Y0R30.;	将下面程序中的加工路线旋转 30°
N30G42G00X100.Y-20.D01;	X、Y 快速定位,并添加刀补
N40X80.M03S1000;	X 方向微动,完整建立刀补,转速为 1000r/min
N50Z-5.;	Z 轴快速定位
N60G01Z-10.F60;	Z 向垂直进刀
N70#1=60.;	长半轴赋给#1
N80#2=30.;	短半轴赋给#2
N90#3=0;	离心角初始值赋给#3
……	省略部分宏程序
N140G01Z-8.0F60;	Z 向退刀,刀具离开工件
N150G00Z100.0M05;	Z 向快速退刀,主轴停转
N160G00G40X0Y0;	回到刀具的 X、Y 初始位置,取消刀补
N170G69;	取消旋转功能
N180M30;	程序结束

任务二　半球体的数控铣削

一、任务导入

　　某生产厂家,要求加工一个半球体,球体半径为 40mm,零件如图 5-9 所示,材料为 45 钢。

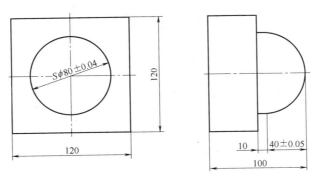

图 5-9　半球体零件

二、任务分析

1. 分析加工方案

(1) 工件选用机用平口钳装夹,校正平口钳固定钳口与工作台 X 轴方向平行,将工件侧面贴近固定钳口后压紧，并校正工件上表面的平行度。

(2) 加工方法与刀具选择如表 5-16 所示。

表 5-16 半球体零件加工方案

加工内容	加工方法	选用刀具/mm
圆柱体	铣削	ϕ 50 平底刀，长 140
半球体	铣削	ϕ 10 球头刀，长 120

2. 选择合适的切削用量

确定加工方案和刀具后，要选择合适的刀具切削参数，并确定其相应的长度补偿值，如表 5-17 所示。

表 5-17 刀具切削参数与长度补偿选用表

刀具参数	主轴转速/(r/min)	进给率/(mm/min)	刀具补偿
ϕ 50 立铣刀	800	200	H1/T1
ϕ 10 球头刀	1500	300 和 2000 两种	H2/T2

3. 确定工件坐标系

加工圆柱体时，在 XOY 平面内确定以 O 点为工件原点，Z 方向以工件上表面为工件原点，建立工件坐标系。采用手动对刀方法把零件上端面中心作为对刀点。加工半球体时，在 XOY 平面内确定以 O 点为工件原点，Z 方向以球体中心为工件原点，建立工件坐标系。采用手动对刀方法把球体中心作为对刀点，如图 5-10 所示。

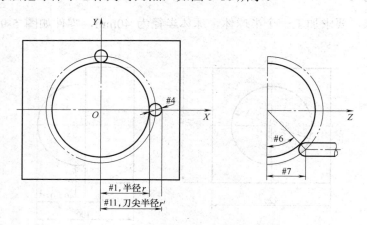

图 5-10 加工半球体时工件坐标系设定示意图

三、任务实施

1. 编制程序

圆柱体加工参考程序如表 5-18 所示(坐标系 Z 方向零点在毛坯上表面所在平面)。

表 5-18　圆柱体加工参考程序

程　　序	说　　明
O5002;	程序名
G54G17G90G40;	程序初始化
G00X65.0Y100.0;	X、Y 轴快速定位
G43Z50.0H01;	Z 轴快速定位,调用刀具 1 号长度补偿
M03S800;	主轴正转,转速为 800r/min
G00Z0;	快速定位到 Z=0 的平面
#1=40.0;	球体半径为 40mm
#2=0;	工件上平面坐标
N5G41G01Z[#2-5.0]D01F200;	每层下刀 5mm
X#1Y0;	建立半径补偿至 X 轴顶点
#101=360.0;	角度变量赋初值 360
N10#102=#1*COS[#101];	X 坐标值变量
#103=#1*SIN[#101];	Y 坐标值变量
G01X#102Y#103;	圆加工
#101=#101-1.0;	角度每次增量为 1°
IF[#101GE0]GOTO10;	如果角度大于等于 0,循环继续
G00Z20.0;	Z 向退刀
G40X65.0Y100.0;	回到加工起点
#2=#2-5.0;	每层平面坐标值减 5mm
IF[#2GE-50.0]GOTO5;	未到 Z-50,循环继续
G00Z50.0;	Z 向退刀
M05;	主轴停转
M30;	程序结束

　　球体加工参考程序如表 5-19 所示(坐标系 Z 方向零点在毛坯上表面下方 50mm 处)。

表 5-19　球体加工参考程序

程　　序	说　　明
O5003;	程序名
G54G17G90G40;	程序初始化
G28;	回机床参考点
G44H02Z60.0;	Z 轴快速定位,调用刀具 2 号长度补偿
#1=40.0;	球体半径为 40mm
#4=5.0;	刀具半径为 5mm
#17=2.0;	环绕圆一周时的角度递增量为 2
#18=1.5;	自下而上分层时角度递增量为 1.5(能整除)
M03S1500;	主轴正转,转速为 1500r/min
N5G00X0Y0Z50.0;	X、Y、Z 轴快速定位

续表

程 序	说 明
#11=#1+#4;	刀具中心在球面 X 方向上的最大长度
#6=0;	自下而上分层时角度自变量,赋初始值为 0(起点与 X 轴重合,终点为 90°)
WHILE[#6LT90]DO1;	当#6 小于 90,即还没到 Z 向圆顶时,循环 1 继续
#9=#11*COS[#6];	计算任意层时(随#6 的角度变化)刀心在 X 上的长度
#7=#11*SIN[#6];	任意层时刀心在 Z 上的长度
N10G00X[#9+#4]Y#4;	X、Y 轴移到切入起点坐标
N20Z[#7-#4];	Z 轴移到层的加工表面
N30G03X#9Y0R#4F300;	圆弧切入
#5=0;	圆周初始角赋值
WHILE[#5LE360]DO2;	当#5 小于或等于 360° 时,循环 2 继续,完成一周的铣削
#15=#9*COS[#5];	X 坐标值
#16=#9*SIN[#5];	Y 坐标值
N40G01X#15Y#16F2000;	直线拟合插补段
#5=#5+#17;	圆周角度递增量赋值
END2;	每层圆周加工循环结束
N50G03X[#9+#4]Y-#4R#4;	圆弧切出
N60G00Z[#7-#4+1.0];	Z 轴提刀
N70Y#4;	Y 轴从切出点移到切入起点
#6=#6+#18;	分层角度递增量赋值
END1;	循环 1 结束
N80G00Z100.0;	Z 向退刀
X100.0Y100.0;	X、Y 轴退刀
M05;	主轴停转
M30;	程序结束

2．仿真加工

仿真、机床加工及检测过程参考项目五中任务一的操作。零件的仿真加工路线和效果如图 5-11～图 5-14 所示。

图 5-11　圆柱体仿真加工效果

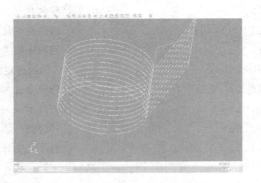

图 5-12　圆柱体仿真加工轨迹

图 5-13　球体仿真加工效果

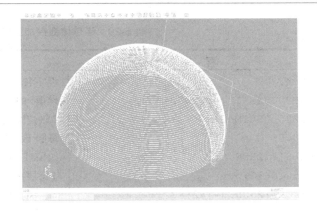

图 5-14　球体仿真加工轨迹

四、常见问题

编制程序没有问题，加工时刀具与工件或夹具干涉。

措施：程序开始运行时刀具的初始位置要合理，否则仿真轨迹运行的时候刀具容易碰到工件，有时可以通过先回参考点的方法来避免这个问题。

五、思考问题

(1)　如果球体零件采用下列编程方法加工，加工程序如表 5-20 所示(坐标系 Z 方向零点在毛坯上表面所在平面)，试比较一下，在加工精度上有没有区别？

某生产厂家，要求精加工一半球体，球体半径为 50mm，加工零件仿真效果和轨迹如图 5-15 和图 5-16 所示，工件外形尺寸与表面粗糙度已达到图纸要求，粗加工和半精加工已经完成，材料为 45 钢。

(2)　总结归纳曲面轮廓铣削加工中出现的问题和解决办法。

(3)　分析刀具补偿精度问题，考虑保证零件加工精度和表面粗糙度要求应采取的措施。

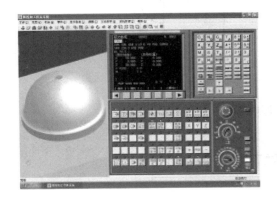

图 5-15　圆球零件仿真加工效果

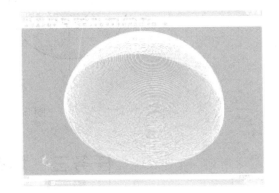

图 5-16　圆球零件仿真加工轨迹

表 5-20 半球体数控加工参考程序

程 序	说 明
O5004;	程序名
G90G00G54X-10.0Y0M03S4500;	设第一工件坐标系，主轴正转，转速为 4500r/min
G43Z50.0H01M08;	Z 轴快速定位，调用刀具 1 号长度补偿
#1=0.5;	每层下刀 0.5mm
WHILE[#1LE50.0]DO1;	如果#1 小于或等于 50，循环 1 继续
#2=50.0-#1;	任意层离球心的距离
#3=SQRT[2500.0-[#2*#2]];	任意层圆加工半径
G01Z[-#1]F20;	Z 向每次进刀距离
X[-#3]F500;	X 方向移到切入起点坐标
G02I[#3];	任意层圆弧插补
#1=#1+0.5;	高度增量为 0.5
END1;	循环 1 结束
G00Z50.0M05;	Z 向退刀，主轴停转
M30;	程序结束

六、扩展任务

如图 5-17 所示的圆球零件，毛坯为 ϕ100 棒料，外轮廓不需加工，工件材料为铝合金。该零件为圆弧面曲面加工，圆弧表面粗糙度 R_a 为 3.2，需采用粗、精加工，一般用立铣刀等高铣削来粗加工，用球头铣刀来精加工，请选择合适的加工方案进行编程加工。

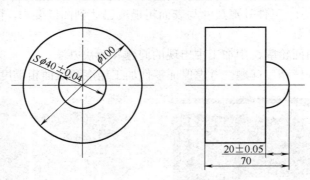

图 5-17 圆球零件

任务三　均布孔数控加工

一、任务导入

如图 5-18 所示为一均布孔零件，厚度为 20mm，其他外形尺寸与表面粗糙度已达到图纸要求，只需要加工 13-ϕ10 通孔，材料为 45 钢。

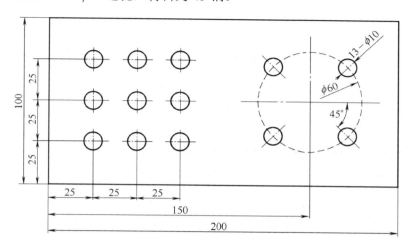

图 5-18　均布孔零件

二、任务分析

1．分析加工方案

均布孔有圆周孔和矩阵孔两种，加工时选择合适的加工方法。

(1)　均布孔零件毛坯为长方体，装夹时选用何种夹具，如何进行装夹？

(2)　根据所掌握的知识选择合理的方法加工 13-ϕ10 通孔。

(3)　根据所加工孔的位置分布特点，确定加工工艺路线，并选择相应刀具，填写表 5-1。

2．选择合适的切削用量

确定加工方案和刀具后，要选择合适的刀具切削参数，并确定其相应的长度补偿值，填写表 5-2。

3．确定工件坐标系

依据简化编程、便于加工的原则，确定工件坐标系的原点。

三、任务实施

1．确定装夹方案

该零件选取机用平口钳，校正工件上表面的平行度后压紧。装夹时要考虑加工时刀具与工件及夹具不能发生干涉。

2．确定加工方法和刀具

先加工矩阵孔，再加工圆周孔。本任务中 13-ϕ10 通孔的加工方案、刀具及切削参数如表 5-21 和表 5-22 所示。

表 5-21　孔加工方案

加工内容	加工方法	选用刀具/mm
13-ϕ10	钻孔	ϕ10 钻头

表 5-22　刀具切削参数与长度补偿选用表

刀具参数	主轴转速/(r/min)	进给率/(mm/min)	刀具补偿
ϕ10 钻头	500	100	无

3. 确定工件坐标系和对刀点

在 *XOY* 平面内加工矩阵孔时，确定以工件上表面左下角为工件原点，建立工件坐标系，加工圆周孔时，以中心圆圆心为工件原点，建立工件坐标系。本任务中设了两个工件坐标系。采用手动试切法对刀。

4. 编制程序

均布孔加工参考程序如表 5-23 所示。

表 5-23　均布孔加工参考程序

程　序	说　明
O5005;	程序名
G54;	设第一工件坐标系
S500M03;	主轴正转，转速为 400r/min
G00Z50.0;	Z 轴快速定位
#101=25.0;	#101=右上孔 X 坐标
#102=25.0;	#102=右上孔 Y 坐标
#103=25.0;	#103=X 方向间隔
#104=25.0;	#104=Y 方向间隔
#106=3;	#106=Y 方向孔数
WHILE[#106GT0]DO1;	如果 Y 向孔数大于 0 则执行循环
#105=3;	#105=X 方向孔数
WHILE[#105GT0]DO2;	如果 X 向孔数大于 0 则执行循环
G90G98G81X#101Y#102Z-22.0R15.0F100;	钻孔
#101=#101+#103;	X 坐标更新
#105=#105-1;	X 方向孔数减 1
END2;	循环结束
#101=#101-#103;	X 坐标修正
#102=#102+#104;	Y 坐标更新
#103=-#103;	X 方向钻孔方向反转
#106=#106-1;	Y 方向孔数减 1
END1;	循环结束

续表

程　　序	说　　明
G55;	设第二工件坐标系
G00Z50.0;	Z轴快速定位
#101=0;	#101=孔的计数
#2=4;	#2=孔个数
#18=30.0;	#18=中心圆半径
#111=45;	#111=角度计数
WHILE[#101LT#2]DO1;	当孔数还小于要求数时做循环
#120=#18*COS[#111];	计算孔的 X 坐标
#121=#18*SIN[#111];	计算孔的 Y 坐标
G90G98G81X#120Y#121Z-22.0R15.0F100;	钻孔
#101=#101+1;	孔计数加 1
#111=45+360*#101/#2;	计算下一个孔的角度
END1;	循环结束
M30;	程序结束

5. 仿真加工

仿真、机床加工及检测过程参考项目五中任务一的操作。零件的仿真加工路线和效果图如图 5-19 和图 5-20 所示。

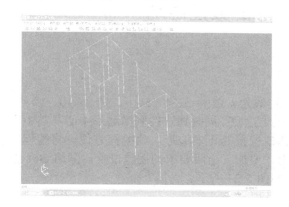

图 5-19　均布孔零件的仿真加工路线

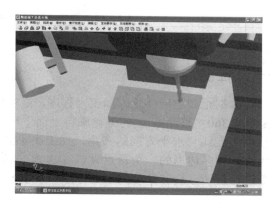

图 5-20　均布孔零件的仿真加工效果

四、常见问题

钻孔厚度不同，孔加工固定循环指令如何选择。

措施：根据孔的加工精度和加工厚度合理选择加工指令。

五、思考问题

(1) 如果钻孔厚度增加，应该采取什么样的加工方法和加工路线？

(2) 如果孔的加工精度增加，应该采取什么样的孔加工方法？

六、扩展任务

(1) 如图 5-21 所示,在边长为 100mm 的正方形上钻 8 个孔,正方形的中心作为 O 点,Z 向零点设在工件的上表面,孔深为 35mm,采用用户宏程序编写其加工程序。

(2) 试用宏指令编程的方法编制加工如图 5-22 所示的均布孔,请选择合适的加工方案进行编程加工。

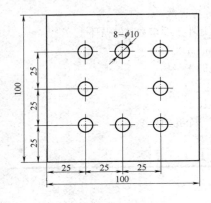

图 5-21　矩阵孔零件

图 5-22　均布孔零件

任务四　正多边形的数控铣削

一、任务导入

编制正多边形外轮廓加工宏程序,能实现边数为 n 边(n=3、4、5、6、8、9、10、12 等,n 能被 360° 整除即可)的外轮廓自上而下环绕分层加工,同时通过控制多边形中心与其中一顶点的连线与水平方向的夹角,加工出不同摆放位置的正多边形。为编程方便,将编程起始点,即多边形的一个顶点 A 放在 X 水平轴上,要加工出所要求的摆放位置,需用 G68 指令进行旋转,旋转角度为 OA 与 OA' 的夹角,如图 5-23 所示。

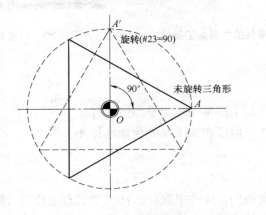

图 5-23　坐标系旋转前

现在需要加工如图 5-24 所示的一正多边形零件，其他外形尺寸与表面粗糙度已达到图纸要求，只需要加工正六边形的外轮廓，材料为 45 钢。

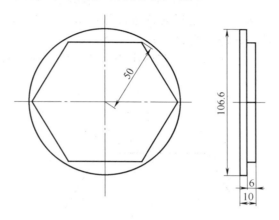

图 5-24　正多边形零件

二、任务分析

如图 5-24 所示为正六边形，外接圆的直径为 100mm，六边形轮廓台阶高为 6mm，用刀具半径为 10mm 的平底立铣刀，每层加工间距为 2mm。按任务导入中的原理，可以控制六边形中心与其中一顶点的连线与水平方向的夹角，加工出不同摆放位置的正六边形。如图 5-24 所示为一正六边形零件，六边形中心与其中一顶点的连线与水平方向的夹角恰好为 0°，因此需要编制旋转 0° 后的正六边形宏程序。

1．分析加工方案

(1) 正六边形零件毛坯是圆柱形，装夹时选用何种夹具，如何进行装夹？

(2) 根据所掌握的知识选择合理的方法加工正六边形。

(3) 根据正六边形外轮廓的位置分布特点，确定加工工艺路线，并选择相应刀具，填写表 5-1。

2．选择合适的切削用量

确定加工方案和刀具后，要选择合适的刀具切削参数，并确定其相应的长度补偿值，填写表 5-2。

3．确定工件坐标系

依据简化编程、便于加工的原则，确定工件坐标系的原点。

三、任务实施

1．确定装夹方案

该零件为圆柱形毛坯，宜选取三爪卡盘装夹，校正工件上表面的平行度后夹紧。装夹时要考虑加工时刀具与工件及夹具不能发生干涉。

2．确定加工方法和刀具

加工正六边形，以刀具中心点编程(不用半径补偿功能)，编程起始点为 X 轴上的 A 点，沿顺时针方向进行加工。因为正多边形的各边长总是相等，边长之间的夹角也相等，可以用极坐标编程方式，循环完成每一边的加工。

设计的加工路线如图 5-25 所示。本任务中正六边形外轮廓的加工方案、刀具及切削参数如表 5-24 和表 5-25 所示。

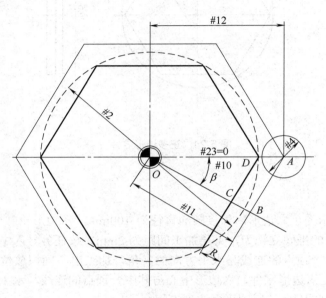

图 5-25　六边形加工编程设置

表 5-24　正六边形加工方案

加工内容	加工方法	选用刀具/mm
正六边形外轮廓	铣削	ϕ20 平底立铣刀

表 5-25　刀具切削参数与长度补偿选用表

刀具参数	主轴转速/(r/min)	进给率/(mm/min)	刀具补偿
ϕ20 平底立铣刀	800	200	无

3．确定工件坐标系和对刀点

在 XOY 平面内确定以工件上表面 ϕ120mm 的中心作为工件原点，建立工件坐标系。采用试切法对刀。

4．宏程序使用变量

1)　初始变量的设置

```
#1=6;                  //正多边形的边数
#2=100.0;              //正多边形外接圆的直径
#3=6.0;                //轮廓加工的高度尺寸值
#4=10.0;               //刀具半径(平底立铣刀)
#5=0;                  //Z向加工起始点坐标，设为自变量，赋初始值Z0(工件上表面)
#15=2.0;               //分层加工的层间距
#23=0;                 //正多边形旋转角度(正三角形为90°，正四边形为45°)
```

2)　宏程序中的变量及表达式

应用极坐标编程，需计算极坐标和极角。

(1) #10，夹角β。在多边形中心与某边中点做一连线 OC，OC 与 OD 之间的夹角 β 设为变量#10，赋值表达式为#10=180/#1(180 除以边数)。

(2) 以刀具中心点编程，要计算出极半径 OA，需确定△AOB 中 OB 的边长，计算 OB 边长首先要确定 OC 边长。

在△OCD 中，已知∠β(#10)，边长 OD(外接圆半径，#2/2)，根据三角函数定义，余弦 cos 等于邻边比斜边，即 cosβ=OC/OD，那么 OC=OD*cosβ=#2/2*cos[#10]。

#11，OB 边长。在△AOB 中，OB=OC+BC(刀具半径 r 为#4)，设 OB 边长为变量#11，赋值表达式为#11=#2/2*cos[#10]+#4。

#12，极半径 OA 边长。那么在△AOB 中，已知 OB 和∠β，余弦 cos 等于邻边比斜边的定义，即 cosβ=OB/OA，那么 OA=OB/cosβ，设 OA 变量为#12，赋值表达式为#12= #11/cos[#10]。

(3) 转移循环设计。

① 以极角变化次数循环加工边数。

```
#17=1;                      //极角变化次数，初始值为1
WHILE[#17LE#1]DO2;          //当极角变化次数小于或等于正多边形边数时，循环2继续
G01Y[-#17*[#10*2]] ;        //极坐标，旋转编程顺时针方向加工正多边形的边长，Y为极
                             角，每加工一边极角依次递减2β
#17=#17+1;                  //极角变化次数递加到边数即结束循环
END2;
```

② 深度分层加工循环次数。

```
WHILE[#5LE#3]DO1;          //加工深度循环判断
    ⋮
#5=#5+#15;                 //每层加工坐标递增层间距值
END1;
```

5．编制程序

正六边形数控加工参考程序如表 5-26 所示。

表 5-26　正六边形数控加工参考程序

程　序	说　明
O5006;	程序名
G54G90G40G49 G15G69G17;	程序初始化
#1=6;	正多边形的边数
#2=100.0;	正多边形外接圆的直径
#3=6.0;	轮廓加工的高度尺寸值
#4=10.0;	刀具半径(平底立铣刀)
#5=0;	Z 向加工起始点坐标，设为自变量，赋初值 Z0
#15=2.0;	分层加工的层间距
#23=0;	OA 与水平 X 轴的正向夹角(正三角形为 90°，正六边形为 0)
G00X0Y0Z30.0M03S800;	移动工件原点，主轴正转，转速为 800r/min
G68X0Y0R#23;	以多边形中心为原点进行坐标系旋转#23 的角度
G16;	极坐标编程
#10=180/#1;	计算角度 β，180 除以边数
#11=#2/2*COS[#10]+#4;	计算 OB 边长(计算 OA 的条件)
#12=#11/COS[#10];	计算加工起点的极坐标，OA 边长
X#12Y0;	快速移到加工起点 A
WHILE[#5LE#3]DO1;	加工深度循环判断
G00Z[-#5+1.0];	下刀到加工平面上方 1mm 处
G01Z-#5F200;	刀具进给移到加工平面坐标位置(初始起点 Z0，自上而下)
#17=1;	极角变化次数，初始值为 1
WHILE[#17LE#1]DO2;	当极角变化次数小于或等于正多边形边数时，循环 2 继续
G01Y[-#17*[#10*2]];	极坐标，X 极径不变，Y 为极角(每加工一边极角依次递减 2β)
#17=#17+1;	极角变化次数递增到边数即结束循环
END2;	跳出循环 2
#5=#5+#15;	每层加工坐标递增层间距值
END1;	到达 Z 向加工深度，跳出循环 1
G00Z30.0;	抬刀
G15;	取消极坐标方式
G69;	取消坐标系旋转
M30;	程序结束

6. 加工及检测

仿真、机床加工及检测过程参考项目五中任务一的操作。零件的仿真加工路线和效果如图 5-26 和图 5-27 所示。

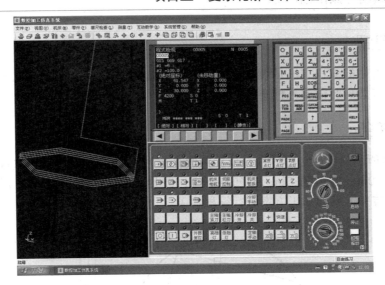

图 5-26　正六边形零件的仿真加工轨迹

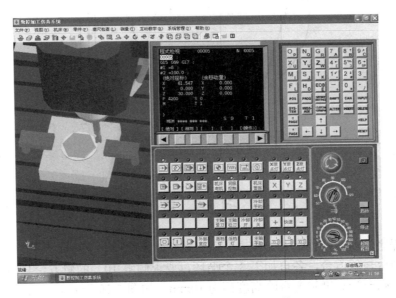

图 5-27　正六边形零件的仿真加工效果

四、常见问题

(1) 零件摆放位置不知如何保证。

措施：根据边数算，为编程方便，将编程起始点，即多边形的一个顶点 A 放在 X 水平轴上，如图 5-23 所示。

(2) 加工边数不同的正多边形，如何加工。

措施：只需改变初始变量即可，其他的程序内容可以不变。

五、思考问题

(1) 该任务中的编程方法是否适合加工边数不能被360°整除的正多边形?

(2) 加工多边形时需要几种变量?

六、扩展任务

如图 5-28 所示的正四边形零件,外接圆的直径为 120mm,四边形轮廓台阶高为 6mm,用刀具半径为 50mm 的平底立铣刀,每层加工间距为 2mm,加工旋转 61°后的正四边形,请选择合适的装夹方案和加工方案进行编程加工。

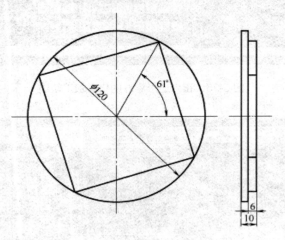

图 5-28 正四边形零件

习 题

(1) 宏程序的功能是什么?宏程序变量有哪些?

(2) 切圆台与斜方台,各自加工 3 个循环,要求倾斜 10°的斜方台与圆台相切,圆台在方台之上,圆台阶高度和方台阶高度都为 10mm,如图 5-29 所示。

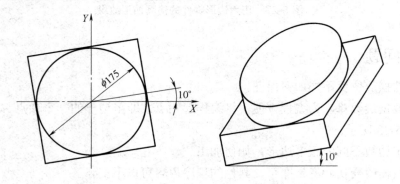

图 5-29 圆台和斜方台零件

（3）编写 G73 高速钻孔循环的宏程序。

（4）用宏程序和子程序功能顺序加工圆周等分孔。设圆心在 O 点，它在机床坐标系中的坐标为$(X0, Y0)$，在半径为 r 的圆周上均匀地钻几个等分孔，起始角度为 α，孔数为 n。以零件上表面为 Z 向零点，如图 5-30 所示。

（5）根据给出的数据，用用户宏程序功能加工圆周等分孔。如图 5-31 所示，在半径为 50mm 的圆周上均匀地钻 8-ϕ10 的等分孔，孔底 Z 坐标值为-20mm，第一个孔的起始点角度为 30°，设圆心为 O 点，以零件的上表面为 Z 向零点。

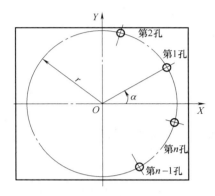

图 5-30　n 等分孔零件

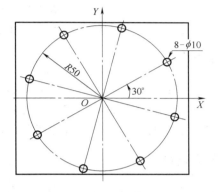

图 5-31　八等分孔零件

项目六　典型零件的数控铣削

知识目标

(1) 会分析典型零件的结构特点和加工工艺特点，能正确确定其加工工艺。
(2) 会用 FANUC 0i 数控系统指令对简单零件进行综合手工编程。
(3) 会用 UG 软件对复杂轮廓零件进行自动编程。

能力目标

(1) 针对加工零件，能正确制定加工工艺。
(2) 能合理选择设备、刀具、夹具与切削用量。
(3) 能使用 UG 软件进行建模和仿真加工，并会编辑自动生成的程序。

学习情景

在生产中经常要加工一些典型零件，如多层凸台、深凹腔、孔系等综合零件。对于常规轮廓和孔数不算多的零件可以进行手工编程，对于含有椭圆形状、抛物线形状及三维曲面等的复杂轮廓零件，无法再使用手工编程，需要借助软件进行计算机辅助自动编程。本项目中前四个任务为较复杂零件的手工编程，后六个任务主要介绍复杂轮廓零件的自动编程及仿真加工过程。

任务一　凸台零件数控铣削

一、任务导入

图 6-1 所示为一凸台外轮廓加工零件，毛坯为 ϕ80mm×30mm 的棒料，工件上下表面已经加工，其尺寸和粗糙度等均符合图纸规定，现在只加工凸台的外轮廓，材料为 45 钢。

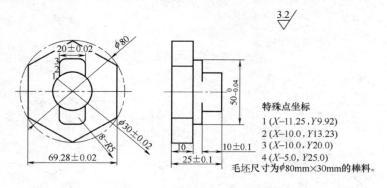

图 6-1　凸台零件

二、任务分析

1．图纸工艺分析

(1) 毛坯为ϕ80mm×30mm 的棒料，材料为 45 钢。

(2) 该零件主要由三个不同外形的台阶组成，其中六方形对边长度、圆柱体直径以及键的长宽均有公差要求，工件表面粗糙度要求为 $R_a 3.2 \mu m$，加工精度要求较高。

2．确定装夹方案和工件原点

(1) 该零件以底面为定位基准，选用平口虎钳夹紧定位。

(2) 工件上表面的中心为工件坐标系原点，以此为工件坐标系编程。

3．确定加工方案

根据零件形状及加工精度要求，一次装夹完成所有的加工内容，可按照基准面先加工，以先粗后精的原则确定加工顺序，并选择合适刀具，如表 6-1 所示。

表 6-1　零件加工方案

加工内容	加工方法	选用刀具
(1) 六边形凸台	粗铣	ϕ16mm 立铣刀
(2) 带圆角的四边形凸台		
(3) 圆形凸台	精铣	ϕ10mm 立铣刀

4．确定走刀路线

(1) 外轮廓粗、精加工均采用顺铣方式，由改变刀具半径补偿量来完成粗、精加工。

(2) 加工六方形时，刀具沿切线方向切入切出。

(3) 加工圆柱及带圆角凸台时，刀具沿圆弧方向切入切出，提高加工精度。

5．选择合适的切削用量

确定加工方案和刀具后，要选择合适的刀具切削参数，如表 6-2 所示。

表 6-2　刀具切削参数选用表

刀具编号	刀具参数	主轴转速/(r/min)	进给率/(mm/min)	切削深度/mm
T01	ϕ16mm 立铣刀	1600	600	6
T02	ϕ10mm 立铣刀	2200	360	0.5

三、相关理论知识

1．外凸台轮廓加工切入与切出方式

铣削零件外轮廓时，为保证零件的加工精度与表面粗糙度要求，避免在切入切出处产生刀具的刻痕，设计刀具切入切出路线时应沿零件轮廓的切线切入切出。

(1) 直线切入或切出：最简单的一种进退刀方法。

(2) 圆弧切入或切出：加工效果好，但编程比直线进退刀方式复杂一点，需要设计切入和切出圆弧。

2．注意事项

(1) 整圆必须用 I、J、K 指定圆心位置，I、J、K 是圆心位置关于圆弧起始点的相对坐标。

(2) 切削半径小于刀具补偿半径的内圆弧时，将出现轮廓补偿错误，因而要避免大刀切小内圆弧。

(3) 刀具半径补偿与每次偏置值设置。利用刀具半径补偿功能，可按加工工件轮廓编程，刀具在因磨损、重磨或更换后直径发生改变，或者零件的尺寸有加工误差时，只需改变半径补偿参数，仍可使用同一个程序；刀具半径补偿值不一定等于刀具半径值，用同一个程序通过改变刀具半径的刀补量，可以对零件轮廓进行粗、精加工，如图 6-2 所示。

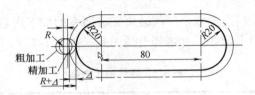

图 6-2　通过刀具半径补偿实现粗、精加工

(4) 刀具半径补偿及磨损量设置。由于数控系统具有刀具半径自动补偿功能，因此，在编程时只需按照工件的实际轮廓尺寸编程即可。刀具半径补偿量设置在数控系统中与刀号相对应的位置。刀具在切削过程中，刀刃会出现磨损，会导致所加工零件的外轮廓尺寸偏大、内轮廓尺寸偏小的现象，最后导致零件尺寸超差报废。此时，可对刀具磨损量进行设置，而无须改变程序，然后再精铣轮廓，一般就能达到所需的加工尺寸精度要求。

示例：一板类零件加工后，根据测量尺寸 A 和 B，与设计图纸要求尺寸进行对比后，进行刀具磨损量的补偿，如表 6-3 所示。

表 6-3　刀具磨损量设置示例

	测量要素	要求尺寸/mm	测量尺寸/mm	磨损量设置值
	A	$100_{-0.054}^{0}$	100.12	$-0.06 \sim -0.087$
	B	$56_{0}^{+0.030}$	55.86	$-0.07 \sim -0.085$

如果在磨损量设置界面已有数值(对操作者来说，由于加工工件及使用刀具不同，开机后一般需把磨损量清零)，则需在原数值的基础上进行叠加。例如：原有值为-0.07，现尺寸偏大 0.1(单边 0.05)，则重新设置的值为：-0.07-0.05=-0.12。

如果精加工结束后，发现工件的表面粗糙度很差且刀具磨损较严重，通过测量发现尺寸有偏差，则必须更换铣刀重新精铣，此时磨损量先不要重设，等加工完后通过对尺寸的测量，再做是否补偿的决定，预防产生过切现象。

四、任务实施

1．编制加工程序

根据制定的凸台零件的加工工艺路线编写其数控加工程序，如表 6-4～表 6-7 所示。

表 6-4　凸台加工主程序

程序内容	注　释
O6001;	程序号
N010G90G54G00X0Y0;	程序初始化，(选用 ϕ16mm 立铣刀)
N012G43H01Z100.0;;	定位并建立 1 号刀具长度补偿
N014G00Z10.0S1600M03;	到安全平面，主轴正转，转速为 1600r/min
N016G01X-45.0Y-45.0F200;	起刀点定位
N018G01Z-6.0F100;	粗加工六方形第一层
N020M98P6111D01;	调用 6111 号子程序，D01=7.2
N022G01Z-12.0F100;	粗加工六方形第二层
N024M98P6111D01;	调用 6111 号子程序，D01=7.2
N026G01Z-18.0F100;	粗加工六方形第三层
N028M98P6111D01;	调用 6111 号子程序，D01=7.2
N030G01Z-24.9F100;	粗加工六方形第三层
N032M98P6111D01;	调用 6111 号子程序，D01=7.2
N034G01X-40.0Y0F200;	起刀点定位
N036G01Z-5.0F100;	粗加工带圆角凸台第一层
N038M98P6112D02;	调用 6112 号子程序，D02=12，D01=7.2
N040G01Z-10.0F100;	粗加工带圆角凸台第二层
N042M98P6112D02;	调用 6112 号子程序，D02=12，D01=7.2
N044G01Z-14.9F100;	粗加工带圆角凸台第三层
N046M98P6112D02;	调用 6112 号子程序，D02=12，D01=7.2
N048G01X-40.0Y0F200;	粗加工圆柱第一层
N050G01Z-5.0F100;	调用 6113 号子程序，D01=7.2
N052M98P6113D01;	粗加工圆柱第二层
N054G01Z-9.9F100;	调用 6113 号子程序，D01=7.2
N056M98P6113D01;	Z 向快速抬刀至换刀位置
N058G00Z100.0;	程序暂停，测量工件
N060M00;	定位并建立 2 号刀长度补偿，ϕ10mm 立铣刀
N062G43H02Z100.0;	Z 向快速定位到安全平面，主轴正转速为 2200r/min
N064G01Z10.0M03S2200;	起刀点定位
N066G01X-40.0Y0F200;	精加工圆柱
N068G01Z-10.0F80;	调用 6113 号子程序，D03=5.0
N070M98P6113D03;	起刀点定位
N072G01X-40.0Y0F200;	精加工带圆角凸台
N074G01Z-15.0F80;	调用 6112 号子程序，D03=5.0

续表

程序内容	注　释
N076M98P6112D03;	
N078G01Z-15.0F80;	
N080M98P6112D04;	D04=11.0
N082G01Z-15.0F80;	
N084M98P6112D05;	D05=17.0
N086G01Z-15.0F80;	
N088M98P6112D06;	D06=23.0
N090G01X-45.0Y-45.0F200;	起刀点定位
N092G01Z-25.0F80;	精加工六方形
N094M98P6111D03;	调用 6111 号子程序，D03=4.0
N096G00Z100.0;	Z 向快速抬刀至换刀位置
N098M30;	程序结束

表 6-5　铣削加工六方形子程序

程序内容	简要说明
O6111;	程序号
N010G41G01X-34.64Y-45.0F600;	刀具半径左补偿
N012G01Y20.0;	利用切线切向切入
N014G01X0Y40.0;	开始铣削六方形
N016G01X34.64Y20.0;	
N018G01Y-20.0;	
N020G01X0Y-40.0;	
N022G01X-34.64Y-20.0;	
N024G01Y0;	六边形完成
N026X-50.0;	利用切线切向切出
N028G00Z10.0;	抬刀
N030G40X0Y0;	取消刀具半径补偿
N032M99;	子程序调用结束，返回主程序

表 6-6　铣削加工带圆角凸台子程序

程序内容	简要说明
O6112;	程序号
N010G41G01X-40.0Y-25.0F600;	刀具半径左补偿
N012G03X-15.0Y0R25.0;	利用圆弧切向切入
N014G02X-11.25Y9.92.0R15.0;	开始铣削带圆角凸台
N016G03X-10.0Y13.23R5.0;	
N018G01Y20.0;	
N020G02X-5.0Y25.0R5.0;	
N022G01X5.0;	
N024G02X10.0Y20.0R5.0;	

续表

程序内容	简要说明
N026G01Y13.23;	
N028G03X11.25Y9.92R5.0;	
N030G02X15.0Y-9.92R15.0;	
N032G03X10.0Y-13.23R5.0;	
N034G01Y-20.0;	
N036G02X5.0Y-25.0R5.0;	
N038G01X-5.0;	
N040G02X-10.0Y-20.0R5.0;	
N042G01Y-13.23;	
N044G03X-11.25Y-9.92R5.0;	
N046G02X-15.0Y0R15.0;	铣削带圆角凸台完毕
N048G03X-40.0Y25.0R25.0;	利用圆弧切向切出
N050G01Y0;	刀具回到 Y 轴 O 点
N052G00Z10.0;	抬刀
N054G40X0Y0;	取消刀具半径补偿
N056M99;	子程序调用结束，返回主程序

表 6-7　铣削加工带圆柱子程序

程序内容	简要说明
O6113;	程序号
N010G41G01X-40.0Y-25.0F600;	刀具半径左补偿
N012G03X-15.0Y0R25.0;	利用圆弧切向切入
N014G02X-15.0Y0I15.0J0;	铣削圆柱
N016G03X-40.0Y25.0R25.0;	利用圆弧切向切出
N018G01Y0;	刀具回到 Y 轴 O 点
N020G00Z10.0;	抬刀
N022G40X0Y0;	取消刀具半径补偿
N024M99;	子程序调用结束，返回主程序

2．仿真加工

(1) 打开宇龙数控仿真加工软件，选择数控铣床。

(2) 机床回零点。

(3) 选择毛坯、材料、夹具、安装工件。

(4) 安装刀具。

(5) 建立工件坐标系。

(6) 上传 NC 程序。

(7) 自动加工。

3．机床加工

(1) 毛坯、刀具、工具、量具准备。

刀具：ϕ16mm 立铣刀、ϕ10mm 立铣刀。

量具：0～125mm 游标卡尺、25～50mm 千分尺、50～75mm 千分尺(每组 1 套)。

材料：45 钢ϕ80mm×30mm。

① 将ϕ80mm×30mm 的毛坯正确安装在机床上。

② 将ϕ16mm 立铣刀、ϕ10mm 立铣刀正确安装。

③ 正确摆放所需工具、量具。

(2) 程序输入与编辑。

① 开机。

② 回参考点。

③ 输入程序。

④ 程序图形校验。

(3) 零件的数控铣削加工。

① 主轴正转。

② X 向、Y 向分别对刀，Z 向对刀，设置工件坐标系。

③ 进行相应刀具参数设置。

④ 自动加工。

五、零件检测

(1) 学生对加工完的零件进行自检。

(2) 学生使用深度游标卡尺、千分尺等量具对零件进行检测。

(3) 教师与学生共同填写零件质量检测结果报告单，如附录 C 中的表 C-1 所示。

(4) 学生互评并填写考核结果报告，如附录 C 中的表 C-2 所示。

(5) 教师评价并填写考核结果报告，如附录 C 中的表 C-3 所示。

六、常见问题

(1) 加工过程中工件松动。

措施：工件必须装夹稳固方可进行加工。

(2) 粗精加工不分开，而且使用刀具没有区分。

措施：为了提高生产效率和产品表面质量，要分粗、精加工工序。粗加工时背吃刀量和进给量大，主轴转速低，主要目的是为了提高生产效率；精加工时背吃刀量和进给量较小，主轴转速较高，加工产品的表面质量较好，并且粗、精加工时用的刀具亦不一样。所以产品加工时要分粗、精加工，并使用粗、精加工刀具。

(3) 在铣削加工过程中产生过切或者欠切削现象。

措施：切记要正确建立刀具补偿量，包括刀具半径补偿和长度补偿，并且选取正确的下刀点，以免产生过切或欠切现象。

七、思考问题

(1) 如何确定外轮廓粗加工最后一刀的刀具半径补偿量？

(2) 在数控铣削过程中如何完成刀具半径补偿量？

(3)　在数控铣削过程中如何完成刀具长度补偿量？

(4)　在数控铣削过程中，如何进行手工换刀？

八、扩展任务

编写如图 6-3 所示零件的加工程序。

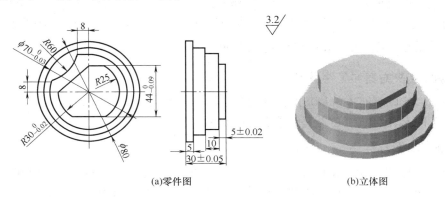

(a)零件图　　　　　　　　　　　　(b)立体图

图 6-3　凸轮

任务二　内型腔零件数控铣削

一、任务导入

图 6-4 所示为一凹槽板工件的零件，毛坯尺寸为 100mm×100mm×15mm，工件上下表面已经加工，其尺寸和粗糙度等要求均已符合图纸规定，材料为 45 钢。要求加工三个圆弧槽和两个通孔，槽深为 5mm，假设粗加工和半精加工已经完成，只进行最后一次的精加工。

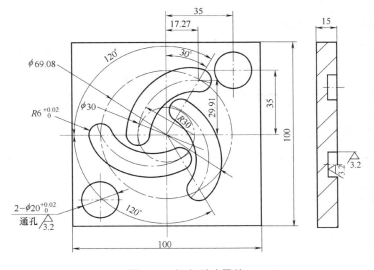

图 6-4　复合型腔零件

二、任务分析

1. 图纸工艺分析

(1) 毛坯为 100mm×100mm×15mm 的板料, 材料为 45 钢。

(2) 该零件主要由三个相同形状的凹槽和两个通孔组成, 其中圆弧槽有位置要求, 每个圆弧槽与相邻的圆弧槽间隔 120°, 槽半径尺寸有公差要求 $R6_{0}^{+0.02}$ mm。两孔尺寸有公差要求 $\phi20_{0}^{+0.02}$ mm。工件加工表面粗糙度 R_a 要求是 3.2μm, 加工精度要求较高。

2. 确定装夹方案和工件原点

(1) 该零件以底面为定位基准, 选用平口钳夹紧定位, 用百分表找正。

(2) 工件上表面的中心为工件原点, 以此为工件坐标系编程。

3. 确定加工方案

根据零件形状及加工精度要求, 一次装夹完成所有的加工内容, 由于槽深为 5mm, 精加工一次完成最后的铣削。因此可按照基面先行, 先粗后精的原则确定加工顺序, 方案如表 6-8 所示。

表 6-8　零件加工方案

加工内容	加工方法	选用刀具
凹槽	精铣	ϕ12mm 键槽铣刀
孔	精铰	ϕ20mm 铰刀

4. 确定走刀路线

(1) 加工凹槽采用键槽铣刀垂直下刀法。

(2) 加工孔用定尺寸刀具直接加工。

5. 选择合适的切削用量

确定加工方案和刀具后, 要选择合适的刀具切削参数, 如表 6-9 所示。

表 6-9　刀具切削参数选用表

刀具编号	刀具参数	主轴转速/(r/min)	进给率/(mm/min)	切削深度/mm
T01	ϕ12mm 键槽铣刀	800	100	5
T02	ϕ20mm 铰刀	800	30	15

三、相关理论知识

1. 编程知识

1) 子程序

子程序调用: M98　P___ ___;

子程序取消：M99；

2）坐标旋转指令

坐标系旋转：G68 X___Y___R___；

取消旋转： G69；

> **注意**：(1) FANUC 系统的指令格式为：G68 X___Y___R___；
>
> (2) 华中数控系统的指令格式为：G68 X___Y___P___；
>
> (3) FANUC 仿真系统运行时 R 要加小数点。

2．型腔轮廓加工的进刀方式

对于封闭型腔零件的加工，下刀方式主要有直接下刀法、螺旋下刀法和斜线下刀法三种。

1）直接下刀法

(1) 对于小面积切削和零件表面粗糙度要求不高的情况，可使用键槽铣刀直接垂直下刀并铣削。

(2) 对于大面积切削和零件表面粗糙度要求较高的情况，一般采用立铣刀来铣削加工，但一般先用键槽铣刀(或钻头)垂直进刀，预钻起始孔后，再换多刃立铣刀加工型腔。

2）螺旋下刀法

螺旋下刀法是现代数控加工应用较为广泛的下刀方式，轴向力比较小，特别是模具制作行业应用最为常见。

(1) 优点：可以避开刀具中心无切削刃部分与工件的干涉。

(2) 缺点：切削路线较长，不适合加工较狭窄的型腔。

3）斜线下刀法

(1) 通常用于宽度较小的长条形的型腔加工。

(2) 加工带孤岛的挖腔工件编制程序时，需注意以下几个问题。

① 刀具要足够小，尤其用改变刀具半径补偿的方法进行粗、精加工时，要保证刀具不碰到型腔外轮廓及孤岛轮廓。

② 有时可能会在孤岛和边槽或两个孤岛之间出现残留，可用手动方法除去。

③ 为下刀方便，有时要先钻出下刀孔。

四、任务实施

1．编制加工程序(见表 6-10 和表 6-11)

表 6-10　铣削加工主程序

程序内容	简要说明
O6002；	程序号
G54；	设工件坐标系
G00Z100.M03S800；	Z 向快速定位，主轴正转

续表

程序内容	简要说明
M98P6222;	调用子程序
G68X0Y0R120.0;	旋转 120°
M98P6222;	旋转对象
G69;	取消旋转功能
G68X0Y0R240.0;	旋转 240°
M98P6222;	旋转对象
G69;	取消旋转指令
G28;	回参考点
M00;	程序暂停，换刀
G99G81X35.0Y35.0Z-18.0R5.0F30;	加工一孔
G68X0Y0R180.0;	用旋转指令
G99G81X35.0Y35.0Z-18.0R5.0F30;	加工另一孔
G69;	取消旋转指令
G80;	取消固定循环
G28;	回参考点
M30;	程序结束

表 6-11　铣削加工子程序

程序内容	简要说明
O6222;	子程序号
G00X-15.0Y0;	X、Y 向快速定位
Z5.0;	Z 向快速定位
G01Z-5.0F100;	Z 向进刀
G02X17.27Y29.91R30.0;	加工圆弧
G00Z5.0;	Z 向快速退刀
M99;	子程序结束

2. 仿真加工

(1) 打开宇龙数控仿真加工软件，选择机床。

(2) 机床回零点。

(3) 选择毛坯、材料、夹具，安装工件。

(4) 安装刀具。

(5) 建立工件坐标系。

(6) 上传 NC 语言。

(7) 自动加工。

3. 机床加工

(1) 毛坯、刀具、量具准备。

毛坯：100mm×100mm×15mm，45 钢。

刀具：ϕ12mm 键槽铣刀、ϕ20mm 绞刀。

量具：0～125mm 游标卡尺、50～75mm 千分尺、定位销和百分表(每组 1 套)。

① 将 100mm×100mm×15mm 的毛坯正确安装在机床上。

② 将 ϕ12mm 键槽铣刀、ϕ20mm 绞刀正确安装。

③ 正确摆放所需工具、量具。

(2) 程序输入与编辑。

① 开机。

② 回参考点。

③ 输入程序。

④ 程序图形校验。

(3) 零件的数控铣削加工。

① 主轴正转。

② X 向、Y 向分别对刀，Z 向对刀，设置工件坐标系。

③ 进行相应刀具参数设置。

④ 自动加工。

五、零件检测

(1) 学生对加工完的零件进行自检。学生使用游标卡尺、千分尺、塞规等量具对零件进行检测。

(2) 教师与学生共同填写零件质量检测结果报告单，如附录 C 中的表 C-1 所示。

(3) 学生互评并填写考核结果报告，如附录 C 中的表 C-2 所示。

(4) 教师评价并填写考核结果报告，如附录 C 中的表 C-3 所示。

六、常见问题

(1) 内轮廓或型腔加工时，选择下刀方式不合理。

措施：参考理论部分型腔轮廓加工的进刀方式。

(2) 加工时系统提示找不到子程序。

措施：在 FANUC 数控系统中主程序与子程序分别写成一个文档，并且分别读入系统，加工时显示屏上显示主程序，系统能自动寻找到子程序。

七、思考问题

(1) 顺铣和逆铣各有何特点？

(2) 顺铣和逆铣对加工分别有何影响？

八、扩展任务

编写如图 6-5 所示零件的加工程序。

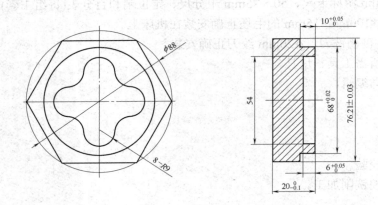

图 6-5　阶梯台零件

任务三　凸台槽孔零件的数控铣削

一、任务导入

图 6-6 所示为一凸模零件，毛坯为 100mm×100mm×50mm 的方形坯料，材料 45 钢，且底面和 90mm×90mm 台阶的四个轮廓面均已加工好，要求在数控铣床上加工正五边形凸台顶面及轮廓，$\phi 40_{0}^{+0.02}$ mm 孔及 4-ϕ10 mm 孔。正五边形顶面及周边精加工余量为 0.5mm，$\phi 40_{0}^{+0.02}$ mm 孔半径上的精加工余量为 0.5mm。

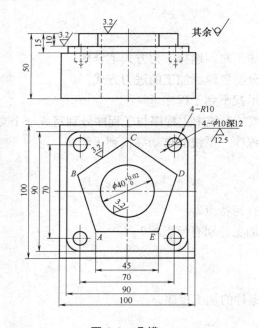

图 6-6　凸模

二、任务分析

图 6-6 所示凸模零件中需要加工的特征表面如下。

(1) 加工正五边形凸台顶面及轮廓，表面粗糙度 R_a 为 3.2μm。

(2) 加工正五边形凸台轮廓，表面粗糙度 R_a 为 3.2μm。

(3) 加工 $\phi40^{+0.02}_{0}$ mm 孔，表面粗糙度 R_a 为 1.6μm。

(4) 加工 4-ϕ10 mm 孔，表面粗糙度 R_a 为 12.5μm，孔距尺寸为自由公差。

1．确定装夹方案

零件采用机用虎钳装夹，按零件图所示的状态顶面朝上，底面加垫块调整装夹高度，固定后以适当的夹紧力夹紧，并校正工件上表面的平行度。

2．确定加工方法和刀具

根据零件材料和各加工表面的精度要求，选择合适的加工方法，并根据刀具使用数量最少的原则选择相应的加工刀具。各加工表面的加工方案如表 6-12 所示，切削用量参数如表 6-13 所示。

表 6-12 各加工表面的加工方案

加工表面	加工方法	选用刀具
① 五边形凸台顶面	精铣	ϕ100mm 面铣刀
② 五边形凸台周边	精铣	ϕ20mm 立铣刀
③ ϕ40mm 孔	精镗	ϕ40mm 镗刀
④ 4-ϕ12mm 深 12mm 孔	钻孔	ϕ12mm 麻花钻

表 6-13 刀具切削参数表

工步内容	刀具号	刀具名称	主轴转速 /(r/min)	进给率/ (mm/min)	半径补偿	长度补偿
① 铣五边形凸台顶面	T01	ϕ100mm 面铣刀	800	80	D01	H01
② 铣五边形凸台周边	T02	ϕ20mm 立铣刀	2000	400	D02	H02
③ 镗 ϕ40mm 孔	T03	ϕ40mm 镗刀	1000	100	—	H03
④ 4-ϕ12mm 深 12mm 孔	T04	ϕ12mm 麻花钻	1000	100	—	H04

3．确定工件坐标系和对刀点

在 XY 平面内以 ϕ40mm 圆心为工件原点，Z 向零点为分零件上表面(毛坯上表面向下 0.5mm 处)，建立工件坐标系，如图 6-7 所示。

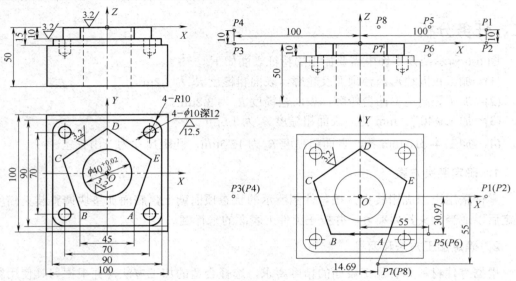

图 6-7　工件坐标系建立

三、相关理论知识

合理编制数控铣削加工工艺方案是数控编程的依据，数控铣削加工工艺主要包括零件的工艺性分析、拟定工艺路线、设计加工工序等内容。零件的工艺性分析是数控铣削加工工艺和编制程序的基础和前提。

1. 零件图样的工艺性分析

1) 零件图样技术分析

零件图样技术分析的目的在于熟悉零件在产品中的作用、位置、装配关系和工作条件，搞清楚各项技术要求对零件装配质量和使用性能的影响，找出加工的技术关键点和难点。下面就几点进行说明。

(1) 零件的形状、结构及尺寸标注。确定零件的形状、结构在加工中是否会产生干涉或无法加工、是否妨碍刀具的运动。零件的尺寸标注是否正确且完整，是否有利于编程，尺寸标注是否有矛盾，各项公差是否符合加工条件等。

(2) 尺寸差带和刀具半径补偿值。零件在用同一把铣刀、同一刀具半径补偿值编程加工时，由于零件轮廓各处尺寸标注公差，同时很难保证各处尺寸公差带相同，如图 6-8 所示。这时一般采取的方法是：兼顾各处尺寸公差，在编程计算时，改变轮廓尺寸并移动公差带，改为对称公差，采用同一把铣刀和同一刀具半径补偿值加工。如图 6-8 所示括号内的尺寸，其公差带均做了相应改变，计算与编程时使用括号内的尺寸。

(3) 零件图样的完整性和正确性。构成零件轮廓的几何元素(点、线、面)的关联条件(如相切、相交、垂直、平行等)一定要充分、正确且完整。这些是编程的重要依据。

(4) 零件的技术要求。分析零件的尺寸精度、形位公差、表面粗糙度等，确保在现有的加工条件下能达到零件的设计精度要求。

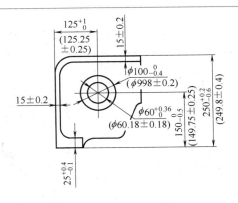

图 6-8　零件尺寸公差带的调整

(5) 零件材料。了解零件材料的切削性能、牌号及热处理要求等，以便合理地选择刀具和切削参数，并合理地制定加工工艺和加工顺序等。

2) 零件结构工艺性分析

零件的结构工艺性要求在前面的任务中已经介绍过，现结合数控铣削加工的特点补充几点说明。

零件的内腔和外形最好采用统一的几何类型和尺寸，这样可以减少刀具规格和换刀、对刀次数，提高生产率。

内槽圆角和内圆弧不应太小，因其决定了刀具的直径，零件的工艺性好坏与被加工轮廓的深浅、转接圆弧半径的大小有关，如图 6-9 所示。通常 $R<0.2H$(R 为内槽圆角半径，H 为槽高)。在图 6-9(b)中，由于内槽圆角半径较大，可以选择较大直径的刀具，这样刚性好，进给次数少，加工质量好，故其工艺性好。

铣削槽底平面时，槽底圆角半径 r 不要过大。如图 6-10 所示，铣刀端面刃与铣削平面的最大接触直径 $d = D - 2r$。当铣刀直径 D 一定时，槽底圆角半径 r 越大，铣刀端面刃铣削平面的面积就越小，加工效率越低，工艺性越差。

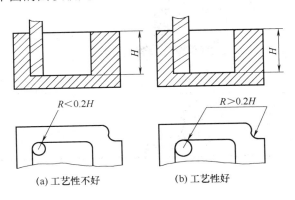

图 6-9　内槽圆角对加工工艺的影响

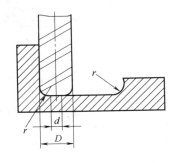

图 6-10　槽底圆角对加工工艺的影响

有关铣削工件的结构工艺性要求如表 6-14 所示。

表 6-14　数控铣削加工零件结构工艺性图例

提高工艺性的方法	形状结构		备　注
	改进前	改进后	
改进内壁形状	$R_1 < \left(\frac{1}{5} \cdots \frac{1}{6}H\right)$	$R_2 > \left(\frac{1}{5} \cdots \frac{1}{6}H\right)$	可采用较大直径的刀具,提高刚性
统一圆弧尺寸	r_1 r_2 r_3 r_4	r r r	减少刀具数和换刀次数,减少辅助时间
选择合适圆弧半径 R 和 r	r R	$2R$ r R	提高刀具刚性和生产效率
用对称结构			减少编程时间,简化编程
合理改进凸台分布	R $a<2R$ $a<2R$	R $a>2R$ $a>2R$	减少加工工作量
改进结构形状		<0.3	减少加工工作量
改进尺寸比例	$\frac{H}{b}>10$ H	$\frac{H}{b}<10$ H	可用较高刚度刀具加工,提高生产率

3)　零件毛坯的工艺性分析

对于零件毛坯,主要应注意以下两点。

(1) 零件毛坯加工余量应足够和均匀。锻件在模锻时的欠压量与允许的错模量会造成加工余量的不均匀;铸件在铸造时也会因砂型误差、收缩量及金属液体流动性差不能充满型腔等原因造成余量不均匀。在数控铣削中,这些都会对切削加工产生严重影响,轻则会产生振动,重则会损坏刀具。因此,采用数控铣削加工,其加工表面应有比较均匀、充足的加工余量。

(2) 毛坯装夹的适应性。主要应考虑毛坯的形状、结构、在加工时的定位以及夹紧的可靠性和方便性，必要时可增加装夹余量和工艺凸台、工艺凸耳等辅助基准，如图 6-11 所示。

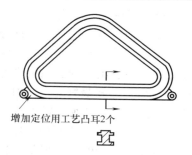

增加定位用工艺凸耳2个

图 6-11 增加毛坯工艺凸耳示例

4) 零件变形情况分析

数控铣削中，应避免工件产生较大的加工变形，否则会引起工件加工精度降低，达不到图纸设计要求，甚至造成工件报废。引起工件产生变形的因素很多，如零件结构不合理、装夹力过大、装夹方式不合理、切削力过大、切削热、残余应力等。要降低加工变形，可以考虑采取一些必要的工艺预防措施，如增加热处理工序改善切削性能、消除残余应力，采用粗、精加工分开的方法等。

2. 数控加工工艺路线的拟定

随着现代数控加工技术的飞速发展，在不同设备和技术条件下，同一个零件的加工工艺路线会有较大的差异。关键是从现有制造资源和加工条件出发，根据工件形状结构特点合理选择加工方法、划分加工工序或工步、确定加工工艺路线，合理安排工件各个加工表面的加工顺序，协调数控铣削加工工序和其他工序之间的关系，以及考虑整个工艺方案的经济性等。

1) 加工方法的选择

数控铣削加工对象的主要加工表面一般可采用表 6-15 所示的加工方案。

表 6-15 数控铣削加工表面的加工方案

加工表面	加工方案	所使用的刀具
平面内外轮廓	X、Y、Z 方向粗铣→内外轮廓方向分层半精铣→轮廓高度方向分层半精铣→内外轮廓精铣	整体高速钢或硬质合金立铣刀；机夹可转位硬质合金立铣刀
空间曲面	X、Y、Z 方向粗铣→曲面 Z 方向分层粗铣→曲面半精铣→曲面精铣	整体高速钢或硬质合金立铣刀、球头铣刀；机夹可转位硬质合金立铣刀、球头铣刀
孔	定尺寸刀具铣削	麻花钻、扩孔钻、中心钻、铰刀；镗刀；整体高速钢或硬质合金立铣刀；机夹可转位硬质合金立铣刀
外螺纹	螺纹铣刀铣削	螺纹铣刀
内螺纹	攻丝；螺纹铣刀铣削	丝锥；螺纹铣刀

2) 加工工序的划分

在数控铣床上加工零件，应尽量采用工序集中的原则，许多零件在一次装夹中就能完成全部加工工序。但是零件的粗加工，特别是铸造、锻造毛坯零件的基准面、定位面等的加工应尽量在普通铣床上完成，之后再在数控铣床上完成其他加工工序。这样可以充分发挥数控铣床的优势，保持数控铣床的精度，延长其使用寿命，并降低使用成本。在数控铣床上加工零件，其工序划分的方法有以下几种。

（1）按所用刀具划分工序。用同一把刀具加工完成零件上所有可以加工的部位，再换刀加工其他部位。这种工序划分方法可以减少换刀次数，压缩空行程时间，减少定位误差。

（2）按粗、精加工划分工序。这种工序划分方法是根据零件的形状、尺寸精度等因素，按照粗、精加工分开的原则进行划分。对零件先进行粗加工、半精加工，然后进行精加工。粗、精加工之间最好隔一段时间，以使粗加工中由于各种原因产生的零件变形得到充分恢复，以提高零件的加工精度。

（3）按加工部位划分工序。即先加工平面、定位面，再加工孔；先加工简单的几何形状，再加工复杂的几何形状；先加工精度比较低的部位，再加工精度要求较高的部位。

总之，在数控铣床上加工零件，其加工工序的划分要根据被加工零件的具体情况进行具体分析，许多工序的安排应综合上述各种工序划分方法。可以总结为：基准先行、先主后次、先粗后精、先面后孔。

3）加工顺序的安排

在确定了某个工序的加工内容后，要进行详细的工步设计，即安排这些工序内容的加工顺序，同时考虑编辑程序时刀具运动轨迹的设计。一般将一个工步编制为一个加工程序，因此，工步顺序实际上也就是加工程序的执行顺序。

一般情况下，数控铣削采用工序集中的方式。

四、任务实施

1. 编制程序

图6-7所示，在 XY 平面内，正五边形各顶点的坐标为 $A(22.5,-30.97)$、$B(-22.5,-30.97)$、$C(-36.41,11.83)$、$D(0,38.28)$、$E(36.41,11.83)$。

参考程序如表6-16所示。正五边形子程序如表6-17所示。

表6-16　零件加工参考程序

程　序	说　明
O6003;	精铣正五边形顶面
N10G54G17G90G40G80G49;	建立工件坐标系(主轴装 T01 刀具)
N20G43G00Z10H01;	降低高度，接近工件，加长度补偿
N30X100Y0;	到达进刀点 P1 的上方
N40M03S800;	主轴正转，转速为 800r/min
N50Z0M08;	到达进刀点 P1 点，开切削液
N60G01X-100F80;	切削进给，进给速度为 80mm/min
N70G49;	取消长度补偿
N80G00Z100;	快速抬刀
N90X100;	回到 P1 点
N100M09M05;	主轴停转，关切削液
N110M00;	程序停止，手工换 T02 刀具 ϕ20mm 立铣刀
N120M03S2000;	精铣正五边形周边，主轴正转，转速为 800r/min
N130G00Z100;	降低高度
N140X100Y0;	刀具定位到 P1 点上方

续表

程　序	说　明
N150G00G43Z10H02;	定位到 P1 点，刀具长度正补偿 H02
N160M98P26333;	调用子程序 O6333 两次
N170G49	取消刀具长度补偿
N180M05	主轴停转
N190M00	程序停止，手工换 T03 刀具 ϕ40mm 镗刀
N200M03S1000;	精镗 ϕ40mm 孔，主轴正转，转速为 800r/min
N210G00G43Z100H03;	降低高度到上表面 100mm，长度补偿 H03
N220X0Y0M08;	定位到初始位置，开切削液
N230G98G85X0Y0Z-55R5F100;	精镗孔固定循环
N240G80G00Z100;	取消固定循环
N250M05M09;	主轴停转，关切削液
N260M00;	程序停止，手工换 T04 刀具 ϕ12mm 麻花钻
N270M03S1000;	钻 4-ϕ12mm 深 12mm 孔，主轴正转，转速为 1000r/min
N280G00G43Z100H04;	降低高度到工件上方 100，刀具长度补偿 H04
N290X0Y0M08;	定位到初始位置，开启切削液
N300G98G81X35Y-35R5F100;	钻孔固定循环加工第一个孔
N310X-35;	加工第二个孔
N320Y35;	加工第三个孔
N330X35;	加工第四个孔
N340G80G00Z100	取消孔加工固定循环
N350M05M09;	主轴停转，关切削液
N360G91G28Z0;	刀具回参考点
N370M30;	程序结束

表 6-17　正五边形子程序

程　序	说　明
O6333;	精铣正五边形子程序
N10G41X55Y-30.07D02M08;	定位到 P5 点，刀具半径补偿 D02，开切削液
N20G91Z-5;	降低高度，进行第二次切削
N30G90G01X-22.5F400;	加工到点 B
N40X-36.41Y11.83;	加工到点 C
N50X0Y38.28;	加工到点 D
N60X36.41Y11.83;	加工到点 E
N70X14.69Y-55;	加工到点 P7
N80G40G00X100;	取消刀具半径补偿，快速定位到(X100,Y-55)点
N90M99;	返回主程序

2. 仿真加工

(1) 打开宇龙数控仿真加工软件，选择数控铣床。

(2) 机床回零点。

(3) 选择毛坯、材料、夹具，安装工件。

(4) 安装刀具。

(5) 建立工件坐标系。

(6) 上传 NC 程序。

(7) 自动加工。

3．机床加工

1) 毛坯、刀具、量具准备

毛坯：毛坯外形尺寸为 100mm×100mm×50mm，材料为 45 钢，周边、顶面及底面已加工。

刀具：ϕ100mm 面铣刀、ϕ20mm 三刃立铣刀、ϕ40mm 精镗刀、ϕ3mm 中心钻、ϕ12mm 麻花钻。

量具：0～125mm 游标卡尺、深度尺等(每组 1 套)。

(1) 将 100mm×100mm×50mm 的工件正确安装在机床虎钳上。

(2) 将 ϕ100mm 面铣刀正确安装在主轴上。

(3) 正确摆放所需工具、量具。

2) 程序输入与编辑

(1) 开机。

(2) 回参考点。

(3) 输入程序。

(4) 程序图形校验。

3) 零件的数控铣削加工

(1) 主轴正转。

(2) X 向对刀，Z 向对刀，设置工件坐标系。

(3) 进行相应刀具参数设置。

(4) 自动加工。

五、零件检测

(1) 学生对加工完的零件进行自检。

学生使用游标卡尺、深度尺等量具对零件进行检测。

(2) 教师与学生共同填写零件质量检测结果报告单，如附录 C 中的表 C-1 所示。

(3) 学生互评并填写考核结果报告，如附录 C 中的表 C-2 所示。

(4) 教师评价并填写考核结果报告，如附录 C 中的表 C-3 所示。

六、常见问题

(1) 加工时刀具与工件或夹具干涉。

措施：装夹时要考虑加工时刀具与夹具是否干涉，工件要找正后夹紧。编程时要考虑刀具与工件是否干涉。

(2) 零件表面有接刀痕迹。

措施：检查工件是否未夹紧，检查刀具安装到机床主轴后的跳动误差是否达到精度要求；检查切削用量是否合理；刀具选择是否合理等。

(3) 加工时间较长。

措施：检查进刀点与退刀点的设置是否合理，非切削状态应采取快速移动；检查切削用量是否合理。

七、思考问题

(1) 如果图 6-6 中的 4-ϕ12 mm 孔的孔距位置精度较高，应该采取什么样的走刀路径？

(2) 如果图 6-6 中的正五边形凸台周边与 $\phi40^{+0.02}_{0}$ mm 孔之间有较高的形位公差精度，应该采取什么样的工艺路线？

(3) 如果将图 6-6 中 4-ϕ12 mm 孔的粗糙度 R_a 改为 1.6μm，则应该采取什么样的孔加工方法？

(4) 如果对图 6-6 所示零件进行粗、精加工，应该采取什么样的工艺路线？

八、扩展任务

一凸模零件如图 6-12 所示，其厚度为 35mm，除底面和周边外，其余各表面均需加工，请选择合适的加工方案进行编程加工。

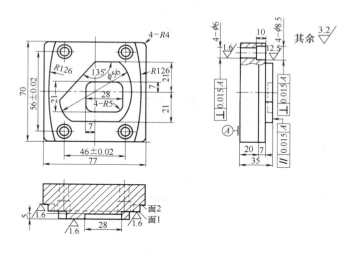

图 6-12　凸模

任务四　键槽孔类零件数控铣削

一、任务导入

某生产厂家需加工一批导板零件，其加工表面精度要求如图 6-13 所示。毛坯为

100mm×100mm×20mm 的板材,材料为铝合金。只进行环槽与孔的加工,其余部分均已加工好。

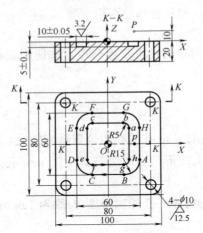

图6-13 导板零件

二、任务分析

针对图 6-13 所示导板零件中各加工表面的加工要求,确定加工方案、刀具选择和切削用量选择。该零件由平面、宽度为 10mm±0.05mm 的环槽、4-ϕ10mm 的孔等组成,其几何形状为平面二维图形。环槽的尺寸精度较高,表面粗糙度为 3.2μm,不能由键槽铣刀走环槽中心轮廓一次完成,需采用粗、精加工。

1. 确定装夹方案

零件的外轮廓为方形,可以选用机用平口钳装夹,校正平口钳固定钳口与工作台 X 轴方向平行,将 100mm×100mm 侧面贴近固定钳口后压紧,并校正工件上表面的平行度。

2. 确定加工方法和刀具

1) 加工方法及工艺路线

根据零件图样要求,环槽的宽度尺寸为 10mm±0.05mm,深度尺寸为 5mm±0.1mm,尺寸精度较高,表面粗糙度 R_a 为 3.2μm,需进行粗、精加工;4-ϕ10mm 孔的表面粗糙度 R_a 为 12.5μm,孔距尺寸精度为自由公差,采用一般钻孔即可。其加工工艺路线为:粗铣环槽→精铣环槽→钻孔。

2) 确定切削刀具

该工件的材料为铝合金,切削性能较好,选用高速钢立铣刀就可满足工艺要求。由于环槽宽度为 10mm,最小圆角半径为 R5,所以选用 ϕ8mm 立铣刀;钻削 4-ϕ10mm 孔选用 ϕ8mm 的立铣刀。

3) 各工步刀具及切削参数选择

零件加工方案如表 6-18 所示。各工步选用刀具及切削参数如表 6-19 所示。

表 6-18　零件加工方案

加工表面	加工方法	选用刀具
①环槽	粗铣—精铣	$\phi 8$mm 键槽铣刀、$\phi 8$mm 三刃立铣刀
②4-$\phi 10$mm 孔	打中心孔—钻孔	$\phi 3$mm 中心钻、$\phi 10$mm 麻花钻

表 6-19　各工步选用刀具及切削参数

工步内容	刀 具 号	刀具名称	主轴转速/(r/min)	进给率/(mm/min)	半径补偿	长度补偿
①粗铣环槽	T01	$\phi 8$mm 键槽铣刀	600	120	D01	H01
②精铣环槽	T02	$\phi 8$mm 三刃立铣刀	800	100	D02	H02
③4-$\phi 10$mm 打中心孔$\phi 3$	T03	$\phi 3$mm 中心钻	1000	100	—	H03
④钻削 4-$\phi 10$mm 孔	T04	$\phi 10$mm 麻花钻	1000	100	—	H04

3．确定工件坐标系和对刀点

在 XY 平面内以零件的对称中心为工件原点，Z 向零点为工件上表面，建立工件坐标系，如图 6-13 所示。对刀点选在工件坐标原点。

三、相关理论知识

1．刀具半径补偿注意事项

对于封闭的槽，如果因为槽的形状和尺寸因素，使刀具难以在下刀到槽底后再使用刀具半径补偿的方式切削槽的外轮廓或内轮廓，可先在槽的上方使用刀具半径补偿，使刀具定位到加工的轮廓，再垂直下刀到槽底进行切削，应该注意的是：

(1) 不能在刀具进行 Z 方向移动时建立和取消刀具半径补偿。

(2) 在建立刀具半径补偿程序段后面，不含有在 XY 平面内移动指令的程序段不能超过两个。

2．数控编程中的工艺处理

1)　数控加工与常规加工的衔接

除了必要的基准面加工、校正和热处理、清洗等工序外，要尽量减少数控加工工序与常规加工工序交接的次数。

2)　零件的装夹与夹具的设计

在设计或选用夹具时，应遵循以下原则。

(1) 基准重合，以减少定位误差。

(2) 基准统一，减少重复定位次数，以减少重复定位误差。

(3) 夹紧要可靠，尽量避免振动，夹紧点分布要合理，夹紧力大小要适中且稳定，减少夹紧变形。

(4) 夹具结构应力求简单，加工部位要敞开，保证足够的刀具空间，避免刀具干涉。

(5) 数控夹具装卸应方便，尽量采用液压气动夹紧。

(6) 根据工件形状结构，尽量采用多件装夹，以提高加工效率。

3) 数控铣刀的选择

数控铣刀的结构形式主要有整体式和机夹式两类。数控铣刀的选择应满足：安装调整方便、刚性好、精度高、耐用度高等要求。

选择可转位数控铣刀时主要考虑铣刀类型、刀片数量、刀片角度、刀具直径、断屑槽、刀具牌号等方面因素，如图 6-14 所示。

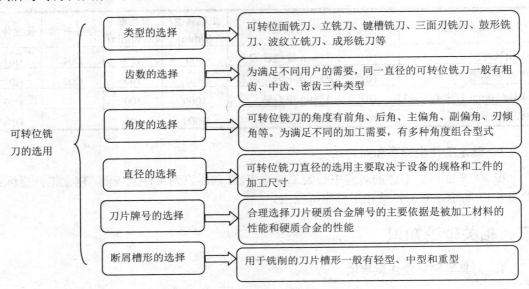

图 6-14　可转位铣刀的选用

数控铣刀类型的选择主要依据被加工表面的特征，以及不同的加工材料和加工精度要求等。例如，加工大平面时选用面铣刀；加工凹槽、小台阶面及平面轮廓时选用立铣刀；加工空间曲面、模具型腔时选用球头铣刀；加工封闭的键槽时选用键槽铣刀；加工变斜角表面时选用鼓形铣刀；加工成型表面时选用成形铣刀等。下面仅就面铣刀、立铣刀、键槽铣刀等常用数控铣刀的特点及用途做简要说明。

(1) 面铣刀。面铣刀的圆周表面和端面上都有切削刃，端部切削刃为副切削刃。面铣刀多制成套式镶齿结构，刀齿材料为高速钢或硬质合金，刀体材料为 40Cr。面铣刀直径选择：主要是根据工件宽度选择，同时要考虑机床的功率、刀具的位置和刀齿与工件的接触形式等，也可将机床主轴直径作为选取的依据，面铣刀直径 $D = 1.5d$（d 为主轴直径）。面铣刀的直径应比切宽大 20%～50%。两次走刀铣削平面，轨迹之间须有重叠部分。

(2) 立铣刀。立铣刀的圆周表面和端面上都有切削刃，圆周表面切削刀为主切削刃，端部切削刃为副切削刃。立铣刀的齿形为螺旋齿，以增加切削平稳性，主、副切削刃可同时进行切削，也可单独进行切削。立铣刀直径选择：主要考虑工件加工尺寸要求，并保证刀具所需功率在机床额定功率范围以内。选择小直径立铣刀时，主要考虑机床最高转速能否达到刀具的最低切削速度要求。

(3) 键槽铣刀。键槽铣刀的圆周和端面都有切削刃，端面刃延长至中心，既像立铣刀，又像钻头。加工键槽时先轴向进给达到槽深，然后沿键槽方向铣出键槽全长。

四、任务实施

1. 编制程序

粗铣环槽时，先在点(25,0)处预钻出中心孔，然后从该点进刀，用键槽铣刀 T01 粗铣。精铣环槽时，无法沿零件曲线的切向切入与切出，在这种情况下，切入切出点应选在零件轮廓两几何要素的交点上，而且进给过程中要避免停顿，本项目选择以直线和圆弧的交点 B 作为切入点。钻通孔时，钻头应比孔深多进给 5mm 左右。参考程序如表 6-20 所示。

表 6-20　零件加工参考程序

程　序	说　明
O6004;	粗铣环槽
N10G90G17G80G40G49;	程序初始化
N20G54G00X0Y0;	选择工件坐标系
N30M03S600;	主轴正转，转速为 600r/min，装 T01(ϕ8mm 键槽铣刀)
N40G42G00X30Y-15D01	刀具半径右补偿 D01，快速定位到 A 点
N50Z10;	接近工件
N60G01Z-5F120;	切削深度 5mm 至键槽底部
N70G03X15Y-30R15;	圆弧插补至点 B
N80G01X-15;	直线插补至点 C
N90G03X-30Y-15R15;	圆弧插补至点 D
N100G01Y15;	直线插补至点 E
N110G03X-15Y30R15;	圆弧插补至点 F
N120G01X15;	直线插补至点 G
N130G03X30Y15R15;	圆弧插补至点 H
N140G01Y-15;	直线插补至点 A
N150Z10;	抬刀
N160G40G00X0Y0;	取消刀具半径补偿
N170M05;	主轴停转
N180M00;	程序停止，主轴换 T02(ϕ8mm 立铣刀)
N190G00X0Y0;	精铣环槽，快速定位到 O 点上方
N200M03S800;	主轴正转，转速为 800r/min
N210G42G00X25D02;	刀具半径右补偿，快速定位到 P 点接近工件
N220Z10;	快速运动到工件附近
N230G01Z-5F100;	切削深度 5mm 至键槽底部
N240G03X15Y-30R15;	圆弧插补至点 B
N250G01X-15;	直线插补至点 C
N260G03X-30Y-15R15;	圆弧插补至点 D
N270G01Y15;	直线插补至点 E
N280G03X-15Y30R15;	圆弧插补至点 F
N290G01X15;	直线插补至点 G

续表

程　序	说　明
N300G03X30Y15R15;	圆弧插补至点 H
N310G01Y-15;	直线插补至点 A
N320Z10;	抬刀
N330G40G00X0Y0;	取消刀具半径补偿
N340X25;	刀具半径右补偿，快速定位到 P 点
N350G42X20Y15D02;	接近工件
N360G01Z-5F100;	直线插补至点 a，切削深度 5mm 至环槽外侧底部
N370G02X15Y20R5;	圆弧插补至点 b
N380G01X-15;	直线插补至点 c
N390G02X-20Y15R5;	圆弧插补至点 d
N400G01Y-15;	直线插补至点 e
N410G02X-15Y-20R5;	圆弧插补至点 f
N420G01X15;	直线插补至点 g
N430G02X20Y-15R5;	圆弧插补至点 h
N440G01Y15;	直线插补至点 a
N450Z10;	抬刀
N460G00G40X0Y0;	取消刀具半径补偿
N470M05;	主轴停转
N480M00;	程序停止，主轴换 T03(ϕ3mm 中心钻)
N490G00X0Y0;	打 4-ϕ10mm 中心孔ϕ3mm，快速定位到 O 点上方
N500M03S1000;	主轴正转，转速为 1000r/min
N510Z100;	至工件坐标系原点上方 100mm
N520G99G81X40Y-40Z-3R10F100;	钻第一个中心孔
N530X-40;	钻第二个中心孔
N540Y40;	钻第三个中心孔
N550X40;	钻第四个中心孔
N560G00G80X0Y0;	取消钻孔固定循环
N570M05;	主轴停转
N580M00;	程序停止，主轴换 T04 刀具ϕ10mm 麻花钻
N590G00X0Y0;	钻 4-ϕ10mm 孔，快速定位到 O 点上方
N600M03S1000;	主轴正转，转速为 1000r/min
N610Z100;	至工件坐标系原点上方 100mm
N620G99G81X40Y-40Z-25R10F100;	钻第一个孔
N630X-40;	钻第二个孔
N640Y40;	钻第三个孔
N650X40;	钻第四个孔
N660G00G80X0Y0;	取消钻孔固定循环
N670M05;	主轴停转
N680M30;	程序结束

2．仿真加工

(1) 打开宇龙数控仿真加工软件，选择数控铣床。

(2) 机床回零点。

(3) 选择毛坯、材料、夹具，安装工件。

(4) 安装刀具。

(5) 建立工件坐标系。

(6) 上传 NC 程序。

(7) 自动加工。

3．机床加工

1) 毛坯、刀具、工具、量具准备

毛坯：毛坯外形尺寸为 100mm×100mm×20mm，材料为铝合金，顶面及底面已加工。

刀具：$\phi 8$ 键槽铣刀，$\phi 8$mm 三刃立铣刀、$\phi 3$mm 中心钻、$\phi 10$mm 麻花钻。

量具：0～125mm 游标卡尺、深度尺等(每组 1 套)。

(1) 将 100mm×100mm×20mm 的工件正确安装在机床虎钳上。

(2) 将 $\phi 8$mm 键槽铣刀正确安装在主轴上。

(3) 正确摆放所需工具、量具。

2) 程序输入与编辑

(1) 开机。

(2) 回参考点。

(3) 输入程序。

(4) 程序图形校验。

3) 零件的数控铣削加工

(1) 主轴正转。

(2) X 向对刀，Y 向对刀，Z 向对刀，设置工件坐标系。

(3) 进行相应刀具参数设置。

(4) 自动加工。

五、零件检测

(1) 学生对加工完的零件进行自检。

学生使用游标卡尺、深度尺等量具对零件进行检测。

(2) 教师与学生共同填写零件质量检测结果报告单，如附录 C 中的表 C-1 所示。

(3) 学生互评并填写考核结果报告，如附录 C 中的表 C-2 所示。

(4) 教师评价并填写考核结果报告，如附录 C 中的表 C-3 所示。

六、常见问题

(1) 加工时刀具与工件或夹具干涉。

措施：装夹时要保证加工时刀具与夹具不干涉，工件要找正后夹紧；编程时要保证刀路正确，刀具与工件及夹具不干涉。

(2) 零件表面存在明显的接刀痕。

措施：采用切向切入切出方式。

(3) 零件的尺寸精度难以保证。

措施：按一定周期检测刀具，及时进行刀具磨耗补偿值的修改。

(4) 零件表面有振纹。

措施：检查工件夹紧力是否足够，定位是否准确。

七、思考问题

(1) 如果图 6-13 中零件的环槽改为内腔后，应采取什么样的加工方法？

(2) 如果加工某一零件时，既有平面，又有孔，应采取什么样的加工顺序？

(3) 数控铣削时刀具的切入与切出方式应如何安排？

八、扩展任务

图 6-15 所示为一泵座零件，毛坯为 100mm×80mm×27mm 的方形坯料，材料为 45 钢，且底面和四个轮廓面均已加工好，要求在数控铣床上加工顶面、孔及沟槽。请制定加工工艺路线，选择刀具，编写加工程序。

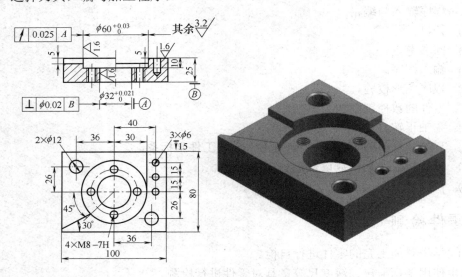

图 6-15　泵座

任务五　平面类零件粗加工的软件编程

一、任务导入

运用 UG NX 8.0 软件自动编程并粗加工如图 6-16 所示的车型凸台工件，凸台高度为 5mm。

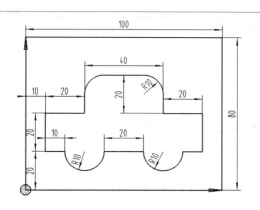 

图 6-16　车型凸台

二、任务分析并确定加工方案

如图 6-16 所示为车型凸台，如果采用手工编程，需要计算刀心刀路或加工刀具半径补偿值，计算量较大，程序较长，并且要考虑过切和欠切等问题。本次任务采用软件编程，将难以解决的问题交给 CAD/CAM。下面来确定装夹方案、加工方法、刀具参数和切削用量。

1．确定装夹方案

根据车型凸台工件的结构特点选用机用平口钳装夹，校正平口钳固定钳口与工作台 X 轴方向平行，将 100mm×80mm 的块体毛坯较长的两侧面贴近固定钳口后，夹紧高度为 10mm 左右，压紧并校正工件上表面的平行度。

2．确定加工方法和刀具

在本任务中用平面铣进行粗加工，根据加工零件的特点，选用 ϕ12mm 的平底铣刀，如表 6-21 所示。

表 6-21　车型凸台加工方案

加工内容	加工方法	选用刀具
车型凸台	粗铣	ϕ12mm 平底铣刀

3．确定切削用量

各刀具切削参数与长度补偿值如表 6-22 所示。

表 6-22　刀具切削参数与长度补偿值选用表

刀具参数	主轴转速/(r/min)	进给率/(mm/min)	刀具补偿
ϕ12mm 平底铣刀	2200	600	H1/T1

4．确定工件坐标系和对刀点

以块体上表面中心在 Z 负方向 1mm 处的 O 点为工件原点，建立工件坐标系，如图 6-16

所示。实际生产中采用试切对刀方法把 O 点作为对刀点。

三、任务实施

1．平面铣削加工概述

平面铣削加工时，刀具轴线方向相对工件不发生变化，属于固定轴加工，只能对侧面和底面垂直的部位进行加工。平面铣削加工创建的刀具路径可以在某个平面内切除材料，经常用来在精加工之前对某个零件进行粗加工，有时也用于精加工。

2．零件实体建模过程简介

(1) 进入建模模块。在标准工具条中单击【新建】按钮，打开【新建】对话框，切换到【模型】选项卡，输入新文件名"6-16.prt"，文件夹"G:\"(注意：文件路径中不能有汉字)，如图6-17所示。

(2) 在菜单栏中选择【插入】|【设计特征】|【长方体】命令，如图6-18所示，打开【块】对话框，如图6-19所示。首先在【类型】下拉列表框中选择【原点和边长】选项，接着单击【原点】栏中【指定点】右侧的【点对话框】按钮，打开【点】对话框，如图6-19所示。在【输出坐标】栏中的 ZC 处输入"−25"(注意：建模原点与加工原点要重合)，单击【确定】按钮，返回【块】对话框。接着在【尺寸】栏【长度】文本框中输入"100"，【宽度】输入"80"，【高度】输入"20"，再次单击【确定】按钮，返回绘图区，得到一长方体，如图6-20所示。

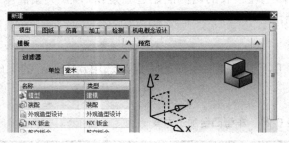

图 6-17　新建模型文件

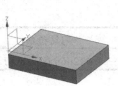

图 6-18　插入长方体　　　　图 6-19　【块】和【点】对话框　　　　图 6-20　长方体

（3）单击【直接草图】工具栏中的【草图】按钮，进入草图环境，绘制车型草图，如图 6-21 所示。单击【完成草图】按钮，返回绘图区。单击【拉伸】按钮，选择车型草图，按图 6-22 所示进行操作，得到最终零件建模，如图 6-23 所示。

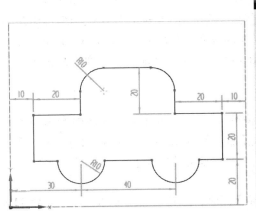

图 6-21　车型草图　　　图 6-22　【拉伸】对话框　　　图 6-23　车型凸台

3．创建毛坯

根据零件尺寸，选择 100mm×80mm×26mm 的长方体进行加工。在建模模块下，创建块状毛坯。

（1）单击【拉伸】按钮，参考图 6-22，然后选择车型凸台底面长方形沿 *ZC* 方向进行拉伸，拉伸距离为 26mm，布尔操作选择无，得到块状毛坯，如图 6-24 所示。

（2）设置毛坯的可见性。选择【格式】菜单中的【移动至图层】命令，如图 6-25 所示，弹出【类选择】对话框，在绘图区中选中块状毛坯，如图 6-26 所示，单击【类选择】对话框中的【确定】按钮，返回【图层移动】对话框，在【目标图层或类别】文本框中输入目标层 15，如图 6-27 所示，单击【确定】按钮，毛坯即为不可见。

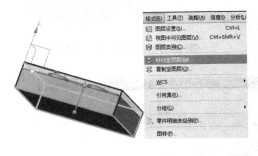

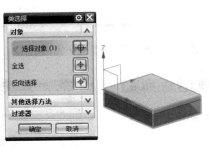

图 6-24　块状毛坯　　图 6-25　移动至图层　　　图 6-26　类选择　　　图 6-27　图层输入

4．创建加工操作

1）加工模块初始化

（1）进入加工模块。在标准工具条中单击【开始】按钮，选择【加工】命令进入加工模块，如图 6-28 所示。

(2) 加工环境设置。进入加工模块时，系统会弹出【加工环境】对话框，如图 6-18 所示，设置【CAM 会话配置】和【要创建的 CAM 设置】列表框。CAM 会话配置用于选择加工所使用的机床类别，要创建的 CAM 设置是在制造方式中指定加工设定的默认值文件，也就是要选择一个加工模板集。选择模板文件将指定加工环境初始化后可以选用的操作类型，并提供生成程序、刀具、方法、几何时可选择的节点类型。在 3 轴的数控铣床编程中最常用的设置为:【CAM 会话配置】选择 cam_general 选项，而【要创建的 CAM 设置】为 mill_planar (平面铣，刀具轴心线与加工面垂直或平行)，如图 6-29 所示，接着单击【确定】按钮，进入加工环境，如图 6-30 所示。

2) 创建程序、刀具及几何体

进入加工模块后，UG 除了显示常用的工具按钮外，还将显示在加工模块中专用的 4 个工具条，分别为【刀片】和【操作】(一般称为刀轨【操作】)工具条，如图 6-31(a)所示；【导航器】(也称为工序【导航器】)和【操作】(为了区别于刀轨【操作】，工具条一般称为对象【操作】)工具条，如图 6-31(b)所示。

【刀片】工具条提供新建数据的模块，可以新建程序、刀具、几何体和工序。刀轨【操作】工具条提供与刀位轨迹有关的功能，方便用户针对选取的操作生成其刀位轨迹；或者针对已生成刀位轨迹的操作，进行编辑、删除、重新显示或切削模拟。【导航器】工具条确定工序导航器的显示视图，也可以在导航器中通过右键菜单进行切换。对象【操作】工具条提供工序导航窗口中所选择对象的编辑、剪切、显示及刀位轨迹的转换与复制等功能。

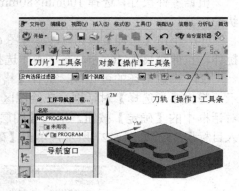

图 6-28 进入加工模块　　　图 6-29 加工环境初始化　　　图 6-30 加工环境部分界面

(a)【刀片】和刀轨【操作】工具条

(b)【导航器】和对象【操作】工具条

图 6-31 加工专用工具条

（1）　创建程序。

①　单击【创建程序】图标，弹出【创建程序】对话框，如图 6-32 所示。

②　在【名称】文本框中输入"O6005"，单击【确定】按钮，创建程序"O6005"。或者使用系统默认的"PROGRAM_1"名称。

（2）　创建刀具。

①　单击【创建刀具】图标，弹出【创建刀具】对话框，如图 6-33 所示。

②　在【名称】文本框中输入"D12"，单击【确定】按钮打开铣刀参数设置对话框，如图 6-34 所示。系统默认新建铣刀为"5-参数"铣刀，输入相应参数，单击【确定】按钮创建铣刀"D12"。

（3）　创建几何体。

①　单击【创建几何体】图标，弹出【创建几何体】对话框，如图 6-35 所示。

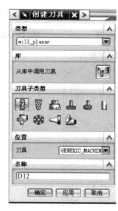
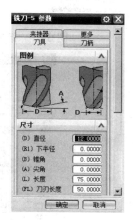

图 6-32　创建程序　　　图 6-33　创建刀具　　图 6-34　D12 铣刀参数　图 6-35　【创建几何体】对话框

②　在【几何体子类型】中单击图标，系统在【名称】文本框中自动生成几何体"WORKPIECE_1"，然后在【几何体】下拉列表框中选择"WORKPIECE"选项，单击【确定】按钮，弹出【工件】对话框，如图 6-36 所示。

③　单击【工件】对话框中【几何体】选项组栏中的【指定部件】图标，在绘图区中选中车型凸台，如图 6-37 所示，单击【确定】按钮返回【工件】对话框；然后选择【格式】菜单中的【图层设置】命令，弹出【图层设置】对话框，选中 15 层，使毛坯块体可见，如图 6-38 所示。单击【工件】对话框中的【指定毛坯】图标，在绘图区中选中毛坯块体，如图 6-39 所示，单击【确定】按钮退出【工件】对话框。

3）　创建工序(平面铣操作)

（1）　设置【创建工序】对话框。单击【创建工序】图标，弹出【创建工序】对话框，如图 6-40 所示。

①　在【类型】下拉列表框中选择 mill_planar 选项，单击【工序子类型】选项组中的PLANAR-MILL 按钮。

②　在【程序】下拉列表框中选择"O6005"选项。

③　在【刀具】下拉列表框中选择"D12"选项。

④　在【几何体】下拉列表框中选择"WORKPIECE _1"选项。

⑤ 在【方法】下拉列表框中选择"MILL_ROUGH"选项。

⑥ 在【名称】文本框中输入"PMILL_01",单击【确定】按钮,弹出【平面铣】对话框,如图6-41所示。

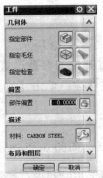

图6-36 【工件】对话框

图6-37 指定部件

图6-38 图层设置

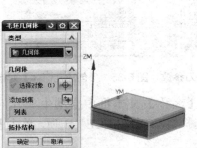

图6-39 指定毛坯

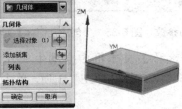

图6-40 【创建工序】对话框

图6-41 【平面铣】对话框

(2) 设置【平面铣】对话框。

① 设置【几何体】选项。

a. 在【几何体】下拉列表中选择WORKPIECE_1选项,如图6-41所示。

b. 单击【几何体】选项组中的【指定部件边界】按钮,打开【边界几何体】对话框,取消选中【忽略岛】复选框,如图6-42所示。

(a) 在【模式】下拉列表框中选择【面】或【曲线/边】选项,打开【创建边界】对话框,如图6-43所示。

(b) 在【类型】下拉列表框中选择【封闭的】选项。

(c) 在【平面】下拉列表框中选择【自动】选项。

(d) 在【材料侧】下拉列表框中选择【内部】选项。

(e) 在【刀具位置】下拉列表框中选择【相切】选项。

图 6-42　【边界几何体】对话框　　　　图 6-43　【创建边界】对话框

(f)　在绘图区选择车型凸台上表面(用【图层设置】对话框将毛坯块体设置成不可见)，如图 6-44 所示，单击【确定】按钮，返回【平面铣】对话框。

c. 单击【几何体】选项组中的【指定毛坯边界】按钮，打开【边界几何体】对话框，在绘图区中选择如图 6-45 所示毛坯上表面矩形边界(用【图层设置】对话框将毛坯块体设置成可见)，在【材料侧】下拉列表框中选择【内部】选项，单击【确定】按钮，返回【平面铣】对话框。

d. 单击【几何体】选项组中的【指定底面】按钮，打开【平面】构造器对话框，如图 6-46 所示，在绘图区中选择矩形平面，如图 6-47 所示，单击【确定】按钮，返回【平面铣】对话框。

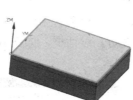

图 6-44　创建边界　　　图 6-45　创建边界　　图 6-46　【平面】对话框　　图 6-47　选择底面

②　设置【刀轨设置】选项。

a. 在【平面铣】对话框中，在【刀轨设置】选项组中的【方法】下拉列表框中选择 MILL_ROUGH 选项，在【切削模式】下拉列表框中选择【跟随周边】选项，输入步距为 "80%"，如图 6-48 所示。

b. 单击【刀轨设置】选项组中的【切削层】按钮，打开【切削层】对话框，在【类型】下拉列表框中选择【恒定】选项，在【每刀深度】|【公共】文本框中输入 "1"，如图 6-48 所示，单击【确定】按钮。

c. 单击【刀轨设置】选项组中的【切削参数】按钮，打开【切削参数】对话框。切换到【策略】选项卡，在【切削方向】下拉列表中选择 "顺铣"，在【切削顺序】下拉列

表中选择"层优先",在【刀路方向】下拉列表中选择"向内",如图 6-49 所示。切换到
【余量】选项卡,在【部件余量】文本框中输入"1",在【最终底部面余量】文本框中输
入"1",如图 6-50 所示,单击【确定】按钮。

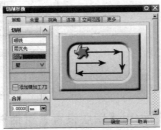

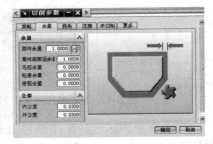

图 6-48　设置切削模式及切削层　　图 6-49　【策略】选项卡　　图 6-50　【余量】选项卡

　　d. 单击【刀轨设置】选项组中的【非切削移动】按钮，打开【非切削移动】对话框。

　　(a)　切换到【进刀】选项卡，展开【封闭区域】选项组，在【进刀类型】下拉列表框
中选择系统默认选项；展开【开放区域】选项组，在【进刀类型】下拉列表框中选择【圆
弧】选项，其他选择默认值，不用更改，如图 6-51(a)所示。

　　(b)　切换到【退刀】选项卡，在【退刀】下拉列表框中选择【与进刀相同】选项。

　　(c)　单击【转移/快速】标签，切换到【转移/快速】选项卡，展开【安全设置】选项组，
在【安全设置选项】下拉列表框中选择【平面】选项，并单击【指定平面】按钮，如
图 6-51(b)所示。打开【平面】对话框，如图 6-52 所示。在【类型】下拉列表框中选择【按
某一距离】选项；单击【平面参考】中的【选择平面对象】按钮，然后在绘图区中单击车
型台的上表面，在【偏置】文本框中输入"10"，绘图区中则显示安全平面，如图 6-53 所
示，然后单击【确定】按钮，返回【非切削移动】对话框，如图 6-54 所示。

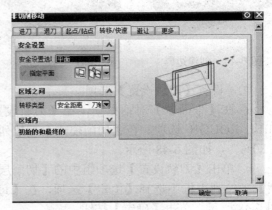

(a)　【进刀】选项卡　　　　　　　　　　　　(b)　【转移/快速】选项卡

图 6-51　【进刀】选项卡和【转移/快速】选项卡

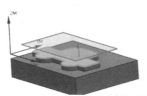
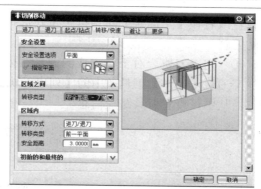

图 6-52　平面构造器　　　图 6-53　安全平面　　　图 6-54　区域间或区域内设置

e. 设置【进给率和速度】参数。

单击【进给率和速度】按钮，可以打开【进给率和速度】对话框，如图 6-55 所示，可以设定主轴速度、进给率、进刀和退刀速度等。

f. 单击【确定】按钮，返回【平面铣】对话框。

(3) 生成刀轨及相关操作。完成平面铣操作的创建后，就可以生成刀具轨迹，并可使用刀具路径管理工具对刀轨进行编辑、重显、模拟、输出和编辑刀具位置源文件等操作。

① 生成刀轨。单击加工刀轨【操作】工具条中的【生成刀轨】按钮，系统会生成并显示一个所有切削层的刀轨，如图 6-56 所示。

② 确认刀轨。生成刀轨后，可以单击【确认刀轨】按钮，弹出【刀轨可视化】对话框，单击【2D 动态】标签，并将动画速度调至合适，然后单击【播放】按钮，仿真加工完成后，绘图区零件如图 6-58 所示，本项操作可以确认刀轨的正确性。对于某些刀轨，还可以用 UG 的"切削仿真"图标进一步检查。

图 6-55　【进给率和速度】对话框　　　图 6-56　生成刀轨　　　图 6-57　【刀轨可视化】对话框

③ 编辑和删除刀轨。如果对生成的刀轨不满意，可以在【导航器】工具条上单击【程序顺序视图】按钮，在打开的对话框中右击需要进行编辑的刀轨，在快捷菜单中选择【刀轨】|【编辑】或【删除】命令，如图 6-59 所示。然后在当前的操作对话框中进行参数的重

新设置或者在【平面铣】对话框中重新选择几何体，再进行生成和确认，直到生成一个合格的刀轨。

④ 列出刀轨。对于已生成的刀具路径，可以查看各操作所包含的刀具路径信息。单击加工刀轨【操作】工具条中的【列出刀轨】按钮，系统打开如图 6-60 所示的【信息】窗口，从中可查看刀具路径信息。

图 6-58　仿真加工　　　　图 6-59　选择【编辑】命令　　　　图 6-60　刀具路径信息

5．后处理

通过仿真加工，确认生成刀轨正确后，接着进行后处理，生成符合机床标准格式的数控程序。

(1) 在刀轨【操作】工具条中，单击【后处理】按钮，系统弹出【后处理】对话框；或者在【导航器】工具条上单击【后处理】按钮，如图 6-61 所示。

(2) 在打开的【后处理】对话框中，选中【后处理器】列表框中的 MILL_3_AXIS 选项，在【文件扩展名】文本框中输入"txt"，在【设置】选项组中的【单位】下拉列表中选择【公制/部件】选项，如图 6-62 所示。

(3) 单击【后处理】对话框中的【确定】按钮，弹出【后处理】提示对话框，如图 6-63 所示。直接单击【确定】按钮，则弹出程序【信息】对话框，如图 6-64 所示。

图 6-61　【后处理】按钮　　图 6-62　【后处理】对话框　　　　图 6-63　后处理提示

6. 编辑后处理生成程序

UG NX 8.0 系统自动生成的程序不能直接导入宇龙仿真加工系统和 FANUC 数控铣床进行加工零件，因为自动生成的程序中有不能被数控系统承认的 G 代码，可能还有创建操作时由于误操作导致的乱码或丢失的代码，一般修改步骤如下。

1) 删除程序创建信息

去掉【信息】对话框框中程序开头部分，包括信息清单创建者、日期、当前工作部件和节点名等信息，如图 6-65 所示。

图 6-64 【信息】对话框

2) %换成程序名 "O××××"

在 FANUC 数控系统中程序开始处没有 "%"，而是程序名，程序名以字母 "O" 加上四位数字组成，例如："O6005"（项目六的第五个程序）。使用 FANUC 系统的数控铣床加工零件，所以将图 6-65 中的 "%" 替换成 "O6005"。

3) 删除 G70，增加坐标系指令

在图 6-65 中的 "N0010" 程序段中删除不被数控系统识别的 G 代码 "G70"。在数控加工程序中一般在第一段用 "G54～G59" 设置工件坐标，在本任务中用 "G54" 即可。

4) 删除自动换刀程序段

"N0030 T00 M06" 是数控加工中心自动换刀程序段，在数控铣床上主轴只装一把铣刀，不能自动换刀，所以删除本段程序。

5) 浏览整个程序修改不合理参数

最后浏览整个程序，注意容易出现错误的参数，如工艺参数 F、S 等数值以及 Z 值符号。在程序 "N0040" 段中要注意主轴转速是否为零，应该给主轴转速赋予合理数值，如 "S1200"。

修改后的程序另存为 "O6005.txt" 文件，如图 6-66 所示，然后直接导入 FANUC 数控铣床系统中进行加工即可。

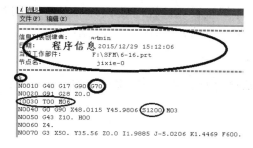

图 6-65 程序信息

图 6-66 修改后的程序

四、任务小结

平面铣削适合加工实体上与刀具垂直或水平的规则表面，其毛坯一般是板料或棒料，常用于粗加工和精加工。本任务重点介绍了平面铣削粗加工程序的整个生成过程。

五、扩展任务

对如图 6-6 所示的凸模进行自动编程并仿真加工(忽略孔,粗加工)。

任务六 平面类零件精加工的软件编程

一、任务导入

运用 UG NX 8.0 软件编程,精加工如图 6-67 所示的车型凸台(已使用 ϕ12mm 的刀具粗加工),凸台周围及矩形底平面各有 1mm 的余量,凸台最终高度为 5mm。

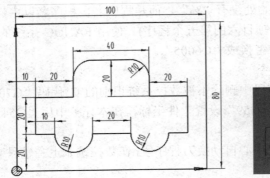

图 6-67 车型凸台及半成品

二、任务分析并确定加工方案

下面对如图 6-67 所示的车型凸台(已粗加工)进行精加工编程。如果采用手工编程,需要计算精加工时刀心刀路或加刀具半径补偿值,计算量较大,程序较长。本次任务借助 CAD/CAM 软件进行编程。下面来确定装夹方案、加工方法、刀具参数和切削用量。

1. 确定装夹方案及原点

装夹方案及原点设置参考任务五,粗加工后需要再对刀时,一般采用碰刀法或对刀仪法进行对刀。

2. 确定加工方法和刀具

在本任务中用平面铣进行精加工,根据加工零件的特点,分两次精铣,第一次精加工(简称一次精铣)选用 ϕ12mm 平底铣刀精铣底面(尽量提高生产效率),第二次精加工(简称二次精铣)选用 ϕ3mm 平底铣刀进行车型凸台轮廓加工和清根,如表 6-23 所示。

3. 确定切削用量

各刀具切削参数与长度补偿值如表 6-24 所示。

表 6-23 车型凸台加工方案

加工内容	加工方法	选用刀具
车型凸台	一次精铣	ϕ12mm 平底铣刀
	二次精铣	ϕ3mm 平底铣刀

表 6-24 刀具切削参数与长度补偿值选用表

刀具参数	主轴转速/(r/min)	进给率/(mm/min)	刀具补偿
ϕ12mm 平底铣刀	3000	400	H1/T1
ϕ3mm 平底铣刀	3800	260	H2/T2

三、任务实施

1. 创建刀具

ϕ12mm 平底铣刀在任务五中已创建，精加工时需要换一把同规格的新铣刀，现在创建 ϕ3mm 的平底铣刀。

(1) 单击【创建刀具】图标，弹出【创建刀具】对话框，如图 6-33 所示。

(2) 在【名称】文本框中输入"D3"，单击【确定】按钮打开铣刀参数设置对话框，如图 6-68 所示。系统默认新建铣刀为"5-参数"铣刀，在【尺寸】选项组中的【直径】文本框中输入"3"，在【编号】选项组中的【刀具号】和【补偿寄存器】文本框中输入"2"，单击【确定】按钮创建铣刀"D3"。

2. 创建一次精铣工序

(1) 设置【创建工序】对话框。单击【创建工序】图标，弹出【创建工序】对话框，如图 6-69 所示。

① 在【类型】下拉列表框中选择 mill_planar 选项，单击【工序子类型】选项组中的 FACE_MILLING_AREA(区域面铣削)按钮。

② 在【程序】下拉列表框中选择 O6005 选项。

③ 在【刀具】下拉列表框中选择 D12 选项。

④ 在【几何体】下拉列表框中选择 WORKPIECE _1 选项。

⑤ 在【方法】下拉列表框中选择 MILL_FINISH 选项。

⑥ 在【名称】文本框中输入"J_01"，单击【确定】按钮，弹出【面铣削区域】对话框，如图 6-70 所示。

(2) 设置【面铣削区域】对话框。

① 设置【几何体】选项组。

a. 在【几何体】下拉列表中选择 WORKPIECE_1 选项。

b. 单击【几何体】选项组中的【指定切削区域】按钮，打开【切削区域】对话框，在绘图区选中矩形底面，如图 6-71 所示。单击【确定】按钮，返回【面铣削区域】对话框。

图 6-68　创建刀具　　　图 6-69　【创建工序】对话框　　图 6-70　【面铣削区域】对话框

c. 单击【指定壁几何体】按钮 ，打开【壁几何】对话框，在绘图区中选中如图 6-72 所示的车型毛坯的周壁，单击【确定】按钮，返回【面铣削区域】对话框。

② 设置【刀轨设置】选项组。

a. 在【面铣削区域】对话框中，在【刀轨设置】选项组的【方法】下拉列表框中选择 MILL_FINISH 选项，在【切削模式】下拉列表框中选择【跟随部件】选项，步距选择默认值即可或根据生产经验输入合适数值，如图 6-73 所示。

图 6-71　选中矩形底面　　　图 6-72　选中车型毛坯的周壁　　图 6-73　选中本型毛坯的周壁

b. 单击【刀轨设置】选项组中的【切削层】按钮 ，打开【切削层】对话框，在【类型】下拉列表框中选择【恒定】选项，在【每刀深度】|【公共】文本框中输入"1"，单击【确定】按钮。

c. 单击【刀轨设置】选项组中的【切削参数】按钮 ，打开【切削参数】对话框。切换到【策略】选项卡，在【切削方向】下拉列表中选择【顺铣】选项，如图 6-74 所示。

d. 切换到【余量】选项组，在【部件余量】文本框中输入"1"，在【最终底面余量】

文本框中输入"0"，如图 6-75 所示，单击【确定】按钮。

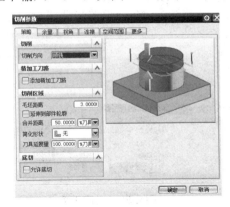

图 6-74　策略设置

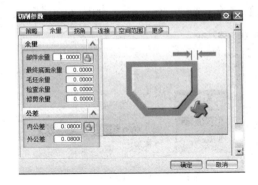

图 6-75　一次精铣余量设置

单击【刀轨设置】选项组中的【非切削移动】按钮，打开【非切削移动】对话框，其设置过程参考任务五图 6-51～图 6-54 所示。

e. 设置【进给率和速度】参数。单击【进给率和速度】按钮，打开【进给率和速度】对话框，如图 6-76 所示，可以设定主轴速度、进给率、进刀和退刀速度等。

f. 单击【确定】按钮，返回【面铣削区域】对话框。

(3) 生成刀轨及相关操作。完成面铣操作的创建后，就可以生成刀具轨迹，并可使用刀具路径管理工具对刀轨进行编辑、重显、模拟、输出和编辑刀具位置源文件等操作。

① 生成刀轨。单击加工【操作】工具条中的【生成刀轨】按钮，系统会生成并显示一个所有切削层的刀轨，如图 6-77 所示。

② 确认刀轨。生成刀轨后，可以单击【确认刀轨】按钮，弹出【刀轨可视化】对话框，单击【2D 动态】检验，并将动画速度调至合适，单击【播放】按钮，仿真加工完成后，绘图区零件如图 6-78 所示。

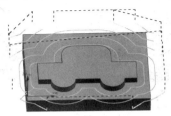
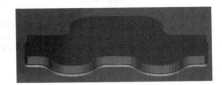

图 6-76　【进给率和速度】对话框　　图 6-77　生成刀轨　　图 6-78　一次精加工仿真结果

3. 创建二次精铣工序

(1) 工序复制和重命名。

① 在【工序导航器】中，单击 J-01 工序并右击，在弹出的快捷菜单中选择【复制】

命令，然后粘贴，即可生成 J-01_COPY 工序，如图 6-79 所示。

②　在【工序导航器】中，单击 J-01-COPY 工序并右击，在弹出的快捷菜单中选择【重命名】命令，输入"J-02"，如图 6-80 所示。

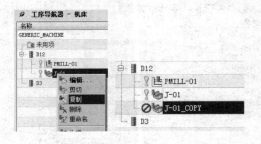

图 6-79　复制工序

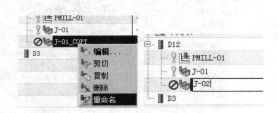

图 6-80　工序重命名

(2)　设置二次精铣对话框。

①　在【工序导航器】中双击 J-02；或单击 J-02 工序并右击，在弹出的快捷菜单中选择【编辑】命令，如图 6-81 所示，弹出【面铣削区域】对话框，如图 6-82 所示。

②　在【刀具】下拉列表框中选择 D3 选项。

③　在【切削模式】下拉列表框中选择【轮廓加工】选项，步距选择默认值即可或根据生产经验输入合适数值，如图 6-82 所示。

④　单击【切削参数】按钮▦，打开【切削参数】对话框。切换到【策略】选项卡，在【切削方向】下拉列表框中选择【顺铣】选项，选中【壁】选项组中的【岛清根】和【只切削壁】复选框，如图 6-83 所示。在【部件余量】文本框中输入"0"，如图 6-83 所示，单击【确定】按钮。

⑤　设置【进给率和速度】参数。单击【进给率和速度】按钮🔧，打开并设置【进给率和速度】对话框，如图 6-84 所示。

图 6-81　选择【编辑】命令

图 6-82　【面铣削区域】对话框

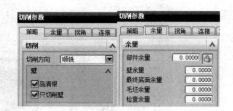

图 6-83　切削参数

⑥　单击【确定】按钮，返回【面铣削区域】对话框。

(3)　生成刀轨及相关操作。完成二次精铣操作的创建后，生成刀具轨迹。【生成刀轨】和【确认刀轨】的操作参考一次精铣，刀路轨迹及仿真加工结果如图 6-85 和图 6-86 所示。在加工结果图中存在多处残留，要返回【面铣削区域】对话框，在【刀轨设置】中的【附加刀路】文本框中输入"1"，如图 6-87 所示，然后再生成刀轨，并确认刀轨，如图 6-88

和图 6-89 所示。

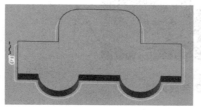

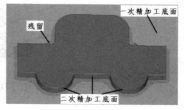

图 6-84　【进给率和速度】对话框　　图 6-85　生成刀轨　　　　图 6-86　仿真加工结果

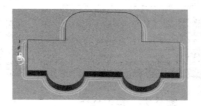

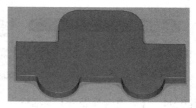

图 6-87　设置附加刀路　　　　图 6-88　生成附加刀轨　　　　图 6-89　最终加工结果

4．后处理

通过仿真加工，确认生成刀轨正确后，接着进行后处理，生成数控程序，并进行适当的编辑，使之符合机床标准格式。

(1) 在【工序导航器】中分别选中 J-01 和 J-02 选项，如图 6-90 和图 6-91 所示。或者按下键盘上 Ctrl 键，同时选中 J-01 和 J-02 选项，如图 6-92 所示。

(2) 在刀轨【操作】工具条中，单击【后处理】按钮，或者通过【导航器】快捷菜单，单击【后处理】命令，如图 6-93 所示，系统弹出【后处理】对话框。

(3) 设置【后处理】对话框中的各选项，如果同时选择两个精加工操作，则会弹出【多重选择警告】对话框，如图 6-94 所示，单击【确定】按钮，则生成数控程序，如图 6-95 所示。

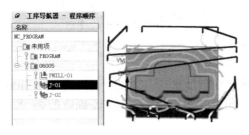

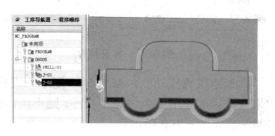

图 6-90　J-01 刀轨　　　　　　　　图 6-91　J-02 刀轨

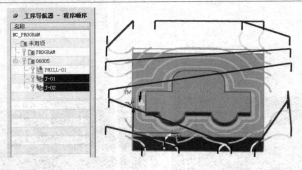

图 6-92　J-01 和 J-02 合成刀轨

图 6-93　快捷菜单

5. 编辑程序

(1) 首先将生成的数控程序另存在指定的位置，如图 6-96 所示，以"O6025"命名。

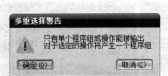

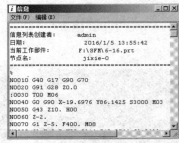

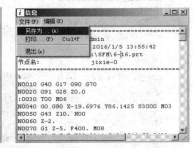

图 6-94　【多重选择警告】对话框　　　图 6-95　数控程序　　　图 6-96　另存处理

(2) 将 UG 绘图区将的程序对话框关闭，从指定位置以"记事本"方式打开刚才生成的程序，如图 6-97 所示。

(3) 详细编辑过程参考任务五，修改后程序开始部分如图 6-98 所示，如果使用数控加工中心加工零件，T01 为 D12 新平底立铣刀，则"：0030 T00 M06"修改为"N0030 T01 M06"；如果使用数控铣床加工零件，需要手工换刀，那么"：0030 T00 M06"修改为"N0030 M00"或直接去掉。

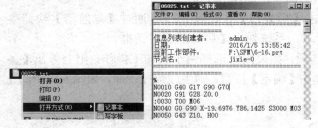

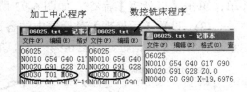

图 6-97　打开程序　　　　　　　图 6-98　程序开始部分

(4) 通过查找功能，如图 6-99 所示，查找到二次精加工程序中的"N1340 T02 M06"。如果在数控加工中心上使用本程序，则不用修改；如果在数控铣床上使用，则修改为"N1340 M00"，如图 6-100 所示。

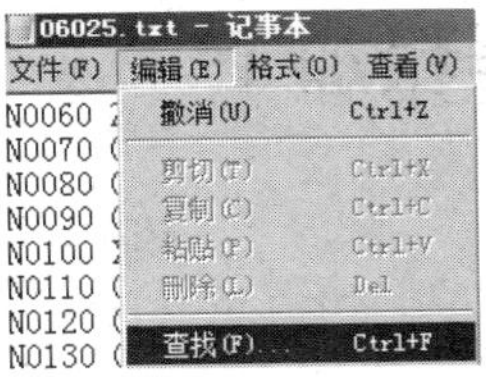

数控加工中心　　　　　　　　　　　数控铣床

图 6-99　选择【查找】命令 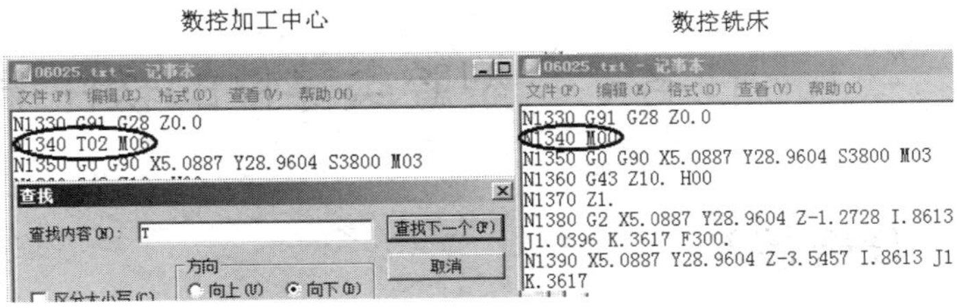　　　　　　图 6-100　二次精加工程序 T02 部分

四、任务小结

本任务重点介绍了【面铣削区域】对话框的设置，创建一次精加工和二次精加工的整个过程，如果一次精加工能完成零件的加工，不必进行用二次精加工操作。面铣削适合加工实体上的表面或部分区域；其毛坯是精铸件或锻件或粗加工的半成品件，经常用于粗加工、半精加工和精加工。面铣削中的切削模式应用非常灵活，对于不同形状的区域可选择不同的切削模式。

五、扩展任务

对图 6-101 所示的盖板进行自动编程并仿真加工(忽略孔，进行粗、精加工)。

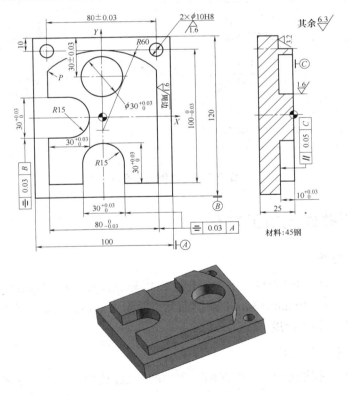

图 6-101　盖板零件

任务七　型腔类零件的软件编程粗加工

一、任务导入

运用 UG NX 8.0 软件自动编程并加工如图 6-102 所示的小熊头型零件。小熊头型零件的结构组成：上表面一处平面，四处 C5 倒角，$R45$、$\phi48$ 和 $\phi84$ 五处圆柱面，$R2$、$\phi48$ 和 $\phi84$ 五处圆弧面。如果按照面铣削加工方法创建工序，只能加工上表面和五处圆柱面，这是因为平面铣削时仅加工与刀具垂直和平行的表面。因此我们要采取新的办法加工与刀具不垂直和平行的表面，本任务中选用通用型腔(CAVITY_MILL)方法进行零件粗加工的软件编程。

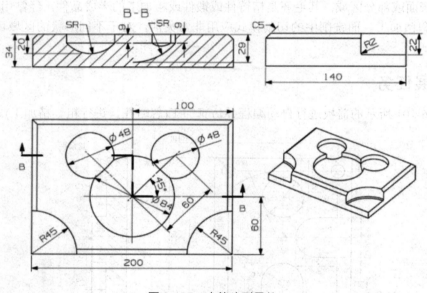

图 6-102　小熊头型零件

二、任务分析并确定加工方案

1．确定装夹方案

根据小熊头型零件的结构特点选用机用平口钳装夹，校正平口钳固定钳口与工作台 X 轴方向平行，将毛坯的 200mm×34mm 两侧面贴近固定钳口后，夹紧高度为 10mm 左右，压紧并校正工件上表面的平行度。

2．确定加工方法和刀具

在本任务中进行腔铣粗加工，根据加工零件的特点，选用 $\phi20$mm 的 $R3$ 铣刀，如表 6-25 所示。

表 6-25　小熊头型零件加工方案

加工内容	加工方法	选用刀具/mm
小熊头型零件	粗铣	$\phi 20R3$ 铣刀

3．确定切削用量

各刀具切削参数与长度补偿值如表 6-22 所示。

表 6-26　刀具切削参数与长度补偿值选用表

刀具参数	主轴转速/(r/min)	进给率/(mm/min)	刀具补偿
$\phi 20R3$ 铣刀	2200	600	H1/T1

4．确定工件坐标系和对刀点

将 $\phi 84$ 圆柱面上表面沿 Z 负方向移动 1mm，此处记作 O 点作为工件原点，建立工件坐标系，如图 6-102 所示。实际生产中采用试切对刀方法把 O 点作为对刀点。

三、型腔铣削概述

1．型腔铣削加工概述

型腔铣削加工可以在某个面内切除曲面零件的材料，特别是平面铣不能加工的型腔轮廓或区域内的材料，经常用来在精加工之前对某个零件进行粗加工。型腔铣削加工时刀具轴线方向相对工件不发生变化，但它垂直于切削层，可以加工侧壁与底面不垂直的零件，也可以加工底面是平面的零件，此外型腔铣削还可以加工模具的型腔或者型芯。而平面铣削加工不能加工侧面与底面不垂直的零件。

2．型腔铣削和平面铣削的比较

1）　相同点

(1)　型腔铣削加工和平面铣削加工的创建步骤基本相同，都需要在【创建工序】对话框中定义部件几何、指定加工刀具、设置刀轨参数和生成刀具轨迹。

(2)　型腔铣削加工和平面铣削加工的刀具轴线都垂直于切削层平面，并且在该平面内生成刀具轨迹。

(3)　型腔铣削加工和平面铣削加工的切削模式基本相同。

(4)　在创建型腔铣削和平面铣削操作时，定义几何体，指定加工刀具，设置【步距】【切削参数】【非切削参数】等参数的方法基本相同。

(5)　刀具轨迹生成方法和验证方法基本相同。

2）　不同点

(1)　型腔铣削操作的刀具轴线只需要垂直于切削层平面；而平面铣削操作的刀具轴线不仅需要垂直于切削层平面，还需要垂直于部件底面。

(2)　型腔铣削操作一般用于零件的粗加工；而平面铣削操作既可以用于零件的粗加工，

也可以用于半精加工和精加工。

(3) 型腔铣削操作可以通过任何几何对象,包括体、曲面区域和面等来定义加工几何体;而平面铣削操作只能通过边界来定义加工几何体,边界可以是曲线、点和平面上的边界。

(4) 型腔铣削操作规程通过部件几何体和毛坯几何体来确定切削深度;而平面铣削由部件边界和底面之间的距离来确定切削深度。

(5) 型腔铣削操作需要用户指定切削区域;而平面铣削操作需要用户指定部件底面,切削区域通过边界确定。

3. 型腔工序子类型简介

型腔铣削工序子类型最常用的就是 CAVITY_MILL(通用型腔铣)、PLUNGE_MILLING(插铣削)、CORNER_ROUGH(拐角粗加工)、REST_MILLING(剩余铣)、ZLEVEL_PROFILE(深度加工轮廓)、ZLEVEL_CORNER(深度加工拐角)、FIXED_CONTOUR(固定轮廓铣)等。其中,通用型腔铣是最基本的工序子类型,基本上可以满足一般的型腔铣加工要求,其他的加工方法都是在此加工方法上改进或演变而来的。

四、任务实施

1. 零件实体建模过程简介

(1) 新建模型文件。新建名为"6-102.prt"的模型文件(注意:文件路径中不能有汉字)。

(2) 创建建模坐标系。选择【插入】|【基准/点】|【基准 CSYS】命令,按照系统默认参数创建建模坐标系,如图 6-103 所示。

(3) 创建 200mm×140mm×34mm 长方体。选择【插入】|【设计特征】|【长方体】命令(如果下拉菜单中没有【长方体】命令,则单击【角色】→【角色/具有完整菜单的高级功能】即可,如图 6-104 所示),弹出【块】对话框,如图 6-105 所示。在【尺寸】选项组中,长度输入"200",宽度输入"140",高度输入"34",接着在【原点】选项组中单击【指定点】右侧的【点对话框】按钮,打开【点】对话框,在【坐标】栏输入 X、Y 和 Z 各参数,单击【确定】按钮,返回【块】对话框,再次单击【确定】按钮,返回绘图区,得到一长方体。

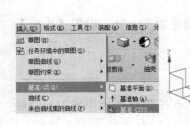

图 6-103　插入建模坐标系

图 6-104　单击【角色】

图 6-105　长方体参数

(4) ϕ84 圆柱面及球面建模。

① 单击【直接草图】工具条中的【草图】按钮，选中 XZ 基准面进入草图环境，利用三点绘制圆弧，如图 6-106 所示，修剪草图，如图 6-107 所示。单击【完成草图】按钮，返回绘图区。

② 单击【视图】工具条中的【带有淡化边的线框】按钮，将步骤(3)中生成的长方体透明或淡化显示，如图 6-108 所示。

③ 单击【回转】按钮，选择草图，如图 6-109 所示，并与步骤(3)中生成的长方体进行求差，得到零件建模，如图 6-110 所示。

④ 最将草图移动至图层中的目标层"10"。

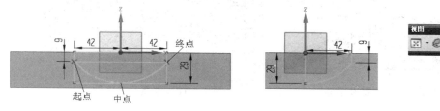

图 6-106　绘制圆弧　　　　图 6-107　修剪草图　　　　图 6-108　淡化显示

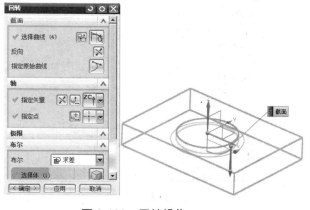

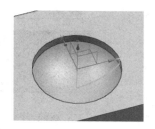

图 6-109　回转操作　　　　　　　　　　图 6-110　回转后零件

(5) ϕ48 圆柱面及球面建模。

① 单击【特征】工具栏中的【基准平面】按钮，弹出其对话框，如图 6-111 所示，在【类型】下拉列表中选择【成一角度】选项，【平面参考】选项选择 YZ 平面，【通过轴】选择 Z 轴，在【角度】文本框中输入"45"。

② 选中新建基准面进入草图环境，按图纸要求绘制六条直线，利用三点绘制圆弧，如图 6-112 所示，修剪草图，如图 6-113(a)所示。单击【完成草图】按钮，返回绘图区。

③ 先将图 6-110 中的实体进行淡化线框处理，然后单击【回转】按钮，选择图 6-113(b)中的草图进行回转操作，在【轴】选项组中的【指定矢量】选项中选择"ZC"，【指定点】为图 6-113(a)中长"20"的竖线端点，与已生成长方体求差即可。

④ 将图 6-113(a)中的草图和"新建基准平面"通过【移动至图层】功能移动至目标层"11"。

⑤ 选择【插入】|【关联复制】|【镜像特征】命令，弹出【镜像特征】对话框，如图 6-114 所示，首先单击【选择特征】按钮，然后在绘图区选中"ϕ48 圆柱面及球面"；接

数控铣床编程与操作(第2版)

着单击【选择平面】按钮，选中 YZ 平面作为镜像平面，单击【镜像特征】对话框中的【确定】按钮，绘图区中生成的实体如图 6-115 所示。

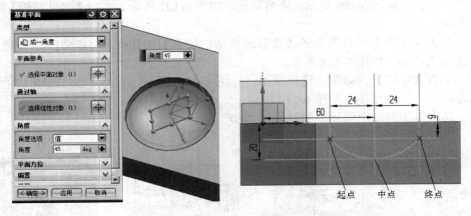

图 6-111　设置基准平面　　　　　　　图 6-112　创建基准平面

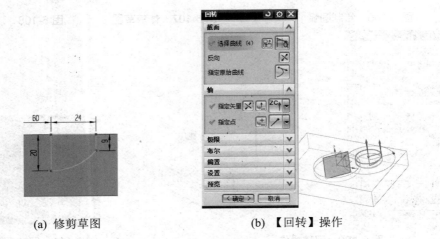

(a) 修剪草图　　　　　　　　　(b)【回转】操作

图 6-113　修剪草图和【回转】操作

图 6-114　【镜像特征】操作

(6) 两处 R45 扇面建模。

① 选中基准面 XY 进入草图环境，按图纸要求绘制 R45 的两处扇形，如图 6-116 所示，单击【完成草图】按钮，返回绘图区。

② 单击【拉伸】按钮，选择图 6-116 中的草图进行拉伸操作，在【方向】选项组中的【指定矢量】选项中选择"-ZC"，在【极限】选项组中的【距离】文本框中输入"22"，与已生成实体求差即可，如图 6-117 所示。将"草图 6-116"移动至目标层"12"。

(7) R2 及 C5 生成。

① 单击【特征】工具条中的【边倒圆】按钮，弹出【边倒圆】对话框，在绘图区选中 R45 两段圆弧，在【半径 1】文本框中输入"2"，单击【确定】按钮返回绘图区域，边倒圆结果如图 6-118(a)所示。

② 单击【特征】工具条中的【倒斜角】按钮，弹出【倒斜角】对话框，在绘图区选中上表面四周的四条直边，如图 6-118(b)所示，在【偏置】选项组中的【距离】文本框中输入"5"，单击【确定】按钮返回绘图区域，最终建模结果如图 6-119 所示。

图 6-115　镜像后的实体

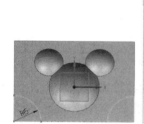  

图 6-116　R45 草图和 R45 扇区拉伸

图 6-117　R45 拉伸后实体

(a) 边倒圆操作

(b) 【倒斜角】操作

图 6-118　边倒圆操作和【倒斜角】操作

2．创建毛坯

根据零件尺寸，选择 200mm×140mm×35mm 的长方体进行加工。在建模模块下，创建块状毛坯。

(1) 单击【拉伸】按钮，然后选择小熊头型零件底面长方形沿 ZC 方向进行拉伸，拉伸距离为"35"，【布尔操作】选择无，得到块状毛坯，如图 6-120 所示。

图 6-119　最终建模结果

(2) 设置毛坯的可见性。使用【移动至图层】功能将毛坯移动至目标层"13"，如图 6-121 所示，单击【确定】按钮，毛坯即为不可见。

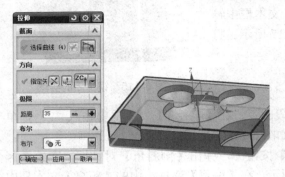

图 6-120　生成毛坯

图 6-121　移动至图层 13

3．创建加工操作

1)　加工模块初始化

(1)　进入加工模块。

在【标准】工具条单击【开始】按钮 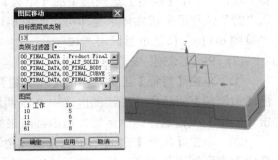，选择【加工】命令进入加工模块。

(2)　加工环境设置。

进入加工模块时，系统会弹出【加工环境】对话框。在 3 轴的数控铣床编程中，最常用的设置为【CAM 会话配置】选择 cam_general 选项，而【要创建的 CAM 设置】选择 mill_contour(型腔铣，刀具轴心线与加工面可以不垂直或平行)，如图 6-122 所示，接着单击【确定】按钮，进入加工环境，如图 6-123 所示。

2)　创建程序、刀具及几何体

(1)　创建程序 O6007，具体操作参考任务五。

(2)　创建刀具 D20R3。

①　单击【创建刀具】图标 ，弹出【创建刀具】对话框，如图 6-124 所示。

图 6-122　【加工环境】对话框　　图 6-123　加工环境　　图 6-124　创建 D20R3 铣刀

②　在【名称】文本框中输入"D20R3"，单击【确定】按钮，打开【铣刀-5 参数】

对话框，在【尺寸】→【直径】文本框中输入"20"，【下半径】文本框中输入"3"，【刀具号】【补偿寄存器】和【刀具补偿寄存器】的文本框中输入"1"，单击【确定】按钮完成 R 铣刀的创建。

(3) 创建几何体 WORKPIECE_1。

单击【工件】对话框中【几何体】选项组中的【指定部件】图标，在绘图区选中"小熊头型零件"；然后使毛坯块体可见，单击【指定毛坯】选项，在绘图区选中毛坯块体，单击【确定】按钮退出【工件】对话框。具体操作参考任务五。

3) 创建工序(型腔铣操作)

(1) 设置【创建工序】对话框。单击【创建工序】图标 ，弹出【创建工序】对话框，如图 6-125 所示。

① 在【类型】下拉列表框中选择 mill_contour 选项，单击【工序子类型】选项组中的 CAVITY-MILL 按钮 。

② 在【程序】下拉列表框中选择 O6007 选项。

③ 在【刀具】下拉列表框中选择 D20R3 选项。

④ 在【几何体】下拉列表框中选择 WORKPIECE_1 选项。

⑤ 在【方法】下拉列表框中选择 MILL_ROUGH 选项。

⑥ 在【名称】文本框中输入"C_1"，单击【确定】按钮，弹出【型腔铣】对话框，如图 6-126 所示。

(2) 设置【型腔铣】对话框。

① 设置【几何体】选项组。

a. 在【几何体】下拉列表框中选择 WORKPIECE_1 选项。

b. 单击【几何体】选项组中的【指定切削区域】图标 ，在绘图区选中"小熊头型零件"18 个对象(除了底面及四侧面外的对象)，如图 6-127 所示。

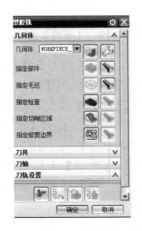

图 6-125 【创建工序】对话框　图 6-126 【型腔铣】对话框　图 6-127 选择【切削区域】

② 设置【刀轨设置】选项组。

a. 在【刀轨设置】选项组的【方法】下拉列表框中选择 MILL_ROUGH 选项，在【切削模式】下拉列表框中选择【跟随周边】选项，在【步距】下拉列表框中选择【刀具平直百分比】选项，在【平面直径百分比】文本框中输入"80.0"，如图 6-128 所示。

b. 【刀轨设置】选项组中的【每刀的公共深度】下拉列表框中选择【恒定】选项，在【最大距离】文本框中输入"1.0"，如图 6-128 所示，【刀轨设置】选项组中的【切削层】可以不再设置，采用系统默认值。

c. 打开【切削参数】对话框，切换到【策略】选项卡，在【切削方向】下拉列表框中选择【顺铣】选项，在【切削顺序】下拉列表框中选择【深度优先】选项，在【刀路方向】下拉列表框中选择【向外】选项，如图 6-129 所示。切换到【余量】选项卡，在【部件余量】文本框中输入"1.0"，在【最终底面余量】文本框中输入"1.0"，如图 6-130 所示，单击【确定】按钮。

d. 单击【刀轨设置】选项组中的【非切削移动】按钮，打开【非切削移动】对话框。

◆ 切换到【进刀】选项卡，展开【封闭区域】选项组，在【进刀类型】下拉列表框中选择系统默认选项；展开【开放区域】选项组，在【进刀类型】下拉列表框中选择【圆弧】选项，其他采用默认值，不用更改，如图 6-131 所示。

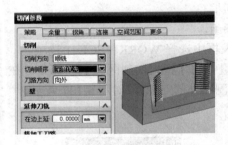

图 6-128　刀轨设置　　　　图 6-129　【策略】选项卡　　　图 6-130　【余量】选项卡

◆ 切换到【退刀】选项卡，在【退刀】下拉列表框中选择【与进刀相同】选项。单击【转移/快速】标签，切换到【转移/快速】选项卡，展开【安全设置】选项组，在【安全设置选项】下拉列表框中选择【平面】选项，单击【指定平面】按钮，如图 6-132 所示。打开【平面构造器】对话框，单击【XY 平面】按钮，在【偏置】文本框中输入"10"，绘图区中显示安全平面。在【区域之间】选项组中的【转移类型】下拉列表框中选择【安全距离-刀轴】选项，然后单击【确定】按钮，返回【非切削移动】对话框。

e. 设置【进给率和速度】参数。

单击【进给率和速度】按钮，设定主轴速度为 2000r/min、进给率为 600mm/min、进刀和退刀速度等。

f. 单击【确定】按钮，返回【型腔铣】对话框。

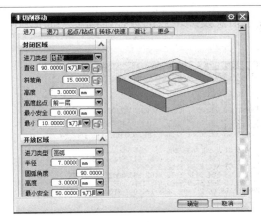

图 6-131　【进刀】选项卡

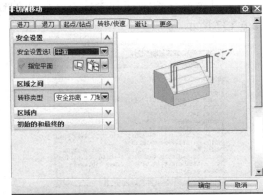

图 6-132　【转移/快速】选项卡

(3)　生成刀轨及相关操作。

完成平面铣操作的创建后，就可以生成刀具轨迹，并可使用刀具路径管理工具对刀轨进行编辑、重显、模拟、输出和编辑刀具位置源文件等操作。

①　生成刀轨。

单击加工【刀片】工具条中的【生成刀轨】按钮 🔧，系统会弹出警示对话框，如图 6-133所示，这是由于刀具直径过大引起的，直接关闭对话框即可，然后在绘图区生成型腔铣削的刀轨，如图 6-134 所示。

```
---------- 诊断信息 ----------
---------- Object name: C-1 ----------------
有些区域被忽略，因为它们太小而无法进刀。
降低进刀的最小斜面长度或开启"最小化进刀数"功能可减少这些问题。
```

图 6-133　【警示信息】

②　确认刀轨。

生成刀轨后，可以单击【确认刀轨】按钮 🔧，弹出【刀轨可视化】对话框，单击【2D动态】标签，并将动画速度调至合适，然后单击【播放】按钮▶，仿真加工完成后，粗加工后的结果如图 6-135 所示，本项操作可以确认刀轨的正确性。对于某些刀轨，还可以用UG 的"切削仿真"图标进一步检查。

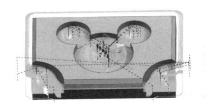

图 6-134　生成刀轨

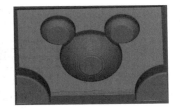

图 6-135　粗加工结果

4．后处理及编辑程序

通过仿真加工，确认生成刀轨正确后，接着进行后处理，生成符合机床标准格式的数控程序。具体操作参考前几个任务。生成的程序信息及编辑后的数控铣削程序如图 6-136 和图 6-137 所示。

图 6-136　程序信息

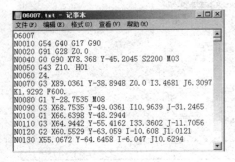

图 6-137　编辑后的程序

五、任务小结

本任务重点介绍了型腔铣削加工的适用场合和创建工序的整个过程，以及型腔铣削加工和面铣削加工的异同点。型腔铣削和面铣削最大的不同点是加工的零件类型不同，面铣削操作适合加工侧面与底面垂直的或岛屿顶部和腔槽底部为平面的零件，而型腔铣则可以用来加工侧面不垂直的或岛屿顶部和腔槽底部为曲面的零件。

在创建型腔铣削操作时，最大的不同点是切削区域的定义和切削层的设置，应该着重掌握这两个参数的设置方法。

六、扩展任务

对图 6-138 所示米老鼠头型进行自动编程并仿真加工(椭圆槽，进行粗加工)。

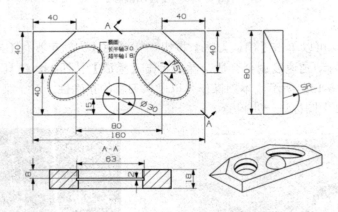

图 6-138　米老鼠头型

任务八　固定轮廓铣削的软件编程

一、任务导入

运用 UG NX 8.0 软件对小熊头型零件的圆弧面进行精加工，如图 6-139 所示，深颜色显示部分。要求运用固定轮廓(FIXED_CONTOUR)铣削方法进行自动编程并仿真加工。

图 6-139　小熊头型零件

二、任务分析并确定加工方案

小熊头型零件的结构及毛坯参考任务七；选用 D20 的平底铣刀进行平面精铣，具体操作参考任务六；下面先重点介绍固定轮廓铣削精加工切削参数的确定。无论是手工编程或计算机辅助编程，在编制加工程序时，选择合理的刀具和切削用量，都是编制高质量加工程序的前提。

根据刀具材料、工件材料等因素确定刀具切削参数与长度补偿值，如表 6-27 所示。

表 6-27　刀具切削参数与长度补偿值选用表

刀具参数	主轴转速/(r/min)	进给率/(mm/min)	刀具补偿
ϕ 12 球头铣刀	3000	400	H2/T2
ϕ 3 球头铣刀	3800	260	H3/T3

三、相关理论知识

1. 固定轮廓铣削加工概述

固定轮廓铣加工属于三轴加工方式，因此可以用来加工形状较为复杂的曲面轮廓，主要用于半精加工和精加工。

在创建固定轮廓铣操作时，用户需要指定零件几何、驱动几何、驱动方式和投影矢量，系统沿着用户指定的投影矢量，将驱动几何上的驱动点投影到零件几何上，生成投影点。加工刀具从一个投影点移动到另一投影点，从而生成刀具轨迹。

2．操作参数简介

与其他铣削操作不同的是，在创建固定轮廓铣操作时，我们需要设置两个参数——驱动方式和投影矢量。

1) 驱动方式

在【固定轮廓铣】对话框的【驱动方法】选项组的【方法】下拉列表框中，系统提供了5种驱动方式，分别是【边界】、【区域铣削】、【清根】、【文本】和【用户定义】，如图6-140所示。单击【编辑】按钮，系统将弹出相应的驱动方法对话框。

(1) 边界驱动方式：要求我们指定边界以定义切削区域，系统再根据指定的边界来生成驱动点，驱动点沿着指定的投影矢量方向投影到零件表面上以生成投影点，系统根据这些投影点，在切削区域生成刀具轨迹。

在【边界驱动方法】对话框中，【切削模式】下拉列表框中包括15个选项：【跟随周边】、【配置文件】、【标准驱动】、【单向】、【往复】、【单向轮廓】、【单向步进】、【同心单向】、【同心往复】、【同心单向轮廓】、【同心单向步进】、【径向单向】、【径向往复】、【径向单向轮廓】和【径向单向步进】，如图6-141所示。大部分切削模式的含义与平面铣削类似，此处不再一一介绍，创建工序时可改变选项，领会其中的变化规律，或参考其他UG数控加工类书籍。

图6-140 驱动方法   图6-141 切削模式

(2) 区域铣削驱动方式：要求指定一个切削区域来生成刀具轨迹。可以通过指定曲面区域、片体或面来定义切削区域。与边界驱动方式相比，区域铣削驱动方式不需要驱动几何体，它可以直接利用零件表面作为驱动几何体。此外，还可以指定陡峭约束和修剪边界约束，以便进一步限制切削区域。

(3) 清根驱动方式：如果在粗加工时使用了较大直径的刀具进行切削，一般在凹角、凹谷和沟槽等地方会有较多的残余材料，可以选择清根驱动方式进行半精加工清除残料。

清根驱动方式要求我们指定工件的凹角、凹谷和沟槽作为驱动几何来生成驱动点，它可以清除工件的凹角、凹谷和沟槽等地方的残余材料。我们可以指定最大的凹腔、清根类型(单刀路和多个偏置等)和切削方向(顺铣和逆铣)等。

(4) 文本驱动方式：要求指定字符或者其他符号，并将其雕刻在零件上。在【驱动方法】选项组的【方法】下拉列表框中选择【文本】选项，系统将打开【文本驱动方法】对话框，我们可以通过单击【显示】按钮在绘图区显示数字或者字符等文本内容。

（5）用户定义驱动方式：要求指定自定义的设置。系统将根据用户自定义的设置，生成刀具轨迹的驱动路径。这种方式具有较大的灵活性。

2）投影矢量

【固定轮廓铣】对话框中的【投影矢量】选项组的【矢量】下拉列表框中包括【指定矢量】、【刀轴】、【远离点】、【朝向点】、【远离直线】、【朝向直线】等选项，如图 6-142 所示。下面简单介绍各项含义。

图 6-142　投影矢量

（1）指定矢量。在【矢量】下拉列表框中选择【指定矢量】选项，由用户指定一个矢量作为投影矢量。此时，系统会打开矢量构造器，用户可以在矢量构造器中选择一种方法指定某一矢量。

（2）刀轴。在【矢量】下拉列表框中选择【刀轴】选项，指定投影矢量为刀轴方向。刀轴方向是系统默认的投影矢量。

（3）远离点。在【矢量】下拉列表框中选择【远离点】选项，系统要求用户指定一个点作为焦点，投影矢量的方向以焦点为起点，指向零件几何表面。

（4）朝向点。在【矢量】下拉列表框中选择【朝向点】选项，系统要求用户指定一个点作为焦点，投影矢量的方向从几何表面指向焦点，即以焦点为终点。

（5）远离直线。在【矢量】下拉列表框中选择【远离直线】选项，系统要求用户指定一条直线作为中心线，投影矢量的方向以直线为起点，指向零件几何表面。

（6）朝向直线。在【矢量】下拉列表框中选择【朝向直线】选项，系统要求用户指定一条直线作为中心线，投影矢量的方向由零件几何表面指向直线的指定点。

四、任务实施

1．进入加工环境

打开文件并进入加工环境。

（1）启动 UG NX 8.0 软件。

（2）单击【打开】按钮，打开【打开】对话框，找到起始文件所在的位置，选择所需要的文件，打开模型文件。

（3）单击【标准】工具条中的【开始】按钮，选择下拉菜单中的【加工】命令。"CAM 设置"选择 mill_contour 选项。单击【确定】按钮进行加工环境的初始化设置，进入加工模块的工作界面。

2．创建刀具

单击【创建刀具】图标，弹出【创建刀具】对话框。创建球头铣刀 B12，如图 6-143 所示，在【类型】下拉列表框中选择 mill_contour，在【刀具子类型】选项组中单击 ball_mill 图标，在【名称】文件框中输入"B12"，然后单击【应用】或【确定】按钮。系统弹出【铣刀-球头铣】对话框，在【尺寸】选项组中的【球直径】文件框中输入"12"，在【编号】选项组中的【刀具号】、【补偿寄存器】和【刀具补偿寄存器】文件框中均输入

"2"，最后单击【确定】按钮完成 B12 球头刀的创建。

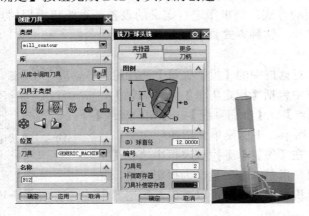

图 6-143　创建球头铣刀 B12

接着按以上操作创建 B3 球头刀，在【铣刀-球头铣】对话框中的【刀具号】、【补偿寄存器】和【刀具补偿寄存器】文件框中均输入"3"。

3.　创建一次型腔精铣 J-1

1)　创建【固定轮廓铣】操作

(1)　单击【创建工序】图标 ，弹出【创建工序】对话框。在【类型】下拉列表框中选择 mill_contour 选项，单击【工序子类型】选项组中的 FIXED_CONTOUR 按钮，如图 6-144 所示。

(2)　在【程序】下拉列表框中选择 O6007 选项。

(3)　在【刀具】下拉列表框中选择 B12 选项。

(4)　在【几何体】下拉列表框中选择 WORKPIECE_1 选项。

(5)　在【方法】下拉列表框中选择 MILL_FINISH 选项。

(6)　在【名称】文本框中输入"J-1"，或者直接用系统提供的 FIXED_CONTOUR。单击【确定】按钮，弹出【固定轮廓铣】对话框，如图 6-145 所示。

图 6-144　【创建工序】对话框　　　　图 6-145　【固定轮廓铣】对话框

2)　【指定切削区域】设置

单击【指定切削区域】按钮，选中 $\phi48$ 和 $\phi84$ 三处球面，如图 6-146 所示。

3)　【驱动方法】选项组设置

(1)　在【方法】下列表框中选择【区域铣削】选项。

(2)　单击【编辑】按钮，系统弹出相应的【区域铣削驱动方法】对话框，如图 6-147 所示。【切削模式】选择【跟随周边】，【刀路方向】选择【向外】，【切削方向】选择【顺铣】，【步距】选择【残余高度】，在【最大残余高度】文本框中输入"0.01"，其他参数采用系统提供的默认值。单击【确定】按钮，返回【固定轮廓铣】对话框。

4)　【刀具】选项组设置

在【刀具】下拉列表框中选择 B12 选项。

5)　【刀轴】选项组设置

在【轴】下拉列表框中选择【+ZM 轴】选项。

6)　【刀轨设置】选项组设置

(1)　在【方法】下列表框中选择 METHOD 或 MILL_FINISH 选项。

(2)　单击【切削参数】按钮，打开【切削参数】对话框。

①　在【策略】选项卡中的【切削方向】下拉列表框中选择【顺铣】选项，在【刀路方向】下拉列表框中选用【向外】选项，如图 6-148 所示。

②　其他选项接受系统默认值，特别是余量文本框中系统默认应该为"0.0"，如图 6-148 所示。

(3)　单击【非切削移动】按钮，打开【非切削移动】对话框。

①　切换到【进刀】选项卡，【封闭区域】选项组中的【进刀类型】选择【插削】，【开放区域】选项组中的【进刀类型】选择【圆弧】，如图 6-149 所示。

②　切换到【退刀】选项卡，在【退刀】选项组中的【退刀类型】下拉列表框中选择【与进刀相同】，【最终】选项组中的退刀类型选择【圆弧】，其余选择系统提供的默认值。

③　切换到【转移/快速】选项卡，【间隙】选项组中的【安全设置选项】选择【平面】，用指定平面方法设定零件的最上表面向上偏置"10"为安全平面。在【区域之间】下拉表框中选择【间隙】选项。【区域内】选项组的【转移使用】选择【进刀/退刀】，【转移类型】选择【直接】。其余选项用系统提供的默认值即可。

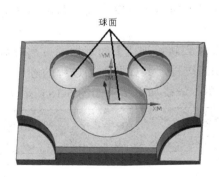

图 6-146　选择切削区域　　图 6-147　【区域铣削驱动方法】　　图 6-148　切削参数设置
　　　　　　　　　　　　　　　　　　　　对话框

④ 切换到【避让】选项卡，可以用【点构造器】指定【出发点】、【起点】、【返回点】和【回零点】，以防刀具与工件或夹具发生干涉，一般不进行设置。

单击【确定】按钮返回【固定轮廓铣】对话框。

(4) 单击【进给率和速度】按钮🕹，打开【进给率和速度】对话框。

按照工件的材料、加工技术要求、使用刀具等参数选择合适的主轴速度和进给率。此任务在【主轴速度】文本框中输入"3000"，在【切削】文本框中输入"400"，如图6-150所示。

7) 【机床控制】和【程序】选项组设置

在图6-151所示的【固定轮廓铣】对话框中，拖动竖直滚动条至其下端的【机床控制】、【程序】选项组，一般按系统提供的默认值。

8) 【显示选项】对话框设置

单击【选项】选项组中的【编辑显示】按钮🎛，系统弹出【显示选项】对话框，可设置【刀具显示】、【刀轨显示颜色】、【速度】、【刀轨显示】、【刀轨生成】等选项。一般按系统提供的默认值。

设置完毕后单击【刀片】工具条中的【生成刀轨】按钮🖥，在绘图区域生成刀轨，如图6-153所示。至此完成了固定轮廓铣跟随周边铣削操作的创建。

图6-149 【进刀】选项卡　图6-150 【进给率和速度】　图6-151 【机床控制】　图6-152 【显示选项】
　　　　　　　　　　　　对话框　　　　　　　　　对话框　　　　　　　　对话框

9) 刀轨可视化，确认刀轨

(1) 单击【固定轮廓铣】对话框中的【操作】选项组中的确认按钮🔋，系统弹出【刀轨可视化】对话框。

(2) 选择【2D 动态】或【3D 动态】播放模式，在【刀轨可视化】对话框的下端调节动画速度，然后单击【播放】按钮，播放过程即仿真加工过程，其如同加工过程的顺序一样，有无过切和干涉一目了然。加工瞬间如图6-154所示，最终加工结果如图6-155所示。

> 注意：创建工序时，编者为了使刀轨更清晰，人为地放大了"步距"数值。实际加工中的"步距"值越小，零件表面质量越高，一般取值为刀具直径的10%～30%。

4. 创建精铣四处倒角操作 J-2

C5 倒角与球面均可用 B12 的球头刀，不用换刀，所以加工球面后，可以接着加工 C5

倒角。

图 6-153　跟随周边模式刀轨

图 6-154　加工瞬间

图 6-155　加工最终结果

1)　【工序】复制和重命名

(1)　在【工序导航器】中，单击 J-1 工序并右击，在弹出的快捷菜单中选择【复制】命令，接着粘贴，即生成 J-1_COPY 工序，如图 6-156 所示。

(2)　在【工序导航器】中，单击 J-1-COPY 工序并右击，在弹出的快捷菜单中选择【重命名】，输入 "J-2"，即二次精铣工序，如图 6-157 所示。

2)　设置二次精铣对话框

(1)　在工序导航器中双击 J-2；或单击 J-2 工序并右击，在弹出的快捷菜单中选择【编辑】命令，如图 6-158 所示，弹出【固定轮廓铣】对话框。

图 6-156　复制工序

图 6-157　工序重命名

图 6-158　工序编辑

(2)　设置【指定切削区域】

单击【几何体】选项组中的【指定切削区域】按钮，弹出【切削区域】对话框，在【列表】中删除原来的三处球面，如图 6-159 所示，然后选中 C5 四处倒角，如图 6-160 所示。

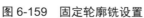
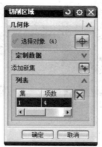
图 6-159　固定轮廓铣设置

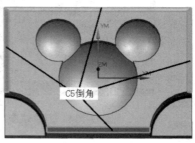
图 6-160　重选切削区域

(3) 【驱动方法】下拉列表框中的选项同 J-1。

(4) 【刀具】下拉列表框中的选项同 J-1。

(5) 单击【切削参数】按钮 ，打开【切削参数】对话框。切换到【策略】选项卡，在【切削方向】下拉列表框中选中【顺铣】，为了保证加工面的完整性，选中【在边上延伸】复选框，如图 6-161 所示，选中前后的刀路如图 6-162 所示，选中后比选中前刀路数量多。在【部件余量】文本框中输入"0"，单击【确定】按钮，返回【固定轮廓铣】对话框。

图 6-161　选中【在边上延伸】复选框

图 6-162　边延伸前后效果

(6) 设置【进给率和速度】参数。

单击【进给率和速度】按钮 ，打开并设置【进给率和速度】对话框，如图 6-163 所示。单击【确定】按钮，返回【固定轮廓铣】对话框。

3) 生成刀轨及相关操作

完成二次精铣操作的创建后，生成刀具轨迹。【生成刀轨】和【确认刀轨】的操作参考一次精铣，刀路轨迹及仿真加工结果如图 6-164 和图 6-165 所示。

5. 创建精铣 R2 的操作 J-3

1) 【工序】复制和重命名

(1) 在【工序导航器】中，单击 J-1 工序并右击，在弹出的快捷菜单中选择【复制】命令，接着粘贴，即生成 J-1_COPY 工序，如图 6-166 所示。

图 6-163　【进给率和速度】对话框

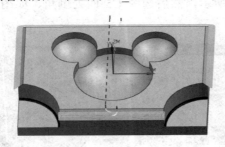

图 6-164　刀路轨迹

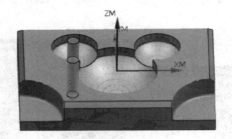

图 6-165　仿真加工结果

(2) 在【工序导航器】中，单击 J-1 工序并右击，在弹出的快捷菜单中选择【重命名】命令，输入"J-3"，即三次精铣工序，如图 6-167 所示。

2) 设置三次精铣对话框

(1) 在工序导航器中双击 J-3；或单击 J-3 工序并右击，在弹出的快捷菜单【编辑】命令，如图 6-168 所示，弹出【固定轮廓铣】对话框。

图 6-166　复制工序　　　　　图 6-167　工序重命名　　　　图 6-168　工序编辑

(2) 设置【指定切削区域】

单击【几何体】选项组中的【指定切削区域】按钮，弹出【切削区域】对话框，从【列表】中删除原来的三处球面，如图 6-169 所示，然后选中 R2 两处圆弧面，如图 6-170 所示。

(3) 【驱动方法】下拉列表框中的选项同 J-1。

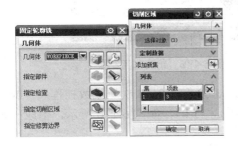

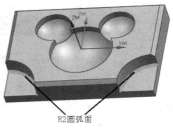

图 6-169　固定轮廓铣设置　　　　　　　图 6-170　重选切削区域

(4) 【刀具】下拉列表中选择球头刀 B3 选项。

(5) 单击【切削参数】按钮，打开【切削参数】对话框。切换到【策略】选项卡，在【切削方向】下拉列表框中选中【顺铣】，为了保证加工的完整性，选中【在边上延伸】复选框，如图 6-171 所示，选中前后的效果图如图 6-172 所示。在【部件余量】文本框中输入"0"，单击【确定】按钮，返回【固定轮廓铣】对话框。

(6) 设置【进给率和速度】参数。

单击【进给率和速度】按钮，打开并设置【进给率和速度】对话框，如图 6-173 所示。单击【确定】按钮，返回【固定轮廓铣】对话框。

3) 生成刀轨及相关操作

完成三次精铣操作的创建后，生成刀具轨迹。【生成刀轨】和【确认刀轨】的操作参考一次精铣，刀路轨迹及仿真加工结果如图 6-174 和图 6-175 所示。

6. 后处理

平面精铣部分选用 D20 平底铣刀进行加工，其具体操作此处不再叙述，通过仿真加工，确认生成刀轨正确后，接着进行后处理，生成数控程序，并进行适当的编辑，使之符合机床标准格式。

图 6-171　设置切削参数

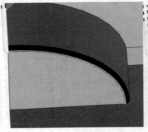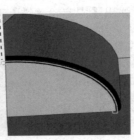

图 6-172　效果图

图 6-173　【进给率和速度】对话框

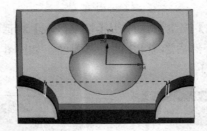

图 6-174　刀路轨迹　　　　　　　　　　　图 6-175　仿真加工结果

　　(1)　在【导航器】工具条上分别选中 J-01、J-02、J-03 和 J-04 依次生成数控程序，或者按下键盘上的 Ctrl 键，然后依次选中 J-01、J-02、J-03 和 J-04，如图 6-176 所示，生成一集成程序(或称总程序)。

　　(2)　在【操作】工具条中，单击【后处理】按钮，或者通过【导航器】工具条快捷菜单，双击【后处理】选项，如图 6-177 所示，系统弹出【后处理】对话框。

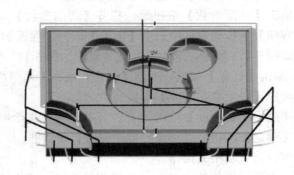

图 6-176　后处理快捷菜单　　　　　　　　图 6-177　精加工合成刀轨

　　(3)　参考任务七，设置【后处理】对话框中的各选项，如果同时选择多个精加工操作，则会弹出【多重选择警告】对话框，如图 6-178 所示，单击【确定】按钮，则生成数控程序，如图 6-179 所示。

图 6-178　多重选择警告

7. 编辑程序

(1) 将生成的数控程序另存在指定的位置，以 O6027 命名。

(2) 将 UG 绘图区中的程序对话框关闭，从指定位置以"记事本"方式打开刚才生成的程序。

(3) 详细编辑过程参考任务六，修改后程序开始部分如图 6-180 所示。

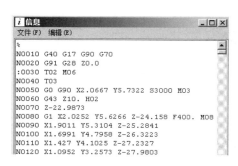

图 6-179 程序信息

图 6-180 数控程序

五、任务小结

固定轮廓铣加工是三轴加工方式，主要用于半精加工和精加工，用来加工形状较为复杂的曲面轮廓。

本任务中主要介绍了使用区域铣削的驱动方法进行精加工。固定轮廓铣加工时系统沿着用户指定的投影矢量，将驱动几何上的驱动点投影到零件几何上，生成投影点。加工刀具从一个投影点移动到另一投影点，从而生成刀具轨迹。

六、扩展任务

自动编制图 6-138 所示零件的固定轮廓精加工程序，精加工余量为 0.3mm，并进行仿真加工。

任务九　深度加工轮廓铣削的软件编程

一、任务导入

运用 UG NX 8.0 软件对四叶轮零件进行精加工，其结构组成：一处球面，一处六边形柱面，一处外圆柱和内圆柱面，四处扇叶，其余为倒圆面和倒斜角过渡面，如图 6-181 所示。要求运用深度加工轮廓(ZLEVEL_PROFILE)铣削方法对较陡峭的叶周侧面部位进行编程并加工。

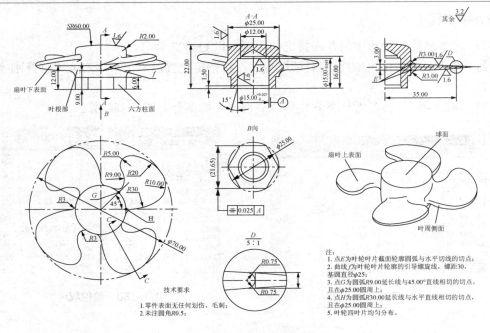

图 6-181　四叶轮立体图

二、任务分析并确定加工方案

1. 确定装夹方案

四叶轮零件需要两端加工，以便于调头后装夹，先加工六方柱面一端，然后调头装夹六方柱面，并以六方柱面为基准找正。工件毛坯选取 ϕ75mm×26mm 的棒料，应选用机用三爪卡盘装夹，校正卡盘上表面与工作台面的平行度，装紧高度为 6mm 左右，压紧并校正工件上表面的平行度。

2. 确定加工方法和刀具

四叶轮零件的加工分粗、精加工，粗加工选用"型腔铣"和 Hole Milling 加工方法，精加工选用"轮廓区域"和深度加工轮廓两种加工方法。"轮廓区域"和任务八中的"固定轮廓铣"相近，主要用于较缓的曲面铣削；"深度加工轮廓"用于较陡的曲面半精加工和精加工，在本任务中用来对叶周侧面进行精铣。根据加工零件的尺寸特点，选用 ϕ6mm 平底铣刀进行精铣叶周侧面，如表 6-28 所示。

表 6-28　加工方案

加工内容	加工方法	选用刀具/mm
外六方部分精加工	型腔铣	ϕ10 平底铣刀
内孔部分粗精加工	孔加工及型腔铣倒角	ϕ10 平底铣刀
叶周侧面精加工	深度加工轮廓铣	ϕ6 平底铣刀
叶面精加工	轮廓区域铣	ϕ6 球头铣刀

3．确定切削用量

各刀具切削参数与长度补偿值如表 6-29 所示。

表 6-29　刀具切削参数与长度补偿值选用表

刀具参数		主轴转速/(r/min)	进给率/(mm/min)	刀具补偿
ϕ 10 平底铣刀	加工内孔	2000	700	H1/T1
	精铣外六方	3000	600	
ϕ 6 平底精铣刀		3900	800	H2/T2
ϕ 6 球头精铣刀		3900	900	H3/T3

4．确定工件坐标系和对刀点

在 XOY 平面内确定以上表面的中心 O 点为工件原点，建立工件坐标系，如图 6-181 所示。实际生产中采用手动试切对刀方法把 O 点作为对刀点。

三、相关理论知识

1．深度加工轮廓铣削加工概述

深度加工轮廓铣加工(ZLEVEL_PROFILE) 是一种固定的轴铣加工，主要用来进行多层切削加工零件的外形轮廓。一般用于半精加工和精加工，允许用户指定只加工部件的陡峭区域或者加工整个部件，从而可以进一步限制刀具的加工区域。在刀具轨迹的生成过程中，系统将根据切削区域的几何体及用户指定的陡峭角，判断是否切削加工该区域，并在每个切削层保证不发生过切工件的现象。

2．操作参数简介

深度加工轮廓铣操作与型腔铣相比不需要指定部件毛坯几何，下面介绍一些与前几个操作不相同的参数。

1）　陡峭空间范围

在【陡峭空间范围】下拉列表框中有【无】和【仅陡峭的】两个选项，其含义如下。

(1)　无：在【陡峭空间范围】下拉列表框中选择【无】选项，系统将在整个切削区域进行切削，不区分陡峭区域和非陡峭区域，如图 6-182 所示。

(2)　仅陡峭的：在【陡峭空间范围】下拉列表框中选择【仅陡峭的】选项，可以指定刀具只切削陡峭区域，非陡峭区域不进行切削，此时【陡峭空间范围】下拉列表框的下方将显示【角度】文本框。用户可以在【角度】文本框中输入数值，指定陡峭角的临界值。系统只加工切削区域中大于陡峭角临界值的区域，如图 6-183 所示，瓶腔底部小于陡峭角的部分没有加工。

2）　合并距离

【合并距离】文本框用来指定合并距离值。在刀具切削运动过程中，当刀具运动的两端点小于用户指定的合并距离时，系统将把这两个端点进行合并，以减少刀具不必要的退刀运动，从而提高加工效率。

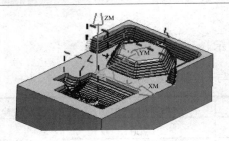

图 6-182　无陡峭区域刀轨

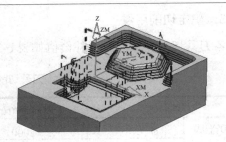

图 6-183　设置陡峭区域刀轨

3)　【切削参数】中的【连接】选项卡

在【刀轨设置】选项组中单击【切削参数】按钮，系统将打开【切削参数】对话框。切换到【连接】选项卡，如图 6-184 所示。【层到层】下拉列表框和【在层之间切削】复选框两个选项。

(1)　【层到层】下拉列表框。

在【层到层】下拉列表框中包含【使用传递方法】、【直接对部件进刀】、【沿部件斜进刀】和【沿部件交叉斜进刀】四个选项，含义分别如下。

图 6-184　【连接】选项卡

①　使用传递方法：可以指定系统在层之间切削时，使用传递方法进行切削，如图 6-185(a)所示。

②　直接对部件进刀：可以指定系统在层之间切削时，直接对部件进行切削，不使用转换方法，如图 6-185(b)所示。

③　沿部件斜进刀：可以指定系统在层之间切削时，沿部件斜进刀切削，如图 6-185(c)所示。

④　沿部件交叉斜进刀：可以指定系统在层之间切削时，沿部件交叉斜进刀进行切削，如图 6-185(d)所示。

(a) 传递法进刀

(b) 直接进刀

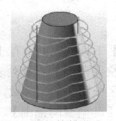
(c) 沿部件斜进刀

(d) 沿部件交叉斜进刀

图 6-185　进刀方式

(2)　【在层之间切削】复选框。

【在层之间切削】用来指定系统是否在层之间切削。取消选中【在层之间切削】复选框，系统将不在层之间进行切削，如图 6-186(a)所示。选中【在层之间切削】复选框，系统将在层之间进行切削，如图 6-186(b)所示。

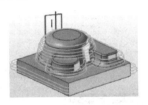

(a) 层间不切削

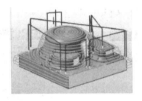

(b) 层间切削

图 6-186 层间切削前后对比效果

四、任务实施

自动编程及仿真加工步骤如下。

1) 打开文件并进入加工环境

(1) 启动 UG NX 8.0 软件。

(2) 单击【打开】按钮，打开【打开】对话框，找到起始文件 6-181.prt 所在位置并将其打开，如图 6-181 所示。

(3) 单击【标准】工具条中的【开始】按钮，选择下拉菜单中的【加工】命令。【CAM设置】选择 mill_contour 选项。单击【确定】按钮进行加工环境的初始化设置，进入加工模块的工作界面。

2) 创建刀具 D10、D6 和 B6

(1) 单击【创建刀具】图标，弹出【创建刀具】对话框。

(2) 在【刀具子类型】选项组中单击 MILL 按钮，在【名称】对话框中输入"D10"，如图 6-187 所示，单击【确定】按钮打开铣刀参数对话框，如图 6-188 所示，系统默认新建铣刀为"铣刀-5 参数"铣刀，如图 6-188 所示，在【直径】文本框中输入"10.0"，并在【编号】选项组中将【刀具号】、【补偿寄存器】和【刀具补偿寄存器】文本框中输入"1"，单击【确定】按钮创建平底铣刀 D10，同时返回【创建刀具】对话框。按同样步骤创建 D6 平底铣刀，如图 6-189 所示。

图 6-187 创建 D10 刀具

最后在【刀具子类型】选项组中单击 BALL_MILL 按钮，在【名称】对话框中输入"B6"，如图 6-190 所示。单击【确定】或【应用】按钮打开铣刀参数对话框，如图 6-191 所示。系统默认新建铣刀为"铣刀-球头铣"铣刀，在【球直径】文本框中输入"6.0"，并在【编号】选项组中的【刀具号】、【补偿寄存器】和【刀具补偿寄存器】文本框中输入"1"，单击【确定】按钮创建球头铣刀 B6，同时返回【创建刀具】对话框。单击【确定】按钮完成刀具创建。

3) 简介各粗、精加工工序

(1) 创建型腔粗铣操作。

由于六方柱面部分形状比叶面下表面部分较规则，所以分别进行创建，加工六方柱面部分时步距和切削深度参数选用较大值，其参数设置及刀路如图 6-192 至图 6-195 所示。注意顶层的选择对象不同，加工六方柱面的顶层选择六方柱面的上表面，加工叶面下表面部分时顶层选择六方柱面的下表面。

图 6-188　设置 D10 刀具参数

图 6-189　设置 D6 刀具参数

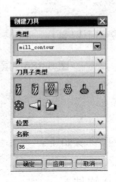

图 6-190　创建 B6 刀具

图 6-191　设置 B6 刀具参数

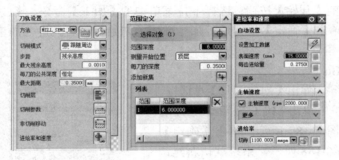

图 6-192　六方柱面参数设置

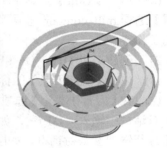

图 6-193　六方柱面刀路

图 6-194　叶面底面参数设置

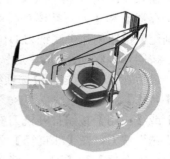

图 6-195　叶面底面刀路

(2) 创建 Hole Milling 内孔加工。

① 单击【创建工序】图标 ，弹出【创建工序】对话框。在【类型】下拉列表框中选择 hole_making 选项，单击【工序子类型】选项组中的 HOLE_MILLING 按钮 ，如图 6-196 所示，弹出 Hole Milling 对话框，如图 6-197 所示。单击【指定孔或凸台】按钮 ，选择 $\phi15$ 内孔，如图 6-198 所示。

② 在【刀具】下拉列表框中选择 D10 选项。

③ 在【刀轨设置】选项组中的设置如图 6-197 所示。

④ 打开【切削参数】对话框，设置各选项，如图 6-198 所示，余量为"0"。

⑤ 打开【非切削参数】对话框，设置各选项，如图 6-199 所示。

⑥ 打开【进给率和速度】对话框，在【主轴速度】文本框中输入"2000"，在【进给率】选项组中的【切削】文本框中输入"700"，如图 6-200 所示。

⑦ 单击【确定】按钮，完成 Hole Milling 工序的创建，生成的刀路如图 6-201 所示。

⑧ 复制【型腔铣】工序，加工内孔倒角，生成倒角的刀路，如 6-202 所示。

图 6-196　选择工序子类型

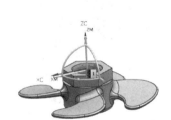

图 6-197　Hole Milling 对话框　　图 6-198　选择内孔　图 6-199　设置切削参数和非切削参数

(3) 六方柱面平面精铣。

单击【创建工序】图标 ，弹出【创建工序】对话框。在【类型】下拉列表框中选择 mill_planar 选项，单击【工序子类型】选项组中的 FACE_MILLING_AREA 按钮，创建【面铣削区域】工序，生成刀路，如图 6-203 所示。

(4) 叶面轮廓区域精铣。

原则上，在六方柱面精铣后，应接着进行 $\phi 25$ 圆柱面及叶周侧面精铣，最后再进行叶面轮廓区域精铣，但这里先简单介绍一下叶面轮廓精铣。设置【创建工序】对话框，在【类型】下拉列表框中选择 mill_contour 选项，单击【工序子类型】选项组中的 CONTOUR_AREA 按钮 ，创建【轮廓区域】工序，生成刀路，如图 6-204 所示。

(5) 叶根部单刀路清根。

叶面轮廓区域精铣后，叶根部 R3 处要用 B6(R3)的球头刀进行清根。设置【创建工序】对话框，在【类型】下拉列表框中选择 mill_contour 选项，单击【工序子类型】选项组中的

FLOWCUT_SINGLE 按钮 ，创建【单刀路清根】工序，如图 6-205 所示，生成清根刀路，如图 6-206 所示。

图 6-200　切削参数

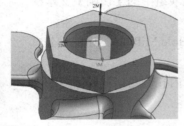

图 6-201　孔加工刀路

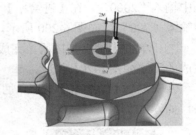

图 6-202　倒角加工刀路

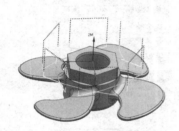

图 6-203　六方柱面精铣

图 6-204　叶面精铣

图 6-205　【单刀路清根】对话框

4)　创建叶周侧面【深度加工轮廓】工序

叶面及叶根部属于较缓曲面，用固定轮廓或轮廓区域铣即可，对于叶周侧面及 $\phi 25$ 圆柱面适合用深度加工轮廓铣削。

(1)　设置【创建工序】对话框，在【类型】下拉列表框中选择 mill_contour 选项，单击【工序子类型】选项组中的 ZLEVEL_PROFILE 按钮，弹出【深度加工轮廓】对话框。

(2)　单击【指定切削区域】按钮，选中叶周侧面及 $\phi 25$ 圆柱面 29 项曲面，如图 6-207 所示。

(3)　设置【刀轨设置】选项组。

①　在【方法】下列表框中选择 MILL_FINISH 选项，如图 6-208 所示。

②　在【陡峭空间范围】下列表框中选择【无】选项。

③　【合并距离】和【最小切削长度】选择默认值即可，或根据生产实际情况选择相应值。

④　在【每刀的公共深度】下列表框中选择【恒定】选项，在【最大距离】文本框中输入"0.3"，此处数值越小工件的残余材料的高度越小。

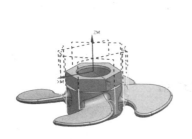

图 6-206　清根刀路

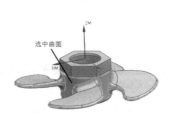

图 6-207　选择切削区域

图 6-208　【刀轨设置】对话框

⑤　单击【切削层】按钮，系统弹出【切削层】对话框，如图 6-209 所示。

a. 在【范围类型】下拉列表框中选择选中【用户定义】选项，在【切削层】和【每刀的公共深度】下拉列表框中选择【恒定】按钮，【最大距离】文本框中输入"0.3"。

b. 在【范围 1 的顶部】选项组中，单击【选择对象】按钮，在绘图区选择六方柱面的下表面，如图 6-210 所示。

c.【范围定义】→【范围深度】文本框中输入"11.7"；在【测量开始位置】下拉列表中选择"顶层"；【每刀的深度】文本框中输入"0.3"，单击【确定】按钮返回。

⑥　单击【切削参数】按钮，打开【切削参数】对话框。

a. 在【策略】选项卡的【切削】选项组中的【切削方向】下拉列表中选择【混合】选项；在【切削顺序】下拉列表框中选择【深度优先】选项。在【延伸刀轨】选项组中，选中【在边上延伸】复选框，在【距离】文本框中输入"1.0"，如图 6-211 所示。

图 6-209　【切削层】对话框

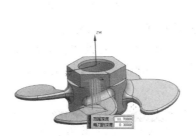

图 6-210　顶部设置

图 6-211　设置切削参数

b. 在【余量】选项卡的【余量】选项组中可以勾选【使底面余量与侧面余量一致】复选框，或者不勾选，在【部件侧面余量】和【部件底面余量】文本框中输入"0"，如图 6-212 所示，其他选项接受系统默认值。

c. 切换到【连接】选项卡，在【层之间】选项组中的【层到层】下拉列表框中选择【直接对部件进刀】选项，如图 6-213 所示。

单击【确定】按钮返回【深度加工轮廓】对话框。

⑦　单击【非切削移动】按钮，打开【非切削移动】对话框。

a. 切换到【进刀】选项卡，在【封闭区域】选项组中的【进刀类型】下拉列表框中选择【与开放区域相同】选项，在【开放区域】选项组中的【进刀类型】下拉列表框中选择【线性】选项，如图 6-214 所示。

 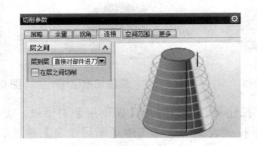 

图 6-212　【余量】选项卡　　　　图 6-213　【连接】选项卡　　　　图 6-214　【进刀】选项卡

　　b. 切换到【退刀】选项卡，在【退刀】选项组中的【退刀类型】下拉列表框中选择【线性】选项，在【最终】选项组中的【退刀类型】下拉列表框选择【与退刀相同】选项，其余选择系统提供的默认值即可，如图 6-215 所示。

　　c. 切换到【转移/快速】选项卡，在【安全设置】选项组中的【安全设置选项】下拉列表框中选择【使用继承的】选项，在【区域之间】选项组中的【转移类型】下拉列表框中选择【安全距离-刀轴】选项。在【区域内】选项组中的【转移方式】下拉列表框中选择【进刀/退刀】，【转移类型】选择【安全距离-刀轴】选项，如图 6-216 所示。其余选项用系统提供的默认值即可。

　　d. 切换到【避让】选项卡，可以用【点构造器】指定【出发点】、【起点】、【返回点】和【回零点】，以防刀具与工件或夹具发生干涉，一般不进行设置。

　　e. 单击【确定】按钮返回【深度加工轮廓】对话框。

　　⑧　单击【进给率和速度】按钮 ，打开【进给率和速度】对话框。

　　按照工件的材料、加工技术要求、使用刀具等参数选择合适的主轴速度和进给率。此任务在【主轴速度】文本框中输入"3900"，在【切削】文本框中输入"800"，如图 6-217 所示。

图 6-215　【退刀】选项卡　　图 6-216　【转移/快速】选项卡　　图 6-217　【进给率和速度】对话框

（4）在【深度加工轮廓】对话框下端，设置【机床控制】、【程序】及【选项】选项，一般采用系统提供的默认值。

至此完成了【深度加工轮廓】工序的创建。

5）　仿真加工

在本任务中只进行深度加工轮廓的仿真加工，刀路如图 6-218 所示。

（1）单击【深度加工轮廓】对话框中的【操作】选项组中的确认按钮，系统弹出【刀轨可视化】对话框。

（2）选择【3D 动态】播放模式，在【刀轨可视化】对话框的下端调节动画速度，然后单击【播放】按钮。

（3）播放过程即仿真加工过程，如同加工过程的顺序一样，有无过切和干涉一目了然。加工某一瞬间如图 6-219 所示，最终加工结果如图 6-220 所示。

6）　后处理

后处理生成程序及修改程序的过程参考任务七。

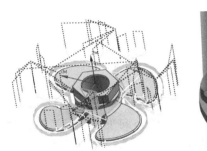

图 6-218　生成刀路

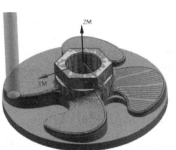

图 6-219　加工瞬间

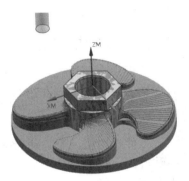

图 6-220　仿真加工最终结果

五、任务小结

本任务重点介绍了深度加工轮廓加工(又称深度轮廓)工序的创建方法和参数设置。它是一种固定轴铣加工，主要用于多层切削加工得到零件的外形轮廓。允许用户指定只加工部件的陡峭区域或者加工整个部件，从而可以进一步限制刀具的加工区域。在刀具轨迹的生成过程中，系统将根据切削区域的几何开关及用户指定的陡峭角，判断是否切削加工该区域，并在每个切削层保证不发生过切工件的现象。

六、扩展任务

对图 6-181 所示零件 SR60 球面一端进行按陡峭角 45°、层次切削方式进行软件编程并仿真加工。

任务十　孔类零件的软件编程加工

一、任务导入

运用 UG NX 8.0 软件对如图 6-221 所示压板中的孔进行编程和加工，材料为 Q235A。

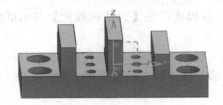

图 6-221　压板

二、任务分析并确定加工方案

压板中有两种孔：4 个 $\phi 30$mm、6 个 $\phi 12$mm。加工孔的原则和注意事项在项目四中已有介绍。本任务重点介绍 UG NX 8.0 软件中各参数的设置。

1．确定装夹方案

工件选用机用平口钳装夹，校正平口钳固定钳口与工作台 X 轴方向平行，将工件长侧面贴近固定钳口，并向上平移 10mm(避免加工时钻头切削平口钳)后压紧，然后校正工件上表面的平行度。

2．确定加工方法和刀具

根据各孔的尺寸精度和表面质量要求确定其加工方法以及所用刀具，如表 6-30 所示。

表 6-30　孔加工方案

加工内容	加工方法	选用刀具/mm
6 个 $\phi 12$	点孔－钻孔	$\phi 5$ 中心钻，$\phi 12$ 麻花钻
4 个 $\phi 30$	点孔－钻孔－扩孔	$\phi 5$ 中心钻，$\phi 12$ 麻花钻，$\phi 30$ 麻花钻

3．确定切削用量

各刀具的切削参数与长度补偿值如表 6-31 所示。

表 6-31　刀具切削参数与长度补偿值选用表

刀具参数	$\phi 5$ 中心钻	$\phi 12$ 麻花钻	$\phi 30$ 麻花钻
主轴转速/(r/min)	1200	800	400
进给率/(mm/min)	100	60	40
刀具补偿	H1/T1	H2/T2	H3/T3

4．确定工件坐标系和对刀点

以孔加工上表面中心 O 点为工件原点，建立工件坐标系。

三、相关理论知识

1．孔加工概述

孔加工(亦称点位加工)主要用来创建各种孔的加工轨迹，如钻孔、镗孔、沉孔、铰孔、扩孔和螺纹等。在创建点位加工操作时，只需要指定孔的加工位置、工件表面和加工底面，指定部件几何体、毛坯几何体和检查几何体等。另外，当零件中包含多个直径相同的孔时，需要按不同的循环方式和循环参数组加工，这样可以减少加工时间，提高生产效率。

2．孔加工的创建方法

通过【刀片】工具条中的【创建工序】按钮来创建孔加工操作，具体方法如下。

(1) 单击【创建工序】按钮 ，打开如图 6-222 所示的【创建工序】对话框。

(2) 在【类型】下拉列表框中选择 drill 选项，指定为孔加工类型。在【工序子类型】选项组中选择一种合适的加工子类型。系统提供了 14 种孔加工类型，分别是 SPOT_FACING(锪孔)、SPOT_DRILLING(钻中心孔)、DRILLING(普通钻孔)、PECK_DRILLING(啄钻，对应指令 G83)、BREAKCHIP_DRILLING(断屑钻孔，对应指令 G73)、BORING(镗孔)、REAMING(铰孔)、COUNTER_BORING(沉孔)、COUNTER_SINKING(埋头钻孔)、TAPPING(攻螺纹)、HOLE_MILLING(铣孔)、THREAD_MILLING(铣螺纹)、MILL_USER(手动)和 MILL_CONTROL(自动)，如图 6-223 所示。

图 6-222　【创建工序】对话框

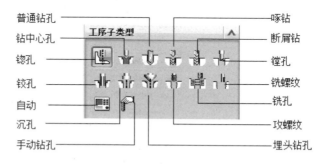

图 6-223　工序子类型

(3) 在【程序】、【刀具】、【几何体】和【方法】下拉列表框中分别选择孔加工操作的程序、刀具、几何体和方法，然后在【名称】文本框中输入操作名，或者使用系统默认的名称。

(4) 在【创建工序】对话框中单击【确定】按钮，系统弹出【钻】对话框。

(5) 在【循环类型】选项组的【循环】下拉列表框中选择循环类型并设置最小安全距离等参数。方便创建不同类型孔的刀具轨迹。

(6) 在【几何体】选项组中，指定孔加工操作的几何体，如指定孔、指定部件表面和指定底面等。

(7) 在【深度偏置】选项组中，指定通孔安全距离和盲孔余量等参数。

(8) 在【选项】选项组中，设置刀具轨迹的显示参数，如刀具轨迹的颜色、轨迹的显示速度、刀具的显示形式和显示前是否刷新等。

(9) 单击【生成】按钮，生成刀具轨迹。如果不生成刀轨，则无法进行确认。

(10) 单击【确认】按钮，验证几何零件是否产生了过切、有无剩余材料等。

(11) 完成上述操作后，在【钻】对话框中单击【确认】按钮，关闭【钻】对话框，完成该项孔加工操作的创建工作。

3. 参数设置

1) 指定孔

在【几何体】选项组中单击【指定孔】按钮 ，系统将打开【点到点几何体】对话框，如图 6-224 所示。我们可以进行选择点、附加点、省略点、优化点、显示点、避让、反向、圆弧轴控制、Rapto 偏置、规划完成和显示/校核循环参数组等操作。

(1) 选择。

在【点到点几何体】对话框中单击【选择】按钮，如图 6-224(a)所示。系统打开选择几何体对话框，如图 6-224(b)所示，在该对话框中，可以按照【Cycle 参数组】、【一般点、】【组】、【类选择】、【面上所有孔】、【预钻点】、【最小直径】、【最大直径】、【选择结束】等任意一种方式选择几何体。

(a) 【点到点几何体】对话框

(b) 点的选择

图 6-224　【点到点对几何体】对话框和点的选择

① 参数组-1：该按钮用于选择已经设置好的循环参数组。系统提供了 5 个参数组，如图 6-225 所示，包括【Depth-模型深度】、【进给率】、Dwell、Option、CAM 和 Rtrcto 等

循环参数，这些参数可以在工序对话框的【循环】区域中进行设置。对于不同类型的孔或者直径相同而深度不同的孔，可以关联一组循环参数。如果不进行设置，所选加工位置则默认关联第一循环参数组。

② 一般点：在选择几何体对话框中单击【一般点】按钮，系统将打开点构造器对话框，我们可以在点构造器对话框中选择合适的方式，选择点作为加工孔的中心。选择一个点后，系统将在绘图区显示一个"*"号，并在旁边标一个数字号码，如图6-226所示。

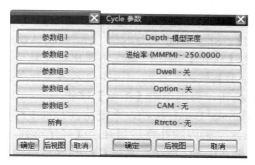

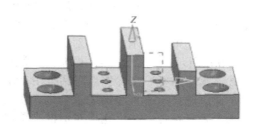

图6-225　参数组设置　　　　　　　图6-226　绘图区中的一般点

③ 组：系统将通过指定组"点或圆弧组"中的所有的点或圆弧确定加工位置。用户可以通过选择【格式(R)】｜【分组(G)】命令创建和编辑组。

④ 类选择：系统将打开【类选择】对话框，系统提示"选择对象"，我们可以在【类选择】对话框中选择曲线、边、点、组或船舶骨线其中一种合适的方式，选择加工几何。

⑤ 面上所有的孔：在选择几何体对话框中单击【面上所有孔】按钮，系统打开相应对话框，如图6-227所示，系统提示"选择面"。我们可以在绘图区选择一个面，则该面上所有的孔都将作为加工几何或者选择面后，通过指定孔的最大直径和最小直径，选择面上直径大于最小直径值且小于最大直径值的孔都将被选中。

⑥ 预钻点：该选项指定预钻头为加工几何，即在预钻点处加工一个孔。

⑦ 最小直径：在选择几何体对话框中单击【最小直径-无】按钮，系统仍将打开【直径】对话框，我们可以在【直径】文本框中输入数值，作为孔的最小直径。此时在绘图区中所选择面上直径大于该数值的孔都被选中。

⑧ 最大直径：在选择几何体对话框中单击【最大直径-无】按钮，系统仍将打开【直径】对话框，我们可以在【直径】文本框中输入数值，作为孔的最大直径。此时在绘图区中所选择面上直径小于该数值的孔都被选中。

⑨ 选择结束：在选择几何体对话框中单击【选择结束】按钮，系统将结束选择，返回到【点到点几何体】对话框。

⑩ 可选的：在选择几何体对话框中单击【可选的-全部】按钮，系统打开可选的对话框，我们可以通过单击【仅点】、【仅圆弧】、【仅孔】、【点和圆弧】和【全部】按钮来指定几何类型。

(2) 附加。

在【点到点几何体】对话框中单击【附加】按钮，系统将打开几何体对话框，我们可以新增加一个加工几何，如点、圆弧或者孔。

(3) 省略。

选择一个加工几何，如点、圆弧或者孔后，如果需要取消选择，可以在【点到点几何体】对话框中单击【省略】按钮来完成。

(4) 优化。

在【点到点几何体】对话框中单击【优化】按钮，系统将打开优化点对话框，如图 6-228 所示。可以选择最短路径、水平路径、垂直路径和重新绘制来优化点。

① 最短路径。在优化点对话框(见图 6-228)中单击【最短刀轨】按钮，系统将打开最短路径对话框，如图 6-229 所示。我们可以在最短路径对话框中选择【Level-标准】、【Based on-距离】、【Start Point-自动】、【End Point-自动】、Start Tool Axis-N/A、End Tool Axis-N/A 和【优化】等选项来设置最短路径的参数。单击【优化】按钮，系统将弹出优化结果对话框，如图 6-230(a)所示。在该对话框中单击【显示】按钮，在绘图区中显示各点标号，如图 6-230(b)所示，同意优化结果则单击【接受】按钮，否则单击【拒绝】按钮。

② 水平路径。在优化点对话框中单击 Horizontal Bands 按钮，系统将打开水平路径对话框，通过选择水平直线形成水平带，使处在该水平带内的孔将按照升序或降序排列。

③ 垂直路径。在优化点对话框中单击 Vertical Bands 按钮，系统将打开垂直路径对话框，通过选择垂直直线形成垂直带，使处在该垂直带内的孔按照升序或降序排列。

④ 重新绘制：在优化点对话框中单击【Repaint Points-是】按钮，系统将在绘图区显示优化后的孔的位置。

图 6-227　选择面所有点对话框

图 6-228　优化点对话框

图 6-229　最短路径对话框

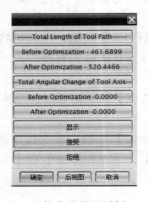

(a) 优化结果对话框

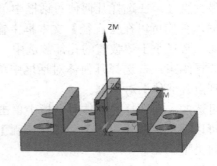

(b) 优化结果

图 6-230　优化结果对话框和优化结果

(5) 显示点。

在【点到点几何体】对话框中单击【显示点】按钮，系统将在绘图区显示选择的点、附加点和优化后的点等。

(6) 避让。

在【点到点几何体】对话框中单击【避让】按钮，系统将打开相应对话框，提示"选择起点"。我们可以在绘图区选择一个点作为避让几何的起点，然后再在绘图区选择一个点作为避让几何的终点。

(7) 反向。

在【点到点几何体】对话框中单击【反向】按钮，可以使孔的加工顺序反向。

(8) 圆弧轴控制。

在【点到点几何体】对话框中单击【圆弧轴控制】按钮，可以控制圆弧的显示或者反向。

(9) Rapto 偏置。

在【点到点几何体】对话框中单击【Rapto 偏置】按钮，可以指定刀具快速移动时的偏置距离。可以在【Rapto 偏置】文本框内输入偏置距离，然后再选择一个或者多个点、圆弧或者孔作为加工几何。

(10) 规划完成。在【点到点几何体】对话框中单击【规划完成】按钮，系统将返回到【钻】对话框。

(11) 显示/校核 循环 参数组。

在【点到点几何体】对话框中单击【显示/校核 循环 参数组】按钮，系统将打开其对话框，可以选中其中一个或所有循环参数组，然后进行显示或校核。

4. 循环类型

循环类型有【无循环】、【啄钻】、【断屑】、【标准文本】、【标准钻】、【标准钻，埋头孔】、【标准钻，深孔】、【标准钻，断屑】、【标准攻丝】、【标准镗】、【标准镗，快退】、【标准镗，横向偏置后快退】、【标准背镗】和【标准镗，手工退刀】14 种循环类型。

1) 无循环

在【循环类型】|【循环】下拉列表框中选择【无循环】选项，指定系统不使用循环，不需要设置循环参数组和循环参数，系统将直接生成刀具轨迹，数控加工程序由 G00 和 G01 指令组成。

2) 啄钻

在【循环】下拉列表框中选择【啄钻】选项，指定系统在每个加工几何，如点或者孔上产生一个啄钻循环。啄钻一般用来加工深度较大的孔，刀具在退刀时将移动到安全点，数控加工程序由 G00 和 G01 指令组成，其加工过程与【标准钻，深度】相同。在【距离】文本框中输入数值指定步距安全距离，如图 6-231 所示。在【指定参数组】对话框的 Number of Sets 文本框内输入参数组的编号 1~5，如图 6-232 所示。也可以单击【显示循环参数组】按钮，打开循环参数组对话框，如图 6-233 所示，然后选择一个循环参数组编辑各参数，如模型深度、进给率和 Dwell(暂停时间)等，如图 6-234~图 6-238 所示。

图 6-231　步距安全设置

图 6-232　指定参数组

图 6-233　循环参数组对话框

图 6-234　深度参数组对话框

图 6-235　【进给率】设置

图 6-236　暂停参数

图 6-237　增量参数

图 6-238　增量值

3) 断屑

在【循环】下拉列表框中选择【断屑】选项，指定系统在每个加工几何，如点或者孔上产生一个断屑循环。断屑循环方式一般用来在韧性材料上钻孔，刀具退刀时将移动到当前切削深度再向上偏置的位置，以便刀具拉断切屑，数控加工程序由 G00 和 G01 指令组成，其加工过程与【标准钻，深度】相同。

4) 标准文本

在【循环】下拉列表框中选择【标准文本】选项，系统将打开相应的文本对话框，系统提示"输入循环文本"。输入文本后，单击【确定】按钮打开【指定参数组】对话框，其余设置与啄钻循环相同。

5) 标准钻

在【循环】下拉列表框中选择【标准钻】选项，系统将打开【指定参数组】对话框。其输出刀具轨迹列表信息框内显示的循环命令以 CYCLE/DRILL 开头，以 CYCLE/OFF 结束。

6) 标准钻，埋头孔

在【循环】下拉列表框中选择【标准钻，埋头孔】选项，指定系统生成一个标准埋头钻循环。标准埋头钻循环的设置方法与标准钻循环基本相同，不同的是需要指定深孔直径和刀尖角，系统将根据埋头孔直径和刀尖角来计算切削深度。

7) 标准钻，深孔

在【循环】下拉列表框中选择【标准钻，深孔】选项，指定系统生成一个标准深孔钻循环。标准深孔钻循环的设置方法与标准钻循环基本相同，不同的是需要指定孔的直径和深度，相应数控加工指令为 G83。

8) 标准钻，断屑

在【循环】下拉列表框中选择【标准钻，断屑】选项，指定系统生成一个标准断屑钻循环。标准断屑钻循环的设置方法与标准钻循环基本相同，相应数控加工指令为 G73。

9) 标准攻丝

在【循环】下拉列表框中选择【标准攻丝】选项，指定系统生成一个标准攻丝循环。标准攻丝循环的设置方法与标准钻循环基本相同。在标准攻丝循环过程中，刀具在退刀时，主轴是反转的。

10) 标准镗

在【循环】下拉列表框中选择【标准镗】选项，指定系统生成一个标准镗循环，相应的数控加工指令为G85。标准攻丝循环的设置方法与标准钻循环基本相同。在输出的刀具轨迹列表信息框内显示的循环命令以"CYCLE/BORE"开头，以"CYCLE/OFF"结尾。

11) 标准镗，快退

在【循环】下拉列表框中选择【标准镗，快退】选项，指定系统生成一个标准镗快退循环，相应的数控加工指令为G86。标准攻丝循环的设置方法与标准钻循环基本相同。在输出的刀具轨迹列表信息框内显示的循环命令以 CYCLE/BORE,DRAG 开头，以 CYCLE/OFF 结尾。

12) 标准镗，横向偏置后快退

在【循环】下拉列表框中选择【标准镗，横向偏置后快退】选项，指定系统生成一个标准镗横向偏置后快退循环，需要指定方位角和偏置距离，相应的数控加工指令为G76。在输出的刀具轨迹列表信息框内显示的循环命令以 CYCLE/BORE,DRAG,q 开头，以 CYCLE/OFF 结尾，其中"q"为指定的方位角。

13) 标准背镗

在【循环】下拉列表框中选择【标准背镗】选项，指定系统生成一个标准背镗循环，需要指定方位和偏置距离，相应的数控加工指令为G87。在输出的刀具轨迹列表信息框内显示的循环命令以 CYCLE/BORE,DRAG,q 开头，以 CYCLE/OFF 结尾，其中"q"为指定的方位角。

14) 标准镗，手工退刀

在【循环】下拉列表框中选择【标准镗，手工退刀】选项，指定系统生成一个标准镗手工退刀循环。标准镗手工退刀循环中的退刀运动由操作人员手动控制。在输出的刀具轨迹列表信息框内显示的循环命令以 CYCLE/BORE,MANUAL 开头，以 CYCLE/OFF 结尾。

5. 切削参数

【钻】对话框中的切削参数除了【循环类型】外，还包括【最小安全距离】、【通孔安全距离】和【盲孔余量】等。

1) 最小安全距离

【最小安全距离】文本框用来指定加工孔的安全点，又称为 R 点。安全是指从部件表面沿着刀轴方向偏置最小安全距离，位于加工孔上方的位置。最小安全距离是为了防止刀具在钻削加工过程中与零件表面发生碰撞，如图6-239所示。

2) 通孔安全距离

【通孔安全距离】文本框用来指定加工通孔的安全距离。通孔的安全距离是为了防止刀具在钻削时没有完全钻通孔，而使刀具钻到孔底后继续向下钻销的距离，如图6-239所示。

3) 盲孔余量

【盲孔余量】文本框用于指定加工盲孔时的余量，如图6-239所示。

四、任务实施

1.创建工序

1) 打开文件并进入加工环境

(1) 启动 UG NX 8.0 软件。

(2) 单击【打开】按钮，打开【打开】对话框，找到起始文件 YABAN-1.prt 并打开，如图 6-221 所示。

(3) 单击【标准】工具条中的【开始】按钮，选择下拉菜单中的【加工】命令。CAM 设置选择 drill 选项，如图 6-240 所示。单击【确定】按钮进行加工环境的初始化设置，进入加工模块的工作界面。

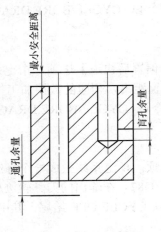

图 6-239　安全距离

图 6-240　CAM 设置

2) 创建刀具

单击【创建刀具】图标，弹出创建刀具对话框。创建中心钻 D5、麻花钻 D12 和麻花钻 D30 三把钻头，如图 6-241～图 6-243 所示。

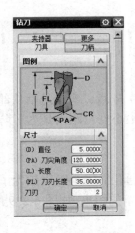

图 6-241　创建中心钻 D5

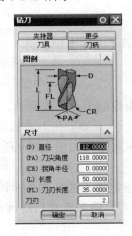

图 6-242　创建麻花钻 D12

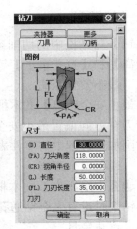

图 6-243　创建麻花钻 D30

3) 创建钻中心孔操作

(1) 设置【创建工序】对话框。

① 单击【创建工序】图标，弹出【创建工序】对话框。在【类型】下拉列表框中选择 drill 选项，单击【工序子类型】选项组中的 SPOT_DRILLING 按钮，如图 6-244 所示。

② 在【程序】下拉列表框中选择 PROGRAM 选项。

③ 在【刀具】下拉列表框中选择 D5(钻刀)选项。

④ 在【几何体】下拉列表框中选择 MCS_MILL 选项。

⑤ 在【方法】下拉列表框中选择 DRILL_METHOD 选项。

⑥ 在【名称】文本框中输入新命名或者直接用系统提供的"SPOT_DRILLING"。单击【确定】按钮，弹出【定心钻】对话框，如图 6-245 所示。

(2) 设置【几何体】选项组。

① 单击【指定孔】按钮，在【点到点几何体】对话框中单击【选择】按钮，以"选择点/圆弧/孔"方式直接选中绘图区中的所有孔心。

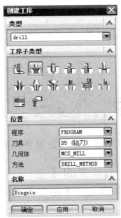

图 6-244 创建 drill 操作

图 6-245 【定心钻】对话框

② 单击【点到点几何体】对话框中的【优化】按钮，然后在弹出的对话框中依次单击 Shortest Path→【Bathed on-距离】→【优化】→【显示】，如果对绘图区中的排序满意则单击【接受】按钮返回【点到点几何体】对话框。绘图区中各点位置的显示如图 6-246 所示(暂不设置【避让】选项)。

③ 可以不设置【指定顶面】。

(3) 设置【循环类型】选项组。

① 在【循环】下拉列表框中选择【标准钻】选项。

② 单击【编辑】按钮，系统弹出相应的【指定参数组】对话框，如图 6-247 所示。单击【显示循环参数组】按钮，弹出【Gycle 参数】对话框。在 Depth(Tip)文本框中输入"3"，在【进给率】文本框中输入"120"，其他接受系统提供的默认值，如图 6-248 所示。

③ 返回【定心钻】对话框，在【循环类型】选项组中的【最小安全距离】文本框中输入"3"。

图 6-246　孔优化结果　　　　　图 6-247　指定参数组　　　图 6-248　Cycle 参数设置

（4）设置【刀轨设置】选项组。

① 单击【避让】按钮 ，弹出避让控制对话框，如图 6-249 所示。指定【From 点】(图 6-246 中标号 1 孔心的上方 "Z=150" 处)、Start Point(标号 1 孔心的上方、"Z=10" 处)、Return Point(图 6-246 中标号 10 孔心的上方 "Z=10" 处)和【Gohome 点】(标号 10 孔心的上方 "Z=100" 处)，如图 6-250 所示，以避免刀具与工件及夹具干涉。

② 单击 Clearance Plane 按钮，设置安全平面为 "Z=70" 处。

③ 其他接受系统提供的默认值。返回【刀轨设置】选项组。

图 6-249　避让控制对话框

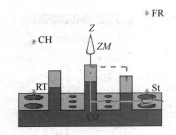

图 6-250　设置各点的位置

④ 单击【进给率和速度】按钮，在弹出的对话框中的【主轴转速】文本框中输入 "1200"，在【进给率】选项组的【切削】文本框中输入 "100"。返回【刀轨设置】选项组。

（5）设置【指定孔】中的【避让】选项。

① 单击【指定孔】按钮，在【点到点几何体】对话框中单击【避让】按钮，如图 6-251 所示。单击鼠标左键选中图 6-246 中标号 1 的孔心；然后系统提示选择终点，单击鼠标左键选中标号 2 的孔心。此时系统弹出如图 6-252(a)所示的对话框，单击距离按钮，在弹出对话框的【距离】文本框中输入 "10"，如图 6-252(b)所示。

② 参照 "①"，按系统提示再选择标号 2 的孔心为起点，标号 3 的孔心为终点，然后单击【退刀安全距离】对话框中的【安全平面】按钮即可。

③ 参照 "①"，按系统提示再选择标号 3 的孔心为起点，标号 5 的孔心为终点，单击【距离】按钮，在【退刀安全距离】对话框中的【距离】文本框中输入 "5"。

④ 参照 "②"，按系统提示再选择标号 5 的孔心为起点，标号 6 的孔心为终点，然后单击【退刀安全距离】对话框中的【安全平面】按钮即可。

⑤ 参照 "①"，按系统提示再选择标号 6 的孔心为起点，标号 8 的孔心为终点，单击【距离】按钮，在【退刀安全距离】对话框中的【距离】文本框中输入 "5"。

⑥ 参照 "②"，按系统提示再选择标号 8 的孔心为起点，标号 9 的孔心为终点，然

后单击图 6-252(a)对话框中的【安全平面】按钮即可。

⑦ 参照"①"，按系统提示再选择标号 9 的孔心为起点，标号 10 的孔心为终点，单击【距离】按钮，在图 6-252(a)对话框中的【距离】文本框中输入"5"。设置完毕后退回【定心钻】对话框。

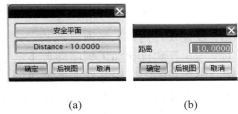

(a)　　　　　　　　(b)

图 6-251　【点到点几何体】对话框　　　　图 6-252　距离参数

(6) 单击【操作】选项组中的【生成】按钮 ，绘图区域中生成刀轨，如图 6-253 所示。至此完成了【定心钻】操作的创建。

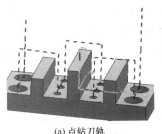

(a) 点钻刀轨

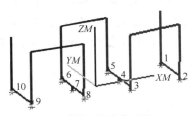

(b) 点钻刀轨(隐藏工件)

图 6-253　生成刀轨

4) 创建钻 $\phi 12$ 孔操作

(1) 设置【创建工序】对话框。

① 单击【创建工序】图标 ，弹出【创建工序】对话框。在【类型】下拉列表框中选择 drill 选项，单击【工序子类型】选项组中的 PECK_DRILLING 按钮 ，如图 6-254 所示。

② 在【程序】下拉列表框中选择 PROGRAM 选项。

③ 在【刀具】下拉列表框中选择 D12 选项。

④ 在【几何体】下拉列表框中选择 MCS_MILL 选项。

⑤ 在【方法】下拉列表框中选择 DRILL_METHOD 选项。

⑥ 在【名称】文本框中输入新名称或者直接用系统提供的 PECK_DRILLING。单击【确定】按钮，弹出【啄钻】对话框，如图 6-255 所示。

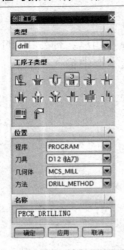

图 6-254 【创建工序】对话框　　　图 6-255 【啄钻】对话框

(2) 设置【几何体】选项组。

① 指定孔和优化加工顺序参考【定心钻】操作。

② 因为孔的上表面分在多个表面上，可以不设置【指定顶面】。

③ 单击【指定底面】按钮，在绘图区选中压板的底面。返回【啄钻】对话框。

(3) 设置【循环类型】选项组。

① 在【循环】下列表框中选择【啄钻】选项，如图 6-255 所示。

② 单击【编辑】按钮 🔧，系统弹出相应的【指定参数组】对话框，在 Number of Sets 文本框中输入"2"，如图 6-256 所示。单击【显示循环参数组】按钮，弹出【Cycle 参数】对话框。单击 Depth-(shoulder)按钮，并在弹出的文本框中输入"21"；单击【进给率】按钮，在弹出的【进给率】文本框中输入"60"；单击【Dwell(秒)】按钮，在弹出的文本框中输入"5"，单击【Increment-恒定】按钮，在弹出的【Increment-恒定】文本框中输入"4"，如图 6-257 所示。

图 6-256 指定参数组　　　　　图 6-257 Cycle 参数设置

③ 返回【啄钻】对话框，在【循环类型】对话框的【最小间隙】文本框中输入"3"。

(4) 【刀轨设置】选项组和【指定孔】选项组的【避让】选项设置同【定心钻】操作。

(5) 单击【操作】选项组中的【生成】按钮，在绘图区域生成刀轨，如图 6-258 所示。至此完成 10-ϕ12 孔【啄钻】操作的创建。

现在完成了 6-ϕ12【啄钻】操作，4-ϕ30 的孔尺寸已加工至 ϕ12，下面对 4-ϕ30 从 ϕ12 继续加工直到满足要求。

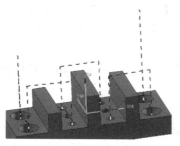
(a) 啄钻刀轨

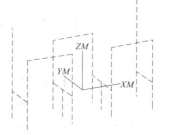
(b) 啄钻刀轨(隐藏工件)

图 6-258　啄钻刀轨

5)　创建钻 ϕ30 孔的后续操作

(1)　设置【创建工序】对话框。

①　单击【创建工序】图标，弹出【创建工序】对话框。在【类型】下拉列表框中选择 drill 选项，单击【工序子类型】选项组中的 DRILLING 按钮，如图 6-259 所示。

②　在【程序】下拉列表框中选择 PROGRAM 选项。

③　在【刀具】下拉列表框中选择 D30 选项。

④　在【几何体】下拉列表框中选择 MCS_MILL 选项。

⑤　在【方法】下拉列表框中选择 DRILL_METHOD 选项。

⑥　在【名称】文本框中输入新名称或者直接用系统提供的 DRILLING。单击【确定】按钮，弹出【钻】对话框，如图 6-260 所示。

图 6-259　创建钻操作

图 6-260　【钻】对话框

(2)　设置【几何体】选项组。

①　单击【指定孔】按钮，在【点到点几何体】对话框中单击【选择】按钮，在弹出的对话框中单击【面上所有孔】按钮，选择外侧两个宽平面，选中 4-ϕ30 孔，之后返回【点到点几何体】对话框。

②　单击【点到点几何体】对话框中的【优化】按钮，在弹出的对话框中单击 Shortest-Path

按钮，然后在弹出的对话框中依次单击【Level-标准】→【Start Point-自动】按钮，选中右前方孔(在前两个步骤中标号1的孔)，顺序单击【确定】按钮返回【钻】对话框。绘图区中显示4-ϕ30孔及加工顺序，如图6-261所示。

③ 单击【指定底面】按钮，在绘图区选中压板的底面。返回【钻】对话框。

(3) 设置【循环类型】选项组。

① 在【循环】下列表框中选择【标准钻】选项。

② 单击【编辑】按钮 ，系统弹出相应的【指定参数组】对话框，在Number of Sets文本框中输入"3"。在【Cycle 参数】对话框的Depth(Should)文本框中输入"21"，在【进给率】文本框中输入"40"，其他为默认值，如图6-262所示。

③ 返回【钻】对话框，在【循环类型】选项组中的【最小间隙】文本框中输入"3"。

(4) 设置【深度偏置】选项组。

在【钻】对话框的【深度偏置】选项组中的【通孔安全距离】文本框中输入"1.5"，如图6-263所示。

(5) 【刀轨设置】选项组的【避让】选项设置参考【定心钻】操作。

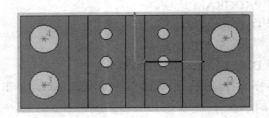

图6-261 四孔加工顺序

图6-262 Cycle 参数设置

(6) 设置【指定孔】中的【避让】选项。

① 单击【钻】对话框中【指定孔】选项中的【避让】按钮，参考图6-251，系统弹出选择【起点】对话框，单击鼠标左键选中图6-261所示标号1的孔心；然后系统提示选择【终点】，单击鼠标左键选中标号2的孔心。在系统弹出的对话框中，单击【距离】按钮，在图6-252对话框的【距离】文本框中输入"5"。

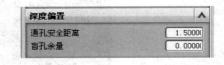

图6-263 深度偏置

② 参照①，按系统提示再选取标号2的孔心为起点，标号3的孔心为终点，然后单击图6-252对话框中的【安全平面】按钮即可。

(7) 单击【操作】工具条中的【生成刀轨】按钮 ，在绘图区域生成刀轨，如图6-264所示。至此完成了4-ϕ30孔【钻】操作的创建。

经过以上五个步骤完成了6-ϕ12孔【啄钻】操作，4-ϕ30孔【钻】操作以及所有孔的【定心钻】操作。

2. 仿真加工

1) 生成各刀轨

(1) 单击【导航器】工具栏中的【程序顺序视图】按钮，导航器中显示已创建的操作，如图6-265所示。

（2）　选择【SPOT_DRILLING(点钻)】操作，单击【操作】工具条中的【生成刀轨】按钮，系统弹出【刀轨生成】对话框，单击【确定】按钮，绘图区中显示点钻刀轨。

（3）　参考上一步，依次生成啄钻和钻的刀轨。

2）　确认刀轨

（1）　在导航器中单击点钻操作，按下 Ctrl 键，接着单击啄钻和钻操作，即选中所有操作，如图 6-266 所示。

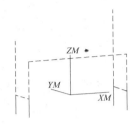

图 6-264　钻 ϕ 30 刀轨　　　　图 6-265　程序顺序视图　　　　图 6-266　选中多项操作

（2）　单击【操作】工具条中的【确认刀轨】按钮，系统弹出【刀轨可视化】对话框。

3）　播放刀轨

（1）　选择【重播】播放模式，在【刀轨可视化】对话框的下端调节动画速度，然后单击【播放】按钮。

（2）　播放过程即仿真加工过程，如同加工过程的顺序一样。加工瞬间如图 6-267～图 6-272 所示。

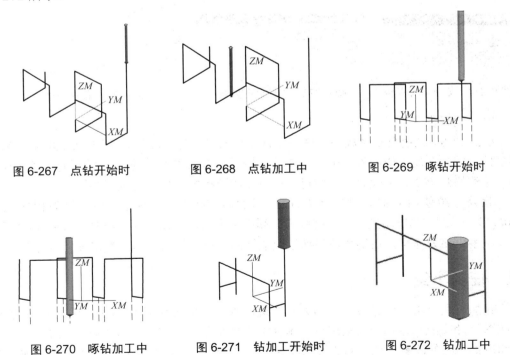

图 6-267　点钻开始时　　　　图 6-268　点钻加工中　　　　图 6-269　啄钻开始时

图 6-270　啄钻加工中　　　　图 6-271　钻加工开始时　　　　图 6-272　钻加工中

3.后处理及编辑程序

1) 后处理

通过仿真加工,确认生成刀轨无误后,接着进行后处理,生成符合机床标准格式的数控程序。

(1) 在导航器中选中三项操作。

(2) 在【工序】工具条中,单击【后处理】按钮 ，系统弹出【后处理】对话框,如图6-273所示。

(3) 在【后处理】对话框中选择合适机床 MILL-3-AXIS。

(4) 通过【浏览查找一个输出文件】按钮更改【输出文件】|【文件名】或文件所在文件包进行保存程序。

(5) 在【设置】选项组的【单位】下拉列表框中选择【公制/部件】选项,然后单击【确定】按钮。

(6) 系统弹出信息提示对话框,如图6-274和图6-275所示,单击【确定】按钮。

(7) 系统弹出程序信息,如图6-276所示。

图6-273 【后处理】对话框

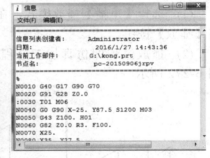

图6-276 程序信息

图6-274 多重选择警告   图6-275 单位匹配警告   图6-276 程序信息

2) 编辑程序

UG NX 8.0系统自动生成的程序不能直接导入宇龙仿真加工系统和FANUC数控铣床加工零件,因为自动生成的程序中有不能被数控系统识别的 G 代码,可能还有创建工序时误操作导致的乱码或丢失代码,一般对自动生成的数控加工程序要进行编辑。

此处介绍使用多把刀时的换刀问题。数控加工中心设备可以通过换刀程序 T××M06(T××刀具号)自动换刀,数控铣床必须手工换刀,所以需要换刀时,增加M00暂停程序段。手工换刀完毕,启动循环启动按钮继续向下进行加工,具体操作参考前几个任务。

五、任务小结

孔加工主要用来创建各种孔的刀具轨迹。本任务主要介绍了定心钻(中心孔)、啄钻(小孔或深孔)和钻(普通孔)的自动编程。本任务中使用了三把刀,重点讲解了三个操作确认刀轨和后处理时的注意事项。对于复杂零件的综合加工,一般按数控加工工艺先创建面/腔粗加工操作、面/腔半精加工操作、面/腔精加工操作,最后创建孔加工操作进行。

习　　题

(1)　简述对零件进行综合加工时的一般加工顺序。

(2)　选择刀具时应该注意哪些问题？

(3)　数控铣削加工时常用的夹具有哪些？

(4)　简述自动编程一般操作步骤。

(5)　数控加工切削模式有哪些？

(6)　对职业技能鉴定实训题进行自动编程。

附录 A 数控铣工中、高级技能鉴定标准

一、数控铣工中级技能鉴定标准

1. 适用对象

从事操作铣床，编制数控铣削加工程序，按技术要求对工件进行铣削加工的人员。

2. 申报条件

(1) 文化程度：高中以上(或同等学力)。

(2) 现有技术等级证书(或资格证书)的级别：数控铣工初级工等级证书。

(3) 本工种工作年限：五年。

(4) 身体状况：健康。

3. 考生与考评员比例

(1) 知识：理论知识考试考评人员与考生配比为 1∶20，每个标准教室不少于 2 名相应级别的考评员。

(2) 技能：技能操作(含软件应用)考核考评员与考生配比为 1∶5，且不少于 3 名相应级别的考评员。

4. 鉴定方式

(1) 知识：理论知识考试采用闭卷笔试方式，满分 100 分，60 分及以上者为合格。

(2) 技能：技能操作(含软件应用)考核采用现场实际操作和计算机软件操作方式，满分 100 分，60 分及以上者为合格。

5. 考试要求

(1) 知识要求：理论知识考试为 120 分钟。

(2) 技能要求：技能操作考核中的实操时间不少于 240 分钟；技能操作考核中的软件应用考试时间不超过 120 分钟。

6. 鉴定场所设备

(1) 知识：理论知识考试在计算机机房，网上进行。

(2) 技能：软件技能应用考试在计算机机房进行；技能操作考核在配备必要的数控铣床及必要的刀具、夹具、量具和辅助设备的场所进行。

7. 鉴定要求(见表 A-1)

表 A-1   数控铣工中级技能鉴定要求

职业功能	工作内容	技能要求	相关知识
(1) 加工准备	① 读图与绘图	A. 能读懂中等复杂程度(如凸轮、壳体、板状、支架)的零件图 B. 能绘制有沟槽、台阶、斜面、曲面的简单零件图 C. 能读懂分度头尾架、弹簧夹头套筒、可转位铣刀结构等简单机构装配图	A. 复杂零件的表达方法 B. 简单零件图的画法 C. 零件三视图、局部视图和剖视图的画法
	② 制定加工工艺	A. 能读懂复杂零件的铣削加工工艺文件 B. 能编制由直线、圆弧等构成的二维轮廓零件的铣削加工工艺文件	A. 数控加工工艺知识 B. 数控加工工艺文件的制定方法
	③ 零件定位与装夹	A. 能使用铣削加工常用夹具(如压板、虎钳、平口钳等)装夹零件 B. 能够选择定位基准,并找正零件	A. 常用夹具的使用方法 B. 定位与夹紧的原理和方法 C. 零件找正的方法
	④ 刀具准备	A. 能够根据数控加工工艺文件选择、安装和调整数控铣床常用刀具 B. 能根据数控铣床特性、零件材料、加工精度、工作效率等选择刀具和刀具几何参数,并确定数控加工需要的切削参数和切削用量 C. 能够利用数控铣床的功能,借助通用量具或对刀仪测量刀具的半径及长度 D. 能选择、安装和使用刀柄 E. 能够刃磨常用刀具	A. 金属切削与刀具磨损知识 B. 数控铣床常用刀具的种类、结构、材料和特点 C. 数控铣床、零件材料、加工精度和工作效率对刀具的要求 D. 刀具长度补偿、半径补偿等刀具参数的设置知识 E. 刀柄的分类和使用方法 F. 刀具刃磨的方法
(2) 数控编程	① 手工编程	A. 能编制由直线、圆弧组成的二维轮廓数控加工程序 B. 能够运用固定循环、子程序进行零件的加工程序编制	A. 数控编程知识 B. 直线插补和圆弧插补的原理 C. 节点的计算方法
	② 计算机辅助编程	A. 能够使用 CAD/CAM 软件绘制简单零件图 B. 能够利用 CAD/CAM 软件完成简单平面轮廓的铣削程序	A. CAD/CAM 软件的使用方法 B. 平面轮廓的绘图与加工代码生成方法
(3) 数控铣床操作	① 操作面板	A. 能够按照操作规程启动及停止机床 B. 能使用操作面板上的常用功能键(如回零、手动、MDI、修调等)	A. 数控铣床操作说明书 B. 数控铣床操作面板的使用方法
	② 程序输入与编辑	A. 能够通过各种途径输入加工程序 B. 能够通过操作面板输入和编辑加工程序	A. 数控加工程序的输入方法 B. 数控加工程序的编辑方法
	③ 对刀	A. 能进行对刀并确定相关坐标系 B. 能设置刀具参数	A. 对刀的方法 B. 坐标系的知识 C. 建立刀具参数表或文件的方法
	④ 程序调试与运行	能够进行程序检验、单步执行、空运行并完成零件试切	程序调试的方法
	⑤ 参数设置	能够通过操作面板输入有关参数	数控系统中相关参数的输入方法

职业功能	工作内容	技能要求	相关知识
(4) 零件加工	①平面加工	能够运用数控加工程序进行平面、垂直面、斜面、阶梯面等的铣削加工，并达到如下要求： A. 尺寸公差等级达 IT7 级 B. 形位公差等级达 IT8 级 C. 表面粗糙度 R_a 达 3.2μm	A. 平面铣削的基本知识 B. 刀具端刃的切削特点
	②轮廓加工	能够运用数控加工程序进行由直线、圆弧组成的平面轮廓铣削加工，并达到如下要求： A. 尺寸公差等级达 IT8 B. 形位公差等级达 IT8 级 C. 表面粗糙度 R_a 3.2μm	A. 平面轮廓铣削的基本知识 B. 刀具侧刃的切削特点
	③曲面加工	能够运用数控加工程序进行圆锥面、圆柱面等简单曲面的铣削加工，并达到如下要求： A. 尺寸公差等级达 IT8 B. 形位公差等级达 IT8 级 C. 表面粗糙度 R_a 达 3.2μm	A. 曲面铣削的基本知识 B. 球头刀具的切削特点
	④孔类加工	能够运用数控加工程序进行孔加工，并达到如下要求： A. 尺寸公差等级达 IT7 B. 形位公差等级达 IT8 级 C. 表面粗糙度 R_a 达 3.2μm	麻花钻、扩孔钻、丝锥、镗刀及铰刀的加工方法
	⑤槽类加工	能够运用数控加工程序进行槽、键槽的加工，并达到如下要求： A. 尺寸公差等级达 IT8 B. 形位公差等级达 IT8 级 C. 表面粗糙度 R_a 达 3.2μm	槽、键槽的加工方法
	⑥精度检验	能够使用常用量具进行零件的精度检验	A. 常用量具的使用方法 B. 零件精度检验及测量方法
(5) 维护与故障诊断	①机床日常维护	能够根据说明书完成数控铣床的定期及不定期维护保养，包括：机械、电、气、液压、数控系统检查和日常保养等	A. 数控铣床说明书 B. 数控铣床日常保养方法 C. 数控铣床操作规程 D. 数控系统(进口、国产数控系统)说明书
	②机床故障诊断	A. 能读懂数控系统的报警信息 B. 能发现数控铣床的一般故障	A. 数控系统的报警信息 B. 机床的故障诊断方法
	③机床精度检查	能进行机床水平的检查	A. 水平仪的使用方法 B. 机床垫铁的调整方法

8．各项目比重表

1) 理论知识各项比重表(见表 A-2)

表 A-2　数控铣工中级技能鉴定理论知识各项比重表

比重 100%　　项目	基本要求		相关知识					合计
	职业 道德	基础 知识	加工 准备	数控 编程	数控铣床操作	零件 加工	数控铣床维护 与精度检验	
中级%	5	20	15	20	5	30	5	100

2) 技能要求各项比重表(见表 A-3)

表 A-3　数控铣工中级技能鉴定技能要求各项比重表

比重 100%　　项目	相关知识						合计
	加工准备	数控编程	数控铣床操作	零件加工	数控铣床维 护与精度 检验	工艺分析与 设计，培训 与管理	
中级%	10	30	5	50	5	—	100

二、数控铣工高级技能鉴定标准

1．适用对象

从事操作铣床，编制数控铣削加工程序，按技术要求对工件进行铣削加工的人员。

2．申报条件

(1) 文化程度：高中毕业(或同等学力)。

(2) 现有技术等级(或资格证书)的级别：中级工等级证书。

(3) 本工种工作年限：八年。技工学校和职业高中本专业(工种)毕业生申报高级铣工的工作年限为三年。

(4) 身体状况：健康。

3．考生与考评员比例

(1) 知识：理论知识考试考评人员与考生配比为 1∶20，每个标准教室不少于 2 名相应级别的考评员。

(2) 技能：技能操作(含软件应用)考核考评员与考生配比为 1∶5，且不少于 3 名相应级别的考评员。

4．鉴定方式

(1) 知识：理论知识考试采用闭卷方式，满分 100 分，60 分及以上者为合格。

(2) 技能：技能操作(含软件应用)考核采用现场实际操作和计算机软件操作方式，满分 100 分，60 分及以上者为合格。

5．考试要求

(1) 知识要求：理论知识考试为 120 分钟。

(2) 技能要求：技能操作考核中的实操时间不少于 240 分钟；技能操作考核中的软件应用考试时间不超过 120 分钟。

6．鉴定场所设备

(1) 知识：理论知识考试在计算机机房，网上进行。

(2) 技能：软件技能应用考试在计算机机房进行；技能操作考核在配备必要的数控铣床及必要的刀具、夹具、量具和辅助设备的场所进行。

7．鉴定要求(见表 A-4)

表 A-4　数控铣工高级技能鉴定要求

职业功能	工作内容	技能要求	相关知识
(1) 加工准备	①读图与绘图	A. 能读懂装配图并拆画零件图 B. 能够测绘零件 C. 能够读懂数控铣床主轴系统、进给系统的机构装配图	A. 根据装配图拆画零件图的方法 B. 零件的测绘方法 C. 数控铣床主轴与进给系统基本构造知识
	②制定加工工艺	能编制二维、简单三维曲面零件的铣削加工工艺文件	复杂零件数控加工工艺的制定
	③零件定位与装夹	A. 能选择和使用组合夹具和专用夹具 B. 能选择和使用专用夹具装夹异型零件 C. 能分析并计算夹具的定位误差 D. 能够设计与自制装夹辅具(如轴套、定位件等)	A. 数控铣床组合夹具和专用夹具的使用、调整方法 B. 专用夹具的使用方法 C. 夹具定位误差的分析与计算方法 D. 装夹辅具的设计与制造方法
	④刀具准备	A. 能够选用专用工具(刀具和其他) B. 能够根据难加工材料的特点，选择刀具的材料、结构和几何参数	A. 专用刀具的种类、用途、特点和刃磨方法 B. 切削难加工材料时的刀具材料和几何参数的确定方法
(2) 数控编程	①手工编程	A. 能够编制较复杂的二维轮廓铣削程序 B. 能够根据加工要求编制二次曲面的铣削程序 C. 能够运用固定循环、子程序进行零件的加工程序编制 D. 能够进行变量编程	A. 较复杂二维节点的计算方法 B. 二次曲面几何体外轮廓节点计算 C. 固定循环和子程序的编程方法 D. 变量编程的规则和方法
	②计算机辅助编程	A. 能够利用 CAD/CAM 软件进行中等复杂程度的实体造型(含曲面造型) B. 能够生成平面轮廓、平面区域、三维曲面、曲面轮廓、曲面区域、曲线的刀具轨迹 C. 能进行刀具参数的设定 D. 能进行加工参数的设置 E. 能确定刀具的切入切出位置与轨迹 F. 能够编辑刀具轨迹 G. 能够根据不同的数控系统生成 G 代码	A. 实体造型的方法 B. 曲面造型的方法 C. 刀具参数的设置方法 D. 刀具轨迹生成的方法 E. 各种材料切削用量的数据 F. 有关刀具切入切出的方法对加工质量影响的知识 G. 轨迹编辑的方法 H. 后置处理程序的设置和使用方法
	③数控加工仿真	能利用数控加工仿真软件实施加工过程仿真、加工代码检查与干涉检查	数控加工仿真软件的使用方法

职业功能	工作内容	技能要求	相关知识
(3) 数控铣床操作	①程序调试与运行	能够在机床中断加工后正确恢复加工	程序的中断与恢复加工的方法
	②参数设置	能够依据零件特点设置相关参数进行加工	数控系统参数设置方法
(4) 零件加工	①平面铣削	能够编制数控加工程序铣削平面、垂直面、斜面、阶梯面等，并达到如下要求： A. 尺寸公差等级达 IT7 B. 形位公差等级达 IT8 级 C. 表面粗糙度 R_a 达 3.2μm	A. 平面铣削精度控制方法 B. 刀具端刃几何形状的选择方法
	②轮廓加工	能够编制数控加工程序铣削较复杂的(如凸轮等)平面轮廓，并达到如下要求： A. 尺寸公差等级达 IT8 B. 形位公差等级达 IT8 级 C. 表面粗糙度 R_a 达 3.2μm	A. 平面轮廓铣削的精度控制方法 B. 刀具侧刃几何形状的选择方法
	③曲面加工	能够编制数控加工程序铣削二次曲面，并达到如下要求： A. 尺寸公差等级达 IT8 B. 形位公差等级达 IT8 级 C. 表面粗糙度 R_a 达 3.2μm	A. 二次曲面的计算方法 B. 刀具影响曲面加工精度的因素以及控制方法
	④孔系加工	能够编制数控加工程序对孔系进行切削加工，并达到如下要求： A. 尺寸公差等级达 IT7 B. 形位公差等级达 IT8 级 C. 表面粗糙度 R_a 达 3.2μm	麻花钻、扩孔钻、丝锥、镗刀及铰刀的加工方法
	⑤深槽加工	能够编制数控加工程序进行深槽、三维槽的加工，并达到如下要求： A. 尺寸公差等级达 IT8 B. 形位公差等级达 IT8 级 C. 表面粗糙度 R_a 达 3.2μm	深槽、三维槽的加工方法
	⑥配合件加工	能够编制数控加工程序进行配合件加工，尺寸配合公差等级达 IT8	A. 配合件的加工方法 B. 尺寸链换算的方法
	⑦精度检验	A. 能够利用数控系统的功能使用百(千)分表测量零件的精度 B. 能对复杂、异形零件进行精度检验 C. 能够根据测量结果分析产生误差的原因 D. 能够通过修正刀具补偿值和修正程序来减少加工误差	A. 复杂、异形零件的精度检验方法 B. 产生加工误差的主要原因及其消除方法
(5) 维护与故障诊断	①日常维护	能完成数控铣床的定期维护	数控铣床定期维护手册
	②故障诊断	能排除数控铣床的常见机械故障	机床的常见机械故障诊断方法
	③机床精度检验	能协助检验机床的各种出厂精度	机床精度的基本知识

8. 各项目比重表

1) 理论知识各项比重表(见表 A-5)

表 A-5 数控铣工高级技能鉴定理论知识各项比重表

项目 比重	基本要求		相关知识					合计
	职业 道德	基础 知识	加工 准备	数控 编程	数控铣床 操作	零件 加工	数控铣床 维护与 精度检验	
高级%	5	20	15	20	5	30	5	100

2) 技能要求各项比重表(见表 A-6)

表 A-6 数控铣工高级技能鉴定技能要求各项比重表

项目 比重 100%	相关知识						合计
	加工准备	数控编程	数控铣床 操作	零件加工	数控铣床 维护与 精度检验	工艺分析 与设计, 培 训与管理	
高级%	10	30	5	50	5	—	100

附录 B　中级职业技能鉴定实训题

任务一　中级职业技能鉴定实训题 1

1. 任务描述

试在数控铣床上完成如图 B-1 所示工件的编程与加工，已知毛坯尺寸为 100mm×120mm×25mm。

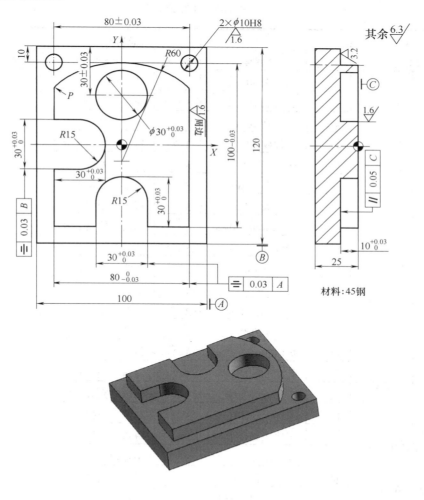

图 B-1　中级职业技能鉴定样例 1

2．知识点与技能点

(1) 基点坐标的计算方法。

(2) 轮廓铣削刀具的选用。

(3) 轮廓加工切入与切出方法的选择。

3．加工准备与加工要求

1) 加工准备

本实训使用 FANUC 系统数控铣床，采用手动换刀方式。

2) 课题评分表

本实训的工时定额(包括编程与程序手动输入)为 4 小时,其加工要求见课题评分表 B-1。

表 B-1 课题评分表

工件编号		序 号	技术要求	配 分	总得分		
项目与配分		序 号	技术要求	配 分	评分标准	检测记录	得 分
工件加工评分(80%)	外形轮廓	1	凸台宽 $80_{-0.03}^{0}$	5	超差全扣		
		2	凸台长 $100_{-0.03}^{0}$	5	超差全扣		
		3	凸台高 $10_{0}^{+0.03}$	4	超差全扣		
		4	对称度 0.03	3×2	每错一处扣 3 分		
		5	平行度 0.05	6	每错一处扣 3 分		
		6	侧面 $R_a1.6\mu m$	5	每错一处扣 1 分		
		7	底面 $R_a3.2\mu m$	3	每错一处扣 1 分		
		8	R15、R60、$30_{+0.03}^{0}$	6	每错一处扣 2 分		
	内轮廓与孔	9	$\phi30_{+0.03}^{0}$	5	超差全扣		
		10	侧面 $R_a1.6\mu m$	2	每错一处扣 2 分		
		11	$10_{0}^{+0.05}$	4	超差全扣		
		12	底面 $R_a3.2\mu m$	2	超差全扣		
		13	孔径$\phi10H8$	2×3	每错一处扣 2 分		
		14	$R_a1.6\mu m$	2×3	每错一处扣 2 分		
		15	孔距 80±0.03	4×2	每错一处扣 4 分		
	其他	16	工件按时完成	4	未按时完成全扣		
		17	工件无缺陷	3	缺陷一处扣 3 分		
程序与工艺(10%)		18	程序正确合理	5	每错一处扣 2 分		
		19	加工工序卡	5	不合理每处扣 2 分		
机床操作(10%)		20	机床操作规范	5	出错一次扣 2 分		
		21	工件、刀具装夹	5	出错一次扣 2 分		
安全文明生产(倒扣分)		22	安全操作	倒扣	安全事故停止操作		
		23	机床整理	倒扣	酌扣 5～30 分		

4．工艺分析与知识积累

本实训既有外轮廓加工，又有内轮廓加工。因此，在加工过程中应注意选择不同的刀具来加工内、外轮廓。此外，还应注意在加工过程中刀具进退刀路线的选择，以防止在进退刀过程中产生过切现象。

1）　加工刀具的选择

加工外轮廓时，选用立铣刀进行加工。立铣刀的圆柱表面和端面上都有切削刃，圆柱表面的切削刃为主切削刃，端面上的切削刃为副切削刃，它们可同时进行切削，也可单独进行切削。立铣刀的主切削刃一般为螺旋齿，这样可以增加切削平稳性，提高加工精度。由于普通立铣刀端面中心处无切削刃，所以立铣刀不能做轴向进给，端面刃主要用来加工与侧面相垂直的底平面。

加工内轮廓时，选用键铣刀进行加工。键铣刀一般只有两个刀齿，圆柱面和端面都有切削刃，端面刃延伸至中心，既像立铣刀，又像钻头。加工时先轴向进给达到槽深，然后沿轮廓方向进行切削。键槽铣刀直径的精度要求较高，其偏差有 e8 和 d8 两种。重磨键槽铣刀时，只需刃磨端面切削刃，重磨后铣刀直径不变。

2）　进退刀路线的确定

在工件加工过程中，当采用法线方式进刀时，由于机床的惯性作用，常会在工件轮廓表面产生过切，形成凹坑。因此，本例采用切向切入方式进行进刀。加工外轮廓时，在轮廓的延长线上进行进刀和退刀；加工内轮廓时，由于无法在轮廓的延长线上进行进退刀，因此采用过渡圆的方式进行进刀，而采用法向方式进行退刀。

3）　数控编程中的数值计算

常用的基点计算方法有列方程求解法、三角函数法、计算机绘图求解法等。采用 CAD 绘图分析法可以避免大量复杂的人工计算，操作方便，基点分析精度高，出错概率少。因此，这种找点方法是近几年的数控加工中最为普及的基点与节点分析方法。当前在国内常用于 CAD 绘图求基点的软件有 AutoCAD、UG、CAXA 电子图板和 CAXA 制造工程师等。

本例采用三角函数法求得的 P 点坐标为(-40,34.72)。

5．参考程序(略)

6．实训小结

在数控编程过程中，针对不同的数控系统，其数控程序的程序开始和程序结束是相对固定的，包括一些机床信息，如机床回零、工件零点设定、主轴启动、切削液开启等功能。因此，在实际编程过程中，通常将数控程序的程序开始和程序结束编写成相对固定的格式，从而减少编程工作量。

在实际编程过程中，程序段号设定有效，那么在手工输入过程中会自动生成。

由于数控等级工考试是单件生产，所以建议将各部分加工内容编写成单独程序，以便于程序调试和修改。

7．扩展任务

试编写如图 B-2 所示零件的加工程序，已知毛坯尺寸为 75mm×75mm×20mm。

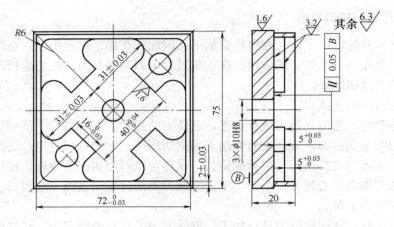

图 B-2　铣削加工零件

任务二　中级职业技能鉴定实训题 2

1. 任务描述

试在数控铣床上完成如图 B-3 所示工件的编程与加工，已知毛坯尺寸为 80mm× 80mm×25mm。

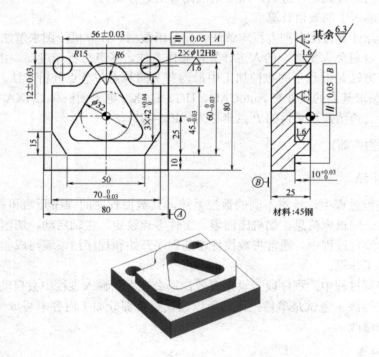

图 B-3　中级职业技能鉴定样例 2

2．知识点与技能点

(1) 顺铣与逆铣的选择。

(2) 精加工余量的确定。

(3) 内外轮廓的加工方法。

3．加工准备与加工要求

1) 加工准备

选用机床：FANUC 系统数控铣床。

选用夹具：精密平口钳。

使用毛坯：80mm×80mm×25mm 的 45 钢，六面为已加工表面。

刀具、量具与工具参照要求进行配备。

2) 课题评分表

本课题的工时定额(包括编程与程序手动输入)为 4 小时，并填写课题评分表，参考表 B-1。

4．知识积累

1) 顺铣与逆铣的选择

根据刀具的旋转方向和工件的进给方向间的相互关系，数控铣削分为顺铣和逆铣两种。在刀具正转的情况下，刀具的切削速度方向与工件的移动方向一致为顺铣，采用左刀补铣削；如果刀具的切削速度方向与工件的移动速度方向相反为逆铣，采用右刀补铣削。

采用顺铣时，其切削力及切削变形小，但容易产生崩刃现象。因此，通常采用顺铣的加工方法进行精加工。采用逆铣可以提高加工效率，但由于逆铣切削力大，会导致切削变形增加、刀具磨损加快。因此，通常在粗加工时采用逆铣的加工方法。

2) 精加工余量的确定

确定精加工余量的方法主要有经验估算法、查表修正法、分析计算法等。数控铣床上通常采用经验估算法或查表修正法确定精加工余量。

5．参考程序(略)

6．课题小结

轮廓加工的粗加工和精加工同为一个程序。粗加工时，设定的刀具补偿量为"R(刀具半径)+0.2(精加工余量)"；而在精加工时，设定的刀具补偿量通常为"R"，有时，为了保证实际尺寸精度，刀具补偿量可根据加工后实测的轮廓尺寸取略小于"R"的值(小于 0.01～0.03mm)。

在编制多个孔的加工程序时，应注意刀具退刀位置的选择。当工件表面有台阶面时，退刀位置应取在初始平面；而当工件表面为平坦面时，退刀位置可选在 R 参考平面。本例选择的退刀位置为初始平面。

7．扩展任务

试编写如图 B-4 所示工件的数控加工程序，已知毛坯尺寸为 100mm×100mm×25mm。

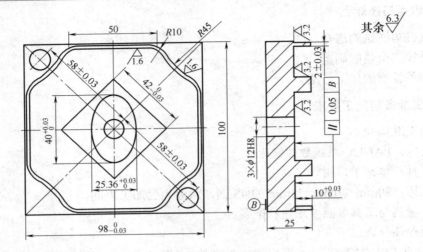

图 B-4　铣削加工零件

任务三　中级职业技能鉴定实训题 3

1. 任务描述

试在数控铣床上完成如图 B-5 所示工件的编程与加工，已知毛坯尺寸为 100mm×80mm×25mm。

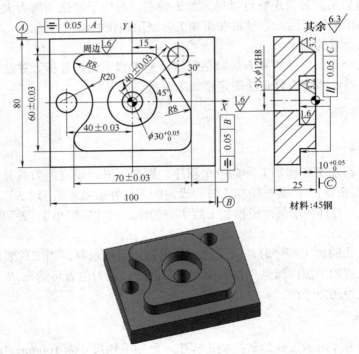

图 B-5　中级职业技能鉴定样例 3

2．知识点与技能点

(1) 切削用量的选择。

(2) 切削液的选择。

(3) 内外轮廓的编程方法。

3．加工准备与加工要求

1) 加工准备

选用机床：FANUC 系统数控铣床。

选用夹具：精密平口钳。

使用毛坯：100mm×80mm×25mm 的 45 钢，六面为已加工表面。

2) 课题评分表

本课题的工时定额(包括编程与程序手动输入)为 4 小时，并填写课题评分表，参考表 B-1。

4．工艺分析与知识积累

1) 铣削用量的选择

铣削用量包括铣削速度(v_c)、进给量(f)、铣削背吃刀量(a_p)与铣削宽度(a_e)等。合理选择铣削用量，对提高生产效率，改善表面质量和加工精度，都有着密切的关系。

在工厂的实际生产过程中，切削用量一般根据经验并通过查表的方式来选取。

2) 铣削液的选择

切削液主要分为水基切削液和油基切削液。水基切削液的主要成分是水、化学合成水和乳化液，冷却能力强；油基切削液的主要成分是各种矿物质油、动物油、植物油或由它们组成的复合油，并可添加各种添加剂，因此其润滑性能突出。

粗加工或半精加工时，切削热量大。因此，切削液的作用应以冷却散热为主。精加工时，为了获得良好的已加工表面质量，切削液应以润滑为主。

硬质合金刀具的耐热性能好，一般可不用切削液。如果要使用切削液，一定要采用连续冷却的方法进行。

5．参考程序(略)

6．任务小结

对于这类内轮廓中有孔的工件，在加工内轮廓时，可先加工出预孔($\phi 8mm$)后直接用立铣刀进行加工。这样做可以减少换刀次数，缩短加工时间；另一方面，采用立铣刀加工时，还可增加刀具的强度，提高加工精度。

7．扩展任务

试编写如图 B-6 所示工件的数控加工程序，已知毛坯尺寸为 100mm×100mm×25mm。

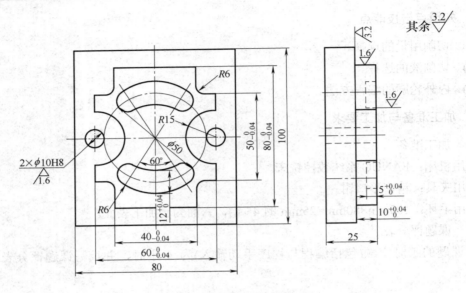

图 B-6　铣削加工零件

任务四　中级职业技能鉴定实训题 4

1．任务描述

试编写如图 B-7 所示工件(已知毛坯尺寸为ϕ80mm×35mm)的加工程序，并在数控铣床上进行加工。

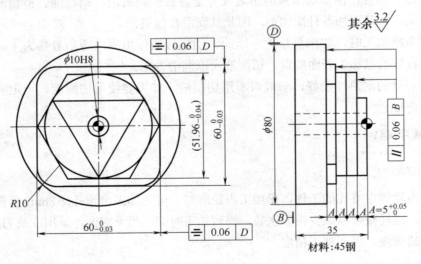

材料：45钢

图 B-7　中级职业技能鉴定样例 4

技术要求：

(1) 工件表面去毛刺倒棱；

(2) 加工表面粗糙度侧平面及孔为 $R_a1.6\mu m$，底平面为 $R_a3.2\mu m$；

(3) 工时定额为3小时。

图 B-7　中级职业技能鉴定样例 4(续)

2．知识点与技能点

(1) 子程序的运用。

(2) 三爪卡盘的装夹与校正。

(3) 分层切削的编程方法。

3．加工准备与加工要求

1) 加工准备

选用机床：FANUC 系统数控铣床。

选用夹具：三爪卡盘。

使用毛坯：$\phi 80mm \times 35mm$ 的 45 钢，上下表面与圆周面为已加工表面。

2) 课题评分表

本课题的工时定额(包括编程与程序手动输入)为 4 小时，并填写课题评分表，参考表 B-1。

4．工艺分析与知识积累

1) 子程序的调用格式

FANUC 系统中的调用格式为：M98 P×××× ××××；

2) 三爪自定心卡盘的找正

三爪自定心卡盘装夹圆柱形工件找正时，将百分表固定在主轴上，触头接触外圆侧母线，上下移动主轴，根据百分表的读数用铜棒轻敲工件进行调整，当主轴上下移动过程中百分表读数不变时，表示工件母线平行于 Z 轴。

当找正工件外圆圆心时，可手动旋转主轴，根据百分表的读数值在 XY 平面内手摇移动工件，直至手动旋转主轴时百分表读数值不变，此时，工件中心与主轴轴心同轴，记下此时的 X、Y 机床坐标系的坐标值，可将该点(圆柱中心)设为工件坐标系 XY 平面的工件坐标系原点。内孔中心的找正方法与外圆圆心的找正方法相同，但找正内孔时通常使用杠杆式百分表。

3) 坐标计算

利用三角函数求基点的方法计算出本例的基点坐标，如图 B-8 所示。

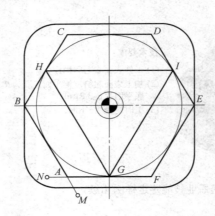

$A(-15.0, -25.98)$; $B(-30.0, 0)$;
$C(-15.0, 25.98)$; $D(-15.0, 25.98)$;
$E(30.0, 0)$; $F(-15.0, -25.98)$;
$G(0, -25.98)$; $H(-22.5, 12.99)$;
$I(22.5, 12.99)$; $M(-50, -43.30)$;
$N(-25.0, -25.98)$

图 B-8　坐标计算

5. 参考程序(略)

6. 课题小结

由于轮廓 Z 向切削深度较大。因此，轮廓 Z 向采用子程序分层切削的方法进行，Z 向每次切深为 5mm。方形凸台总切深为 20mm，Z 向分四层切削；六边形、圆、三角形凸台的分层切削次数依次为 3 次、2 次和 1 次。

分层切削时，为了避免出现分层切削的接刀痕迹，通过修改刀具半径补偿值的办法留出精加工余量，参照经验公式选取精加工余量为单边 0.2mm，待分层切削完成后，再在深度方向进行一次精加工。精加工前，需对刀具半径补偿值、主程序中调用子程序的次数(改成 1 次)和子程序 Z 向切深量(改成等于总切深)进行修改。

7. 扩展任务

试编写如图 B-9 所示零件的数控加工程序，已知毛坯尺寸为 100mm×100mm×20mm。

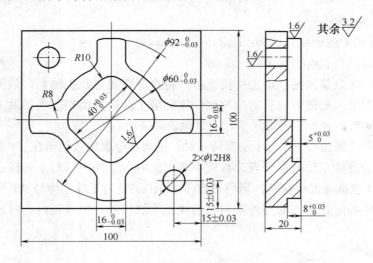

图 B-9　铣削加工零件

任务五 中级职业技能鉴定实训题 5

1．任务描述

试编写如图 B-10 所示工件(已知毛坯尺寸为 100mm×100mm×25mm)的加工程序，并在数控铣床上进行加工。

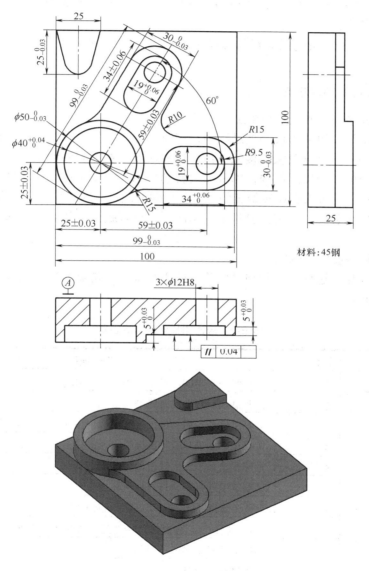

图 B-10 中级职业技能鉴定样例 5

2．知识点与技能点

(1) 压板或平口钳的装夹与校正。

(2) 轮廓表面粗糙度质量分析。

(3) 内外轮廓的编程方法。

3．加工准备与加工要求

1) 加工准备

选用机床：FANUC 系统数控铣床。

选用夹具：精密平口钳。

使用毛坯：100mm×100mm×25mm 的 45 钢，六面为已加工表面。

2) 课题评分表

本课题的工时定额(包括编程与程序手动输入)为 4 小时，并填写课题评分表，参考表 B-1。

4．工艺分析与知识积累

1) 压板或平口钳的装夹与校正

工件在使用平口钳或压板装夹过程中，应对工件进行找正。找正时，将百分表用磁性表座固定在主轴上，百分表触头接触工件，在前后或左右方向移动主轴，从而找正工件上下平面与工作台的平行度。同样在侧平面内移动主轴，找正工件侧面与轴进给方向的平行度。如果不平行，则可用铜棒轻敲工件或垫塞尺的办法进行纠正，然后再重新进行找正。

当使用平口钳装夹时，首先要对平口钳的钳口进行找正，找正方法和工件侧面的找正方法类似。

2) 表面粗糙度的影响因素

零件在实际加工过程中，影响表面质量的因素很多，常见的影响因素主要有如表 B-2 所示的几个方面。

表 B-2　表面粗糙度的影响因素

影响因素	序　号	产生原因
装夹与校正	1	工件装夹不牢固，加工过程中产生振动
刀具	2	刀具磨损后没有及时修磨
	3	刀具刚性差，刀具加工过程中产生振动
	4	主偏角、副偏角及刀尖圆弧半径选择不当
加工	5	进给量选择过大，残留面积高度增高
	6	切削速度选择不合理，产生积屑瘤
	7	背吃刀量(精加工余量)选择过大或过小
	8	Z 向分层切深后没有进行精加工，留有接刀痕迹
	9	切削液选择不当或使用不当
	10	加工过程中刀具停顿
加工工艺	11	工件材料热处理不当或热处理工艺安排不合理
	12	采用不适当的进给路线，精加工采用逆铣

5. 参考程序(略)

6. 课题小结

在工件校正方面，有时为了校正一个工件，要反复多次才能完成。因此，工件的装夹与校正一定要耐心细致地进行，否则达不到理想的校正效果。

在提高表面质量方面，导致表面粗糙度质量下降的因素大多可通过操作者来避免或减小。因此，数控操作者的水平将对表面粗糙度质量产生直接的影响。

7. 扩展任务

试编写如图 B-11 所示零件的数控加工程序，已知半成品尺寸为 80mm×80mm×30mm 的 45 钢。$80^{\ 0}_{-0.03}$ 处已加工。

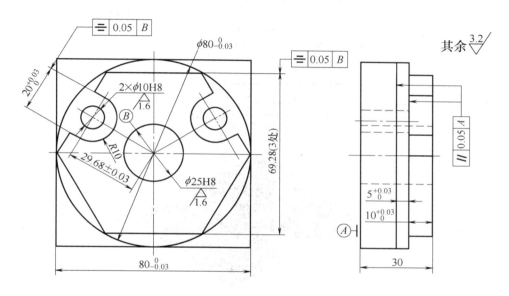

图 B-11　铣削加工零件图

任务六　中级职业技能鉴定实训题 6

1. 任务描述

试在数控铣床上完成如图 B-12 所示工件的编程与加工，已知毛坯尺寸为 120mm×100mm×25mm。

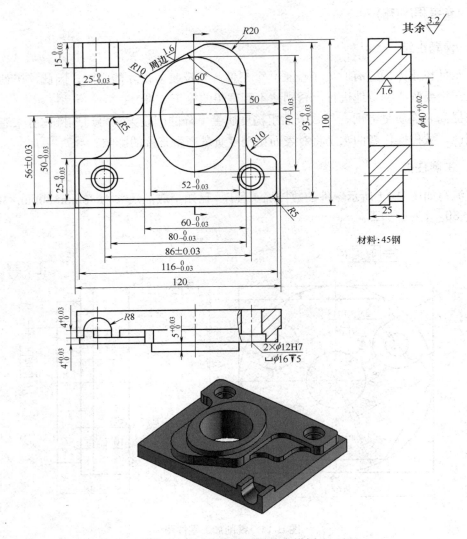

图 B-12 中级职业技能鉴定样例 6

2. 知识点与技能点

(1) 参数编辑。

(2) 镗孔加工。

(3) 工艺分析。

3. 加工准备与加工要求

1) 加工准备

本任务使用 FANUC 系统数控铣床,采用手动换刀方式加工。

2) 课题评分表

本任务的工时定额(包括编程与程序手动输入)为 4 小时,其加工要求见表 B-1。

4．工艺分析与知识积累

零件的复杂程度一般，包含平面、圆弧表面、椭圆面、内外轮廓、钻孔、镗孔、铰孔的加工。选用机用平口钳装夹工件时，工件被加工部分要高出钳口，避免刀具与钳口发生干涉。

1）　参数编程

在数控编程加工中，遇到由非圆曲线组成的工件轮廓或三维曲面轮廓时，可以用宏程序或使用参数编程方法来完成。

当工件的切削轮廓是非圆曲线时，则不能直接用圆弧插补指令来编程。这时可以设想将这一段非圆弧曲线轮廓分成若干微小的线段，在每一段微小的线段上做直线插补或圆弧插补来近似表示这一非圆弧曲线。如果分成的线段足够小，则这个近似的曲线就完全能满足该曲线轮廓的精度要求。

本任务所要加工的椭圆外形，可以将椭圆的中心设为工件坐标系的原点，椭圆轮廓上点的坐标值可以用多种方法表示。

椭圆标准方程表示为 $\dfrac{x^2}{a^2} + \dfrac{y^2}{b^2} = 1$。

椭圆参数方程表示为 $x = a\cos\theta$，$y = b\sin\theta$。

选用何种方式表示椭圆轮廓曲线上"点"的位置，取决于个人对椭圆方程理解和熟悉的情况。

编程加工时，根据椭圆曲线精度要求，通过选择极角 θ 的增量将椭圆分成若干线段或圆弧，利用上述公式分别计算轮廓上点的坐标。本题从 $\theta = 90°$ 开始，将椭圆分成 180 段线段(每段线段对应的 θ 角增加 $2°$)，每个循环切削一段，当 $\theta < -270°$ 时切削结束。

使用宏程序指令或参数编程指令编写加工程序时，循环判断条件的不同设定方法，可以产生不同的加工程序指令。

2）　镗孔加工

镗孔是利用镗刀对工件上已有的孔进行的加工。镗削加工适合加工机座、箱体、支架等外形复杂的大型零件上孔径较大、尺寸精度较高、有位置精度要求的孔系。编制孔加工程序要求能够使用固定循环和子程序两种方法。固定循环是指数控系统的生产厂家为了方便编程人员编程，简化程序而特别设计的，利用一条指令即可由数控系统自动完成一系列固定加工的循环动作的功能。

3）　加工工艺安排

对于图 B-12 中的 G18 平面中的圆柱面，在手工编程时可采用下列三种方法：

(1)　宏程序的编制。

(2)　在 G18 平面内采用 G02、G03 及调用子程序。

(3)　工件竖直安装加工。

本题 R8 圆弧的加工采用竖直安装，程序的编制相对简单，使用刀具少，加工效果好。

5．参考程序(略)

6．课题小结

通过对图样的消化，在工艺分析的基础上，从实际出发，制定工艺方案，是按时完成工件加工的前提。

使用宏程序和参数变量编程可以在多种零件加工中得以应用，变量的正确使用使得非圆弧曲线组成的工件轮廓或三维曲面轮廓的加工得以解决，并可使加工程序的长度大为缩短，提高了加工效率。因此，只要用好参数编程就可以起到事半功倍的效果。

任务七　中级职业技能鉴定实训题 7

1．任务描述

加工如图 B-13 所示工件，试编写其加工工艺文件与数控铣床加工程序。

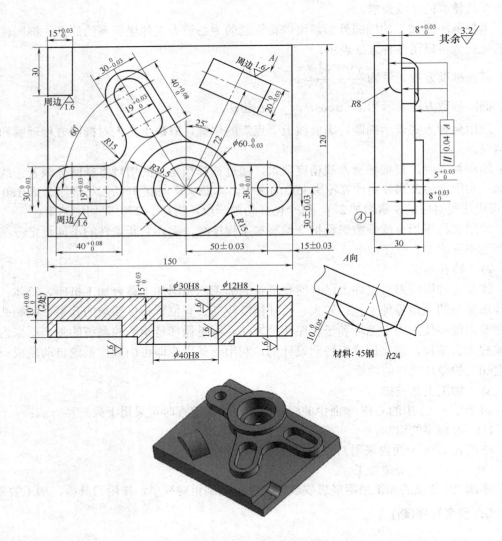

图 B-13　中级职业技能鉴定样例 7

2．知识点与技能点

(1) 宏变量。

(2) 坐标转换指令。

(3) 工艺分析。

3．加工准备与加工要求

1) 加工准备

本任务使用 FANUC 系统数控铣床，采用手动换刀方式加工本课题。

2) 课题评分表

本任务的工时定额(包括编程与程序手动输入)为 4 小时，并填写课题评分表，参考表 B-1。

4．工艺分析与知识积累

1) 宏变量

三维曲面手工编程较复杂，因为节点的计算很困难，故在复杂的曲面加工中很少用到手工编程。手工编程也只是局限于规则三维曲面，即可以用方程式表达曲线轨迹，如圆球面、椭圆球面、二次抛物线曲面等。在手工编程中由于没有这些曲线插补，故需利用曲线方程把曲线细分成很细小的直线段来逼近轮廓曲线。在程序中可采用分支和循环操作改变控制执行顺序。

2) 坐标转换指令

当一个轮廓是由若干个相同的图形围绕一个中心旋转而成时，将其中一个图形编成子程序，用坐标系旋转的指令调用若干次子程序，可以使程序编辑变得简单。作为旋转单元的子程序，必须包括全部基本要素。

3) 工艺分析

实际加工中应该用最少的时间对加工内容进行分析。分析加工难点，制定加工方案，以保证工件加工质量。

在不允许采用成型刀具的情况下，完成倒角或三维曲面的加工是很困难的。只有使用宏程序才能解决这类问题。整个圆弧凸台的加工采用立铣刀走四方的形式来完成。工件的四边为已加工面，所以前后两面在加工过程中可以适当偏出一段距离，以不接触工件为准。

对于图 B-13 中的工件在 G19 平面内的轮廓，需要工件的二次装夹，装夹过程中的定位或找正基准要符合基准的选用原则，以确保工件的平行度要求。

5．参考程序(略)

6．课题小结

程序的编制体现了编程者对程序结构、数控系统性能、编程格式的灵活掌握程度。好的程序结构清晰、语句简单、运行正确。编程员如果不会"坐标系旋转功能"，则本题程序的编制会明显复杂化。

为提高槽宽的加工精度，减少铣刀的种类，加工时可采用直径比槽宽小的铣刀，先铣槽的中间部分，然后用刀具半径补偿功能铣槽的两边。

任务八　中级职业技能鉴定实训题 8

1．任务描述

试在数控铣床上完成如图 B-14 所示工件的编程与加工，已知毛坯尺寸为 120mm×100mm×25mm。

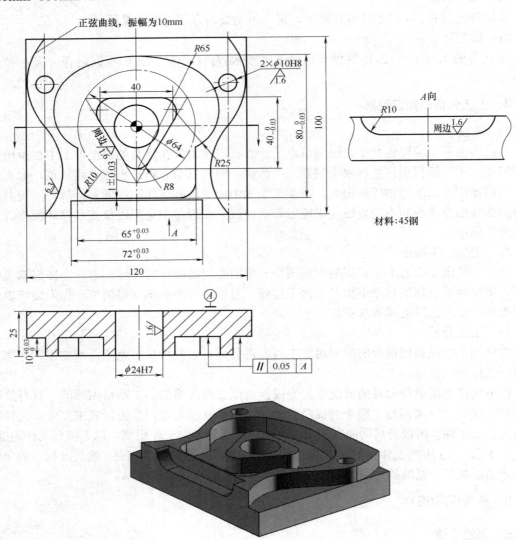

图 B-14　中级职业技能鉴定样例 8

2．知识点与技能点

(1) 宏程序。

(2) 坐标转换指令。

(3)　加工工艺的安排。

3．加工准备与加工要求

1)　加工准备

本任务使用 FANUC 系统数控铣床，采用手动换刀方式加工。

2)　课题评分表

本任务的工时定额(包括编程与程序手动输入)为 4 小时，并填写课题评分表，参考表 B-1。

4．工艺分析与知识积累

1)　宏程序

在编辑宏程序时首先要建立数学模型，而建立数学模型的基础是选好变量与自变量。本题正弦曲线程序的编程思路：将曲线分成 1000 条线段，用直线段拟合该曲线，每段直线在 Y 轴方向的间距为 0.1mm，相对应正弦曲线的角度增加 360°/1000，根据正弦曲线公式 $X=50.0+10\sin a$ 计算出每一段线段终点的 X 坐标值。

2)　坐标转换指令

用编程的镜像指令可实现坐标轴的对称加工，在同时使用镜像、缩放及旋转时应注意：CNC 的数据处理顺序是从程序镜像到比例缩放和坐标系旋转，应该按顺序指定指令；取消时，按相反顺序指定指令。

3)　薄壁厚度的保证

保证该尺寸的精度需要在精加工完内轮廓尺寸后，精加工方槽前必须测量零件前侧面到内轮廓的厚度，在实际测量尺寸的基础上确定刀具补偿值，并在加工过程中通过测量计算来改变刀具补偿值，逐步达到加工要求。

5．参考程序(略)

6．课题小结

保证曲线的轮廓精度，实际上是轮廓铣削时刀具半径补偿值的合理调整，同一轮廓的粗、精加工可以使用同一程序，只是在粗加工时，将补偿值设为刀具半径加工轮廓的余量，在精加工时补偿值设为刀具半径甚至更小些。加工过程中就应该根据补偿值和实际工件测量值的关系，合理地输入有效的补偿值以保证轮廓精度。

任务九　中级职业技能鉴定实训题 9

1．任务描述

试编制如图 B-15 所示零件的加工程序，并在铣床上完成加工，已知毛坯尺寸为 160mm×118mm×40mm。

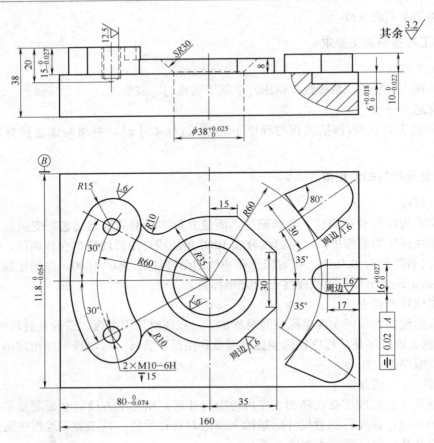

材料:45钢

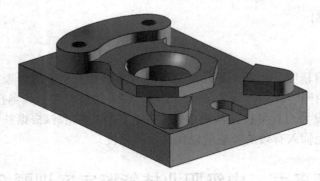

图 B-15　中级职业技能鉴定样例 9

2．知识点与技能点

(1)　球铣刀的使用。

(2)　坐标转换的使用。

(3)　加工工艺分析。

3．加工准备与加工要求

1) 加工准备

本任务使用 FANUC 系统数控铣床，采用手动换刀方式加工。

2) 课题评分表

本任务的工时定额(包括编程与程序手动输入)为 4 小时，并填写课题评分表，参考表 B-1。

4．工艺分析与知识积累

1) 球铣刀的使用

加工三维曲面轮廓(特别是凹轮廓)时，一般用球头刀进行切削。在切削过程中，当刀具在曲面轮廓的不同位置时，用刀具球头表面的不同点切削工件的曲面轮廓，所以用球头中心坐标来编程很方便。

2) 坐标转换指令的使用

对称几何形状，可采用坐标转换指令，如旋转坐标系、可编程镜像等指令。在实际图形中具体采用何种指令要遵循 CNC 数据处理的顺序，总的方向是程序结构清晰、语句简单、运行正确。熟练掌握复杂程序的编制，能使编程简单化，大大缩短准备时间。

3) 加工工艺分析

将工件坐标系 G54 建立在工件上表面，零件的对称中心处。

5．参考程序(略)

6．课题小结

按铣刀的形状和用途可分为圆柱铣刀、端铣刀、立铣刀、键槽铣刀、球头铣刀等。在实际的加工中选用何种刀具要遵循长度越短越好、直径越大越好、铣削效率越高越好的原则。

由于一般以刀具为单位进行程序调试，并且在大规模的生产中，工件的加工节拍非常短，而换刀的时间在辅助时间中占有相当大的比例，因此编制程序时应尽可能在每次换刀后加工完成全部相关内容，保证加工过程中最少的换刀次数和最短的走刀路径，从而减少辅助时间，提高加工效率。

任务十　中级职业技能鉴定实训题 10

1．任务描述

编写如图 B-16 所示工件的数控加工程序，并在数控铣床上进行加工，已知毛坯尺寸为 150mm×120mm×35mm。

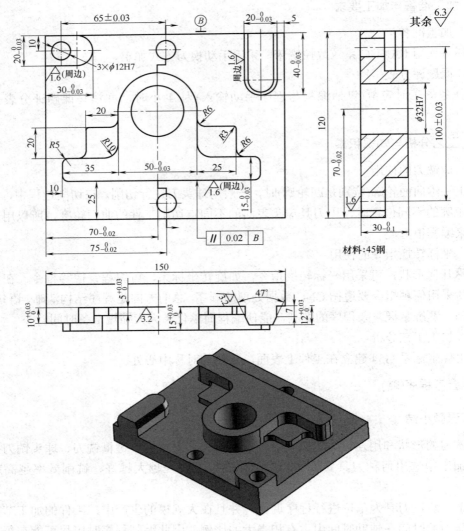

图 B-16　中级职业技能鉴定样例 10

2. 知识点与技能点

(1) 加工工艺分析。

(2) 内外轮廓的编程方法。

3. 加工准备与加工要求

1) 加工准备

本任务使用 FANUC 系统数控铣床，采用手动换刀方式加工。

2) 课题评分表

本任务的工时定额(包括编程与程序手动输入)为 4 小时，并填写课题评分表，参考表 B-1。

4．工艺分析

每一个工件的加工工艺方案，都是根据工件的类型、具体加工内容以及给定的加工约束条件减小分析后确定的，在清楚加工内容后，结合机床类型和夹具类型，制定工艺路线，确定每一工序所适用的刀具。具体的加工方案分析如下。

①　确定工艺基准。从图样上分析，主要结构为单面结构，四周为四方形。适合采用平口钳装夹。为保证四边相互垂直，在实际加工前，必须对固定钳口进行调整；为保证工件的上下平面的平行度要求，必须对平口钳导轨以及垫铁进行调整。

②　加工难点分析。从图样上分析，工件结构较简单，难点主要是 $\phi 32H7$ 与凸键的倒角加工。

③　加工余量的去除。在加工条件允许的情况下，尽量采用较大的刀具进行加工，可以有效地提高加工效率。

④　基点计算问题。基点坐标可以采用 CAXA 电子图板进行计算。

⑤　特殊指令的掌握。倒角的加工在没有成型刀具的情况下，采用宏程序以及 G10 指令能较好地完成编程操作。

5．参考程序(略)

6．课题小结

图样中的倒角需要刀具的中心轨迹和曲线轮廓的相对位置在加工过程中不断变化，如果按照曲线轮廓进行编程，刀具的半径补偿值也需要随之变化，因此使用指令的目的就是为了满足在程序中变化刀具半径补偿值的要求。

附录 C 零件自评、互评及教师评价样表

零件自评、互评及教师评价样表如表 C-1～表 C-3 所示。

表 C-1 零件质量检测结果报告单

单位名称				班级学号			姓名	成绩	
零件图号				零件名称					
项目	序号	考核内容			配分	评分标准	检测结果		得分
							学生	教师	
	1		IT		16	超差 0.01 扣 2 分			
			R_a		8	降一级扣 2 分			
	2		IT		20	超差 0.01 扣 2 分			
			R_a		8	降一级扣 2 分			
	3		IT		20	超差 0.01 扣 2 分			
			R_a		8	降一级扣 2 分			

备注：学生和教师共同填写表 C-1 零件质量检测结果报告单。

表 C-2 小组互评考核结果报告

单位名称		零件名称	零件图号	小组编号
班级学号	姓名	表现	零件质量	排名

备注：小组同学共同填写表 C-2 小组互评考核结果报告。

表 C-3 零件考核结果报告

班级		学号		组号		成绩	
		零件图号		零件名称			
序号	项目	考核内容		配分标准%	配分	得分	项目成绩
1	零件质量 (40分)			35%	14		
				35%	14		
				30%	12		
2	工艺方案制定 (20分)	分析零件图工艺		30%	6		
		确定加工顺序		30%	6		
		选择刀具		15%	3		
		选择切削用量		15%	3		
		确定工件零点，绘制走刀路线图		10%	2		
3	编程仿真 (15分)	学习环节程序编制		40%	6		
		学习环节仿真操作加工		60%	9		
4	刀、夹、量具使用 (10分)	游标卡尺使用		30%	3		
		刀具的安装		40%	4		
		工件的安装		30%	3		
5	安全文明生产 (10分)	按要求着装		20%	2		
		操作规范，无操作失误		50%	5		
		认真维护机床		30%	3		
6	团队协作 (5分)	能与小组成员和谐相处，互相学习，互相帮助，互相协作		100%	5		

备注：教师填写表 C-3 零件考核结果报告。

参 考 文 献

[1] 郭勋德,李莉芳. 数控编程与加工实训教程[M]. 北京:清华大学出版社,2009.

[2] 钱东东. 实用数控编程与操作[M]. 北京:北京大学出版社,2007.

[3] 吴占军. 浅析宏程序在 FANUC 0i 数控系统中的应用[J]. 林业机械与木工设备,2010.

[4] 吴明友. 数控铣床 FANUC 考工实训教程[M]. 北京:化学工业出版社,2008.

[5] 吴明友. 数控铣床培训教程[M]. 北京:机械工业出版社,2007.

[6] 张美荣,常明. 数控机床操作与编程[M]. 北京:北京交通大学出版社,2010.

[7] 李体仁. UG NX 6.0 数控加工[M]. 北京:化学工业出版社,2010.

[8] 云杰漫步多媒体科技 CAXA 教研室. UG NX 6.0 中文版数控加工[M]. 北京:清华大学出版社,2009.

[9] 温正,魏建中. UG NX 6.0 中文版数控加工[M]. 北京:科学出版社,2009.

[10] 时建. 数控铣床操作规程与编程[M]. 北京:水利水电出版社,2010.

[11] 郑红,等. 数控加工编程与操作[M]. 北京:水利水电出版社,2010.

[12] 王双林,等. 数控加工编程与操作[M]. 天津:天津大学出版社,2009.